LE
CANNAMELISTE
Français.

# LE CANNAMELISTE FRANÇAIS,

## OU

## NOUVELLE INSTRUCTION

### POUR CEUX QUI DESIRENT D'APPRENDRE

## L'OFFICE,

Rédigé en forme de Dictionnaire,

### CONTENANT

Les noms, les descriptions, les usages, les choix & les principes de tout
ce qui se pratique dans l'Office, l'explication de tous les termes dont
on se sert; avec la maniére de dessiner, & de former toutes sortes
de contours de Tables & de Dormants.

ENRICHI DE PLANCHES EN TAILLE-DOUCE.

*Par le Sieur GILLIERS, Chef d'Office, & Distillateur de Sa Majesté le Roi
de Pologne, Duc de Lorraine & de Bar.*

## A NANCY,

De l'Imprimerie D'ABEL-DENIS CUSSON, au Nom de JESUS.
*Et se vend à Lunéville, Chez l'AUTEUR.*

AVEC PRIVILEGE DU ROY.
MDCCLI.

# A MONSEIGNEUR
# LE DUC DE TENCZIN OSSOLINSKI,

## PRINCE DU SAINT EMPIRE,

### CHEVALIER DES ORDRES DU ROI DE FRANCE,

### ET DE L'AIGLE BLANC,

CHEVALIER D'HONNEUR A LA COUR SOUVERAINE DE LORRAINE,

GRAND-MAITRE, ET PREMIER GRAND-OFFICIER DE LA MAISON DU ROI DE POLOGNE,

DUC DE LORRAINE ET DE BAR,

CHEF DE SON CONSEIL AULIQUE.

ONSEIGNEUR,

*La perfection à laquelle les Arts sont parvenus de nos jours, doit principalement son origine à la protection dont les Grands ont honoré ceux qui les cultivent.*

# EPITRE.

C'est de tout tems, MONSEIGNEUR, qu'ils ont trouvé dans votre illustre Maison cet encouragement qui leur est nécessaire. Les Tenczins, devenus les soûtiens de la Pologne dès son commencement même, s'y sont montrés également les Protecteurs des Sçiences & des Arts. Dès l'an 1010. on les voit à la tête de la République, & l'Histoire n'a pû décider encore qui leur a le plus d'obligation, ou la Religion qu'ils ont toujours aimée, ou les Sçiences qu'ils ont toujours favorisées de leur crédit, ou la République elle-même dont ils ont toujours été le plus ferme appui.

Héritier de leurs vertus & de la noblesse de leur ame, autant que de l'éclat de leur Nom, Vous chérissez, MONSEIGNEUR, les Arts & ceux qui s'y appliquent. De-là, ces démarches généreuses, ces attentions prévenantes, ces bienfaits de toutes sortes envers ceux qui ont l'ambition d'aprendre & de savoir. Vous êtes le Mécéne de la Cour d'un nouvel Auguste, digne Vous-même d'être un autre Auguste, dans un Païs où vos Ancêtres ont donné des Couronnes, que la plupart d'entre-eux méritoient de porter.

Touché des grands sentimens que chacun reconnoit en Vous, & que j'ai si souvent éprouvé, pourrai-je, MONSEIGNEUR, ne pas oser prendre la liberté de Vous dédier cet Ouvrage?

Quel bonheur pour moi, si pour fruit de mes travaux, je puis mériter la continuation de vos bontés! une vive reconnoissance les & profondément gravées dans mon cœur, & je ne cherche aujourd'hui qu'à donner à tout l'Univers une marque publique du très-profond respect avec lequel je suis,

MONSEIGNEUR,

Le très-humble & très-obéissant<br>serviteur GUILLERS.

# PREFACE.

JE n'ai pas eu intention en faisant cet Ouvrage, de le donner pour modéle à des Officiers consommés, mais à ceux qui désirent d'apprendre l'Office. L'expérience m'a fait voir que l'Office a été de tout tems recherchée, & que c'est une des principales parties à laquelle les Officiers d'Office doivent s'appliquer. Mon objet a été de travailler pour ceux qui ne l'ont jamais appris par régles, & sur-tout pour les jeunes gens que l'on y destine. Il me semble que la lenteur des progrès qu'ils y font ordinairement, pourroit être attribuée à l'ignorance des principes que j'entreprens de déveloper. C'est sur ce seul plan que j'ai travaillé ; j'ai mis dans tous les principes l'ordre qui m'a paru le plus simple & le plus naturel. Tous les termes dont on se sert sont définis & expliqués. La connoissance générale de tout ce qui s'emploïe dans l'Office, y est marquée avec sa description, son choix & son ouvrage ; j'y enseigne la maniére de confire toutes sortes de fruits, tant secs que liquides, & à l'eau-de-vie; de faire tous les ouvrages de sucre qui s'y pratiquent, avec la méthode de les servir. J'y ai joint la connoissance générale des cuissons du sucre, la maniére de faire les Liqueurs rafraichissantes, les Pastilles, Pastillages, toutes sortes de Neiges, Mousses & Fruits glacés, avec la méthode de les colorer. J'ai jugé à propos de leur donner la façon de faire les couleurs eux-mêmes, & de connoître ce

qu'elles font dans leurs efpèces, pour éviter l'emploi de
bien d'autres qui pourroient être nuifibles à la fanté. J'y
ai donné par des Planches, une idée générale des deffeins
de fervice, de table, de moules, jattes, carrées de glaces, gobelets, verres découpés, découpoirs, & de tous
les utencilles néceffaires dans un Office.

Tout le monde convient que l'on n'avance dans quelque fcience que ce puiffe être, qu'autant qu'on l'étudie
& que l'on aprofondit les véritables principes. C'eft pourquoi j'ai donné la connoiffance de tout ce qui s'emploïe
dans l'Office, avec l'explication de tous les termes dont
on fe fert, pour donner plus de facilité aux jeunes gens
de concevoir tout ce qu'on leur enfeigne, & même aux
Chefs, pour leur éviter tous les jours une infinité de quef-
tions que leur feroient leurs Apprentifs, & qu'ils feroient
obligés de réfoudre. Je crois leur faire plaifir en les inftrui-
fant dans cet Ouvrage, de ce qu'il y a de plus nouveau,
de meilleur goût, & de plus curieux dans les differentes
parties de leur emploi.

En effet, dès qu'un jeune homme poffléde par raifonnement, la connoiffance de tout ce qui s'emploïe dans
l'Office, & qu'il fait expliquer tous les termes, il n'eft
pas douteux qu'il ne faffe des progrès, & qu'il ne trouve
par ce moyen une plus grande facilité de concevoir ce
qu'on lui fait faire.

C'eft fans doute au défaut de principes que l'on n'a pas
bien expliqué, & à la mauvaife volonté de travailler, qu'il
faut attribuer l'ignorance de tant d'Apprentifs ; auffi ai-je
cherché les explications les plus claires qu'il m'a été poffible.

Pour prévenir toutes critiques, il eft à propos d'avertir

le Lecteur, que dans la compoſition de cet Ouvrage je
n'ai pas aſſez compté ſur mes propres lumiéres, pour mé-
priſer celles des autres ; j'avouë au contraire que je me
ſuis ſervis avec avantage des meilleurs Auteurs & ſuivi
l'uſage de nos Praticiens * auſquels je ſuis redevable de
mes travaux. Je ne ſuis pas aſſez jaloux de la réputation
d'avoir fait ce Volume, pour rougir de cet aveu, & ſi
l'on trouve dans les matiéres que je traite l'explication de
chaque choſe, avec leur travail & leur emploi, je n'ai
rien de plus à ſouhaiter, c'eſt au Public à en juger.

* Meſſieurs Cecile, Travers & Touchard. M. Richard, Controleur des Offices de Sa Majeſté le Roi de Pologne. M. Dupuis, Deſſinateur des plaiſirs de Sa Majeſté le Roi de Pologne.

# PRIVILEGE DU ROI.

STANISLAS, par la grace de Dieu, Roy de Pologne, Grand Duc de Lithuanie, Russie, Prusse, Mazovie, Samagitie, Kiovie, Volhinie, Podolie, Podlachie, Livonie, Smolensko, Severie, Czernichovie; Duc de Lorraine & de Bar, Marquis de Pont-à-Mousson & de Nommeny, Comte de Vaudémont, de Blamont, de Sarwerden & de Salm. A nos amés & feaux les Présidens, Conseillers & Gens tenans notre Cour Souveraine de Lorraine & Barrois; Baillis, Lieutenans Généraux, Particuliers, Conseillers & Gens tenans nos Bailliages : SALUT. JOSEPH GILLIERS, l'un des Chefs d'Offices de notre Maison, Nous a très-humblement fait représenter, qu'ayant conçu le dessein de donner au Public un Manuscrit qu'il a composé, sous le titre de *Cannameliste Français, ou nouvelle instruction pour ceux qui désirent d'aprendre l'Office, rédigé en forme de Dictionnaire par lettres alphabetique*, s'il Nous plaisoit lui accorder la permission de le faire imprimer, avec Privilege exclusif pendant quinze ans, de le faire vendre & débiter dans nos Etats, pour aucunement l'indemniser des frais de compositions & d'impressions, Nous supliant à cet effet de lui accorder les Lettres à ce necessaires; à quoi inclinant favorablement, Nous avons permis & permettons par ces Présentes audit Gilliers de faire imprimer par tel Imprimeur qu'il trouvera à propos de choisir, dans nos Etats, le Manuscrit de sa composition, sous le titre de Cannameliste Français, ou nouvelle instruction pour ceux qui désirent d'aprendre l'Office, rédigé en forme de Dictionnaire alphabetique, en tel forme, marge, caracteres & autant de fois que bon lui semblera; de le vendre, faire vendre & débiter pendant l'espace & terme de quinze années consecutives, qui commenceront à courir du jour & dattes des Présentes. Faisons très-expresses défenses à toutes autres Personnes, de quelque qualité & condition qu'elles soient, de l'imprimer, vendre ni débiter dans nos Etats pendant ledit tems, sous quelque prétexte que ce soit, même d'impression étrangere, ou changement de titre, correction, ni augmentation, sans l'exprès consentement de l'Exposant, ou de ceux qui auront son Privilege cédé, à peine de cinq cens livres d'amende contre chacun contrevenant, aplicable un tiers à Nous, un tiers au Dénonciateur, ou à l'Hôpital le plus prochain, à défaut de Dénonciateur, & l'autre à l'Exposant, avec confiscation à son profit des Exemplaires, contrefaits & de tous dépens, dommages & interêts : à condition néanmoins, que les Présentes seront Registrées sur le Livre de la Communauté des Imprimeurs de notre bonne Ville de Nancy, que l'impression se fera dans nosdits Etats & non ailleurs, en bon Papier & beaux Caracteres; & qu'avant de l'exposer en vente, il en sera remis un Exemplaire en notre Biblioteque, & un en celle de notre tres-cher & feal Chevalier, Chancelier, Garde de nos Sceaux & Chef de nos Conseils, le Sieur de la Galaiziere; le tout à peine de nullité des Présentes, du contenu esquelles, Nous vous mandons de faire joüir l'Exposant & ceux qui auront son Privilége cédé, pleinement & paisiblement, sans permettre ni souffrir qu'il y soit mis ou aporté aucun trouble ni empêchement. Voulons que la copie des Présentes, qui sera imprimée au commencement ou à la fin de chaque Exemplaire, soit tenuë pour bien & duëment signifiée. MANDONS en outre au premier notre Huissier, ou autre Huissier ou Sergent sur ce requis, de faire pour l'exécution de ce que dessus, tous exploits & significations, saisies & autres actes de Justice nécessaires, dans tous nos Etats, Païs, Terres & Seigneuries de notre obéïssance, sans pour ce demander autre permission, Visa ni *Pareatis:* CAR AINSI NOUS PLAIT. En foi dequoi Nous avons aux Présentes signées de notre main, & contre signées par l'un de nos Conseillers Secretaires d'Etat, Commandemens & Finances, fait mettre & apposer notre Scel secret. DONNE' en notre Ville de Lunéville le trente uniéme Août mil sept cent cinquante.
STANISLAS Roy.

*Par le Roy,* GALLOIS.

*Registrata,* GUIRE.

# LE CANNAMELISTE

# LE
# CANNAMELISTE
## FRANÇAIS,
### *OU*
## NOUVELLE INSTRUCTION
### POUR CEUX QUI DESIRENT D'APRENDRE L'OFFICE,
Rédigé en forme de Dictionnaire.

## A B

BAISSE, terme d'Office. C'eſt la pâte de Paſtillage que l'on met en Abaiſſe pour imprimer des figures de Paſtillage. Abaiſſe ſe dit encore de la pâte de Maſſepain.

ABRICOT, Abricotier. Cet arbre eſt de médiocre grandeur, il eſt ſemblable au Pêcher ; ſon tronc eſt un peu plus gros, couvert d'une écorce plus noire ; ſes branches plus étenduës ; ſes feüilles qui ſont plus courtes & plus larges, reſſemblent davantage à celles du Poirier ; ſes fleurs ſont de couleur de roſe pâle, auxquelles ſuccédent des fruits charnus ſemblables aux Pêches, ſi ce n'eſt qu'ils ſont rougeâtres d'un côté & jaunâtre de l'autre, d'un goût plus exquis, avec le noyau uni & applati.

A

## A B

L'Abricot participe de la Pêche & de la Prune ; il y a trois espèces d'Abricotiers ; la seconde differe de la premiére que l'on vient de décrire, en ce que la couleur de son fruit est plus blanchâtre, & que l'amande de son noyau est douce ; la troisiéme espèce differe des deux autres, en ce que n'ayant point eu assez de culture, les fruits qui en viennent sont beaucoup plus petits, plus jaunâtres, & d'un goût moins agréable.

ABRICOTS VERDS. Les premiers fruits qui se présentent à confire, sont les Abricots verds, on les prend pour cela, avant que le bois du noyau commence à durcir, & qu'une épingle puisse y entrer par la queuë sans résistance ; il s'en confit avec leur peau, & d'autres parés, qui en paroissent plus beaux & plus clairs.

### *Maniére de les préparer & de les blanchir.*

Ceux que l'on veut confire avec leur peau, doivent premiérement être bien nettoyés de la bourre ou duvet dont ils sont chargés ; cela se fait par le moyen d'une lessive ; pour cela, mettez de l'eau dans une grande poële avec de la cendre de bois neuf, & la mettez sur le feu. Vous écumerez tous les charbons qui viendront au-dessus, & quand, après avoir boüilli quelque tems, vous trouverez en tâtant cette eau douce & grasse, vous l'ôterez de dessus votre feu, & l'ayant laissée reposer, vous en prendrez tout le clair ; vous l'y remettrez ensuite, & quand elle commencera à boüillir, vous y jetterez trois ou quatre Abricots, pour voir s'ils se nettoyent bien ; & en ce cas, vous y metterez les autres, & empêcherez qu'ils ne boüillent, en remuant toujours avec votre écumoire ; vous verrez ensuite si la bourre s'ôte, comme l'essai que vous aurez fait ; alors, vous les tirerez de l'eau, les mettrez dans de la fraiche, & les nettoyerez de leur bourre ; remettez-les ensuite dans une poële d'eau sur le feu, & les faites blanchir ; quand ils le seront, ( ce qui se connoit en les piquant avec une épingle ; si elle résiste, c'est une marque qu'ils ne le sont point assez ; si au contraire elle entre aisément, cela prouve qu'ils sont comme il faut ) alors vous les mettrez fur un petit feu, pour reverdir, & les mettrez au fucre, comme il fera dit ci-deffous.

### *Autre maniére.*

Prenez des Abricots verds, auparavant que les noyaux foient durs, puis vous prendrez du fel qui ne foit point trop gros, environ deux poignées, plus ou moins, felon la quantité de vos abricots : enfuite vous les mettrez dans une ferviette avec le fel, & les remuerez bien d'un bout-à-l'autre, en les arrofant d'un peu de vinaigre ; après les avoir bien remué & que vous verrez que la bourre en fera ôtée, vous les manierez dans vos mains, pour faire tomber le fel, les jetterez dans l'eau fraiche pour les laver, puis vous les ferez auffi-tôt blanchir; quand ils feront blanchis, de même maniére qu'à la façon précédente, vous les rejetterez dans l'eau fraiche.

ABRICOTS VERDS au liquide. Les Abricots étant bien nettoyés de leur bourre, blanchis & reverdis comme ci-devant, vous mettrez du fucre clarifié dans une poële, la quantité qu'il en faudra pour le fruit : vos abricots ayant été paffés deux fois à l'eau fraiche & égoutés fur des tamis, vous les coulerez dans le fucre, & leur donnerez un petit boüillon ; enfuite vous les ôterez du feu pour les écumer, & les mettrez dans une terrine, pour qu'ils nagent un peu dans le fucre. Il faut obferver que ce premier fucre doit être léger en cuiffon. Le lendemain mettez-les égouter fur une égoutoire, & donnez une douzaine de boüillons à votre fucre ; laiffez-le tiédir & le verfez fur votre fruit. Il faut continuer cette maniére pendant trois jours, & l'augmenter de fucre clarifié, à mefure que celui de vos fruits fe diminuera, parce que le fruit s'en nourrit. Pour les finir, il faut les mettre égouter, & voir s'il y a affez de fucre ; vous mettrez le fucre fur le feu & le ferez cuire jufqu'à la groffe perle ; enfuite vous coulerez votre fruit dedans & lui donnerez cinq ou fix boüillons couverts ; puis vous l'ôterez de deffus le feu, l'écumerez bien, & étant à demi-froid, vous l'empoterez.

**ABRICOTS VERDS PARE'S.** A l'égard des Abricots verds qui se confisent parés, il faut après les avoir paré proprement, les jetter dans de l'eau fraiche ; vous ferez boüillir ensuite d'autre eau dans laquelle vous les ferez blanchir, comme à la maniére précédente ; vous les mettrez au sucre, & les conduirez de même.

**ABRICOTS MEURS PARE'S.** Il faut prendre des abricots qui ne soient ni trop meurs ni trop verds ; si vous les voulez avoir entiers, il faut avec un couteau, faire une petite entaille à la pointe de l'abricot, & pousser le noyau par la queuë ; & quand vous en aurez quatre ou cinq livres, vous les jetterez dans l'eau boüillante pour les blanchir ; observez sur-tout qu'ils ne s'y lâchent point ; quand ils seront blanchis comme il faut, vous les ôterez bien proprement avec une écumoire & les metterez dans de l'eau fraiche, ensuite vous les ferez égouter sur un tamis ; alors, prenez du sucre clarifié que vous ferez cuire à la plume, vous mettrez vos abricots dedans tout doucement, & leur donnerez deux boüillons seulement ; vous les retirerez de dessus le feu & les laisserez réfroidir. Vous leur donnerez de jour à autre un boüillon, pour les achever de confire, en faisant comme à la maniére précédente ; vous pourrez les garder en pots, ou si vous voulez les avoir secs, qui est ce qu'on apelle à mi-sucre, vous les dresserez sur des feüilles de cuivre que vous poudrerez de sucre ; après avoir fait égouter vos abricots, vous les dresserez & poudrerez de même par-dessus, & les mettrez à l'étuve ; lorsqu'ils seront secs de ce côté-là, vous les retournerez & arrangerez sur un tamis, en poudrant légérement de la même façon : remettez-les à l'étuve, & lorsqu'ils seront secs tout-à-fait d'une bonne maniére, vous les mettrez dans des coffrets avec du papier. Si au bout de quelque tems ils devenoient humides, vous les changeriez de papier. Observez qu'en les parant, il faut les jetter à mesure dans l'eau fraiche.

**ABRICOTS A MI-SUCRE.** Prenez quatre livres de sucre que vous ferez cuire à la plume ; ensuite prenez autant d'abricots meurs que vous aurez paré, vous les mettrez dans le sucre; vous leur ferez prendre un petit boüillon, pour leur faire jetter leur eau; vous les laiflerez réfroidir, puis vous les remettrez fur le feu & les ferez boüillir un moment; ôtez-les enfuite de deffus le feu & les laiflez dans leur fucre jufqu'au lendemain. Vous les égouterez alors fur une égoutoire, & ferez cuire votre fucre à perlé; quand il le fera, vous le mettrez dans une terrine, & gliflerez vos abricots dedans; vous les écumerez & les mettrez à l'étuve pour les achever. Le lendemain vous les égouterez & les drefferez fur des feüilles de cuivre que vous poudrerez de fucre avant de les y mettre; quand ils feront dreflés, vous les poudrerez comme ci-devant & les ferez fécher à l'étuve. Vous les conferverez dans des coffrets, ou vous les laiflerez au liquide pour les tirer une autrefois.

**ABRICOTS A OREILLE**, à l'une & à l'autre de ces deux maniéres précédentes, vous pouvez dreffer vos abricots à oreille, & pour cela il n'y a qu'à contourner une des moitiés fans la détacher tout-à-fait de l'autre, ou en joindre deux moitiés enfemble, enforte qu'elles fe débordent mutuellement par les deux bouts, l'une d'un côté & l'autre de l'autre. Les abricots meurs font fujets à s'engraiffer auffi-bien que les verds, parce qu'ils contiennent beaucoup d'huile en eux-mêmes; c'eft pourquoi on ne les garde pas long-tems au liquide; attendu qu'ils auroient beaucoup de peine à fécher, & feroient moins agréables au goût.

**ABRICOTS PAR MOITIE'** fans feu. Prenez des abricots meurs les moitiés que vous aurez bien parées, telle quantité qu'il vous plaira; arrangez-les fur un plat un peu profond, mettez-y par-deffus & deflous du fucre candy en poudre: obfervez qu'il faut une livre & demie de fucre par livre d'abricot; expofez-les au foleil pendant trois ou quatre jours, en les remuant deux fois le jour. Mettez-les dans des pots & vous les trouverez également confits comme s'ils avoient paflé fur le feu, & feront de meilleur goût que ceux qui y auront été mis; c'eft ce que j'ai expérimenté. Je trouve que le raifonnement de ceci eft, que le foleil raréfiant toutes chofes, raréfie la nature aqueufe de l'abricot, & le fucre qui

s'en trouve diſſous, formant un ſirop, conſerve ſa chair tendre &
ſon goût. Par la même raiſon l'on confit des ceriſes, ce que la pratique m'a fait connoître.

ACHE, il y a en général quatre ſortes d'Ache ; ſçavoir, l'Ache
de jardin ou le perſil ordinaire, l'Ache de Montagne, l'Ache
que l'on apelle perſil de Macédoine, qui eſt celui qu'on emploïe
dans les Offices : On s'en ſert dans les conſerves. *Voyez* CONSERVE.
Il y a encore une autre eſpèce d'Ache dans les jardins potagers que
l'on apelle Célery, qui ſert pour les ſalades. Célery eſt un nom
Italien qu'on a rendu français par uſage.

AJUSTER, terme d'Office. On dit ajuſter une fleur ſur un
fruit, & ajuſter n'eſt autre choſe que d'arranger les feüilles des fleurs
artificielles, pour qu'elles ayent plus de grace. Ajuſter ſe dit encore
de bien des choſes qui ſe poſent avec goût.

ALBERGE, eſt une eſpèce de pêche ; il y en a de trois ſortes ; la jaune en dehors & en dedans eſt d'une groſſeur médiocre,
un peu platte & d'un goût excellent.

La rouge eſt plus platte & a la chair blanche, elle n'eſt pas ſi
bonne que la premiére.

La violette eſt d'un rouge violet en dedans, elle eſt plus petite &
plus rare que les deux autres.

On s'en ſert dans l'Office comme des pêches ; & pour les confire on les travaille de même. *Voyez* PESCHE.

ALUN DE GLACE ou de roche. L'Alun de glace eſt un
ſel en groſſes pierres grandes, claires, tranſparantes comme du cryſtal, lequel on aporte d'Angleterre. C'eſt celui que l'on emploïe
dans l'Office. Il ſert à maintenir la blancheur des noix & autres
petits fruits, lorſqu'on les blanchit. On s'en ſert encore quand l'on
veut rendre la Cochenille claire, vive & durable. Vous trouverez
ſa propriété dans chaque choſe où il eſt employé.

AMANDE, AMANDIER, eſt un arbre qu'on cultive dans

les jardins, ses feüilles & ses fleurs sont semblables à celles du pêcher. Il fleurit avant le Printems ; à sa fleur succéde un fruit dur
& ligneux, oblong, couvert d'une peau verdâtre, charnuë, qui
contient une amande.

Lorsqu'elles sont vertes on les confit. Il y en a de deux sortes,
les Amandes douces, & les Amandes amères ; quand elles sont meures elles ont differens usages dans l'Office, comme vous verrez ci-
après.

**AMANDES VERTES CONFITES.** Le premier em-
ploi que l'on fait des amandes, est lorsqu'elles sont vertes, c'est-
à-dire d'une assez bonne maturité, qu'il ne s'y trouve point de
bois ; pour cet effet vous ferez une lessive, comme j'ai dit des abricots verds ; vous la mettrez sur le feu, & quand elle commencera
à boüillir, vous y jetterez trois ou quatre amandes, sitot qu'elles
se nettoyeront bien de leur bourre, vous y jetterez les autres ; lorsque
vous en verrez l'effet, ce que vous connoitrez en les tirant avec l'é-
cumoire, & les maniant avec les doigts, vous descendrez la poële
de dessus le feu & les retirerez à mesure pour les nettoyer, & les
jetterez en même-tems dans de l'eau fraiche ; remettez une poële
d'eau sur le feu, & quand elle commencera à boüillir vous y jetterez vos amandes pour les blanchir, & quand elles le seront, ( ce
qui se connoit par le moyen d'une épingle ; si elle ne résiste point
en les piquant, c'est une marque qu'elles sont comme il faut )
vous les ôterez de dessus le feu, & les jetterez tout-de-suite dans
l'eau fraiche ; ayez du sucre clarifié légérement dans une poële que
vous mettrez sur le feu ; égoutez bien votre fruit ; au premier bouillon, coulez-le dedans & lui en donnez cinq ou six pour le reverdir ; du reste, observez la même méthode que pour les abricots verds. Les amandes vertes se mettent encore en marmelade &
au candy, à l'eau-de-vie. *Voyez* l'un & l'autre.

**AMANDES A LA SIAMOISE.** Prenez des Amandes
mondées que vous ferez roussir dans un four sur un plafond, faites cuire ensuite du sucre à perlé, jettez-y vos amandes, les remuant

bien dans la poële, fans les paſſer ſur le feu ; vous les tirerez ſur une grille & les jetterez l'une après l'autre dans de la nompareille, & les remuerez toujours, afin qu'elles la prennent bien de tous les côtés ; puis vous les tirerez & les mettrez ſécher à l'étuve. On en fait des aſſietes, ou on en garnit les ſervices.

**AMANDES SOUFFLE'ES.** Prenez des amandes que vous aurez bien mondées, jettez-les dans du blanc d'œuf où vous les remuerez ; vous les égouterez & les jetterez dans du ſucre en poudre, pour qu'elles en ſoient bien couvertes ; vous les dreſſerez alors ſur des feuilles de papier que vous mettrez ſur celles de cuivre, & les ferez cuire à un four bien moderé.

### *Autre manière.*

Mondez des amandes douces & les coupez par petits morceaux, mêlez-y de la rapure de citron, mettez le tout dans du blanc d'œuf qui ne ſoit point foüetté ; mettez-y du ſucre en poudre, juſqu'à ce que le tout ſoit en pâte maniable, & que l'on puiſſe la rouler dans les mains par petites boules groſſes comme une aveline ; arrangez-les ſur des feüilles de papier loing-à-loing, parce qu'elles ſouflent beaucoup ; mettez-les au four & les cuiſez de même.

**AMANDES GLACE'ES.** Prenez des amandes mondées, jettez-les dans de la glace royale un peu forte, mêlez-y du ſucre de fleur d'orange ; vous les dreſſerez ſur des feüilles de papier & les ferez cuire à un four bien doux. Pour faire la Glace royale. *Voyez* GLACE ROYALE.

**AMANDES A LA PRALINE.** *Voyez* PRALINE.

**AMANDES FRAICHES.** Il n'y a perſonne qui ne ſoit amateur des amandes fraiches, c'eſt pourquoi il eſt bon de dire la manière dont il faut les ſervir ; vous prendrez vos amandes, vous en fendrez le bois pour les ouvrir & les arrangerez proprement ſur une aſſiete ou compotier, avec des feüilles de vigne ; cela vous tiendra lieu d'une aſſiete ou compote, lorſqu'il vous en faudra beaucoup.

AMBRE

**AMBRE-GRIS,** est une matiére précieuse, séche, presque aussi dure que de la pierre, légére, opaque, grise, odorante, qui se trouve en morceaux de differentes grosseurs, flottante sur les eaux en divers endroits de l'Océan.

On doit choisir l'Ambre-gris bien net, sec, léger, d'une odeur douce & agréable ; on s'en sert dans l'Office, pour donner de l'odeur à bien des choses ; on en met dans les Pavies, & on en fait des Pastilles. *Voyez* PAVIE & PASTILLE.

**AMIDON,** tous ceux qui l'emploïent savent bien qu'il n'est fait qu'avec du beau froment ; c'est pourquoi l'on s'en sert dans l'Office, pour poudrer les moules, dans lesquels l'on imprime la pâte de pastillage, à cause de sa blancheur qui a raport à celle du sucre.

**ANANAS,** est un fruit qui nous vient des Indes, & qui est beaucoup recherché par les Indiens à cause de sa bonté ; (*a*) on l'aporte tout confit dans nos païs ; sa figure est à peu-près semblable à une pomme de Pin ; son sommet est garni d'un paquet de feüilles colorées ; on le confit dans les Indes, comme chez nous l'on confit un Cédra, cependant avec cette difference qu'ils n'emploïent que le sucre qu'ils purifient, qui sort des Cannes de sucre, au lieu de sucre, pour le pouvoir servir sec. *Voyez* TIRAGE.

**ANCHOIS,** est un petit Poisson de Mer, de la longueur d'un doigt, sans écailles, ayant la tête grosse, les yeux noirs & larges, la gueule grande & sans dents, les machoires rudes comme une scie, le museau pointu, le dos rond, blanc & argentin, la chair rouge en dedans.

On les sale & on les conserve dans des barrils ; on nous les envoie de Provence, où l'on en fait la pêche.

Les plus petits sont les plus estimés ; on s'en sert pour garnir les salades cuites. *Voyez* SALADE.

**ANGELIQUE,** est une plante qui s'éléve à la hauteur d'une coudée ou quelque chose de plus ; elle forme, dès le bas, deux

(*a*) *Voyez* l'Histoire naturelle des Isles Antilles de M. Lonvillèrs de Poincy, chap. 10. art. 6.

B

## AN AR

tiges nouées & creufes, avec plufieurs concavités & aîles ; fes feüilles font attachées à une longue queuë par interval, elles font dentelées tout-au-tour, d'une couleur brune ou verte obfcure ; fes bouquets font garnis de fleurs blanches ; fa graine eft platte comme une lentille, elle a un goût piquant & de très-bonne odeur ; elle croît dans les montagnes, & s'éleve aifément dans les jardins.

### *Maniére de la confire.*

Après avoir ôté les feüilles de la tige, que l'on doit prendre fraiche, de bonne groffeur, & avant qu'elle foit montée en graine, on la coupe d'une longueur convenable, & à mefure, on la met dans l'eau fraiche ; on la fait blanchir à gros boüillons ; quand elle s'écrafe fous la main, c'eft une marque qu'elle eft blanchie ; ôtez-la du feu & jettez-la dans l'eau fraiche ; après quoi vous la parerez & lui enleverez la peau, comme aux cardons d'Efpagne ; vous la rejetterez de même dans l'eau fraiche ; alors, vous l'égouterez & la mettrez dans une terrine, & vous jetterez par-deffus du fucre clarifié, en fuffifante quantité, pour qu'elle y nage ; laiffez-la ainfi pendant vingt-quatre heures, enfuite égoutez-la, & donnez dix ou douze boüillons à votre fucre, que vous verferez deffus, lorfqu'il fera tiéde : conduifez-la de même pendant quatre ou cinq jours, alors vous l'égouterez, & ferez cuire votre fucre à gros perlé, en l'augmentant de fucre, s'il le faut ; vous y jetterez votre Angelique & lui donnerez cinq ou fix boüillons couverts, puis vous la retirerez du feu, vous l'écumerez & la garderez dans des pots. On peut la mettre au candy & au tirage. *Voyez* l'un & l'autre.

ANIS, eft une graine de couleur grife, verdâtre, d'une odeur & d'un goût doux, elle croît d'une plante à ombelle, qui pouffe une tige creufe, à la hauteur d'environ trois pieds ; fes feüilles ont de l'odeur, & font découpées profondément, femblables à celles du perfil ; elle fert dans l'Office à plufieurs ufages, foit pour du bifcuit ou des dragées. *Voyez* BISCUIT & DRAGE'E.

ARGENTERIE. L'argenterie étant, dans beaucoup de grofſes Maiſons, un des principaux ſoins que les Officiers doivent avoir, & qu'ils doivent principalement inſinuer à leurs garçons & à leurs laveurs; j'ai jugé à propos d'enſeigner ici une méthode facile pour la blanchir & la tenir propre.

### *Maniére.*

Prenez quatre onces de ſavon blanc coupé dans un plat, avec une chopine d'eau chaude; dans un autre plat, un peu de pain, & pour un ſol de lie de vin, avec autant d'eau chaude que dans l'autre; & dans un troiſiéme plat, pour un ſol de cendres gravelées, avec pareille quantité d'eau que dans les autres; puis vous prendrez une broſſe de poil que vous tremperez premiérement dans votre lie de vin; ſecondement dans la cendre gravelée; troiſiémement dans le ſavon; enſuite vous en frotterez votre Argenterie, la laverez dans l'eau chaude, & l'eſſuyerez avec un linge.

ASSIETE, terme d'Office; tout le monde ſait ce que c'eſt qu'une aſſiete; mais dans l'Office on apelle aſſiete, tout ce qui ſe met ſur une aſſiete, & que l'on ſubſtituë en place de compote, comme une aſſiete de ſec, aſſiete de four, aſſiete de fruits crus, aſſiete de fromage, aſſiete de marons, &c. On dit communément faire une aſſiete de ſec, &c.

ATRE, terme d'Office. On apelle atre, le bas d'une chemi-née, le bas d'un four, d'un fourneau. On dit communément ( en parlant du biſcuit ) ce four n'a point d'atre, c'eſt-à-dire, qu'il n'eſt point aſſez cuit en deſſous.

AVACHIR, terme d'Office, ſe dit de pluſieurs eſpèces de four qui tombent lorſqu'on les en ſort.

AVACHIR, ſe dit d'une figure de caramel que l'on tire trop chaude du moule & qui tombe.

AVACHIR, ſe dit auſſi des branches ou feüilles, qui, au lieu de ſe ſoutenir droites, panchent par leur extrémité.

**AVELINE**, eſt une eſpèce de noiſette fort groſſe, qui eſt la meilleure & la plus eſtimée ; elle croît dans le Lyonnois & dans l'Eſpagne, ſur un noiſetier qui forme l'arbriſſeau, il pouſſe beaucoup de tiges ou rameaux longs, plians, ſans nœuds, couverts d'une écorce mince ; ſon bois eſt tendre, blanc ; ſes feüilles ſont larges, plus grandes & plus ridées que celles de l'aune, dentelées ſur les bords, pointuës, de couleur verte en - deſſus, & blanchâtre en-deſſous ; ſes fleurs ſont de petits chatons à pluſieurs feüilles, jaunâtres, écailleuſes, elles ne laiſſent après elles aucun fruit ; les fruits naiſſent ſur les mêmes pieds, mais en des endroits ſéparés ; ce ſont les Noiſettes ou Avelines que tout le monde connoît ; elles ſont envelopées d'une écoſſe membraneuſe, & ordinairement frangées par les bords ; leur figure eſt preſque ronde ou ovale ; leur écorce eſt dure ; ligneuſe, blanchâtre ou rougeâtre ; elle renferme une amande preſque ronde, rougeâtre & d'un goût excellent ; elle ſert dans l'Office à pluſieurs uſages, ſoit dans des biſcuits, macarons, ou dragées. *Voyez* l'un & l'autre.

Lorſqu'elles ſont fraiches, on les ſert ſur des aſſietes, avec des feüilles de vigne, en leur caſſant leur écorce ligneuſe, & leur laiſſant leur coëffe.

**AZEROLE**, eſt le fruit d'une eſpèce de Neflier (*a*) ou d'un arbre qui porte des feüilles ſemblables à celles de l'Aubepin, mais plus grandes, rougiſſantes un peu avant qu'elles ne tombent ; ſes fleurs ſont en grappes de couleur herbeuſe ; chacune d'elles eſt à pluſieurs feüilles diſpoſées en roſe, & ſoutenuës par un calice découpé en pluſieurs parties. Lorſque la fleur eſt paſſée, ce calice devient un fruit preſque rond, charnu, beaucoup plus petit que la Nefle ordinaire, ayant une maniére de couronne, qui a été formée par les pointes du calice. Ce fruit eſt au commencement verd & dur ; mais en meuriſſant il devient rouge, aigrelet & doux, fort agréable au goût ; il renferme dans ſa chair trois oſſelets fort durs. On cultive l'Azerolier en Italie, en Languedoc,

(*a*) *Voyez* M. Piton Tournefort, dans ſon Hiſtoire des Plantes.

## AZ

où son fruit se nomme Pommette : l'Azerole se confit de toute
maniére comme la Cerise.

## BAIN BAN BAT

**B**AIN-MARIE. L'on apelle Bain-Marie dans l'Office, une poële
d'eau que l'on fait boüillir, dans laquelle on met une marmite
d'argent ou un pot de terre vernisé, pour y faire des sirops de toutes espèces, & leur donner tel degré de chaleur que l'on souhaite.
Vous en trouverez l'emploi. *Voyez* SIROP.

BANDE, ce nom a differentes significations; on apelle bande,
une bande de papier découpé, une bande de verre, ou de glace
qui servent à monter un fruit.

BATONAGE, est une abaisse de pâte de pastillage, de l'é-
paisseur d'une ligne, que l'on coupe de même largeur en petits bâtons,
& que l'on fait sécher à l'étuve, sur des feuilles de cuivre que l'on
poudre auparavant d'amidon : beaucoup d'Officiers les font plus
larges, plus étroits, plus minces, suivant l'emploi qu'ils en veulent faire.
On s'en sert ordinairement pour dresser des pyramides, & pour
faire du piquage. *Voyez* PYRAMIDE & PIQUAGE.
Le bâtonage est fait de la même pâte que celle du Pastillage,
pour en trouver la méthode, *Voyez* PASTILLAGE.
Pour lui donner telle couleur qu'il vous plaira, *Voyez* COULEUR.
Observez que le bâtonage ne doit point être gercé, & qu'il doit
être le plus uni & poly que faire se pourra : pour en connoître le
défaut, *Voyez* GERCER.
On fait encore du bâtonage avec des pâtes de coins, de pommes, que l'on étend sur des feuilles de cuivre, de l'épaisseur de trois
écus de six francs, & que l'on fait sécher à l'étuve; alors on les
coupe de telle longueur & largeur que l'on veut, en les faisant
sécher de nouveau à l'étuve, jusqu'à ce que les bâtons soient fermes;
on les met au candy, & on en dresse des pyramides.
On en fait encore avec de l'angélique confite, que l'on coupe

& que l'on séche de même, après l'avoir passée dans une eau plus
que tiéde, pour lui enlever son trop de sucre : On en fait de canelle que l'on laisse tremper pendant une demi-heure, dans de l'eau
chaude, pour avoir plus de facilité de la couper en bâtons, ensuite
on la met au candy. Observez qu'il la faut couper la plus égale que
vous pourrez. *Voyez* CANDY.

BAVAROISE, est un thé fait, que l'on jette sur du sirop de
capillaire, au lieu de sucre. On la sert ordinairement dans de grands
gobelets.

BERGAMOTTE, est un fruit d'odeur, qui est tiré d'un
poirier Bergamotte : on dit que l'origine vient, de ce qu'un certain
Italien s'avisa d'enter une branche de citronier sur le tronc d'un
poirier Bergamotte ; on les confit de même que les citrons ; on
peut les confire par quartiers, par zestes, ou entiérs, cela dépend
de la beauté des fruits, & de la volonté des Officiers.

BETE-RAVE, sa feüille est grande & rouge ; sa racine qui
est très-grosse, a la figure d'une rave, & contient un suc aussi rou
ge que du sang ; son usage n'est que pour les garnitures de salade.
La Bete-Rave se cuit, soit dans l'eau, soit au four, ou dans les
cendres ; on lui ôte la peau, & l'on en garnit les salades : Bien
des personnes la font infuser dans du vinaigre, avec de la coriandre, des oignons, de l'ail & du sel, pour lui en faire prendre le
goût.

BEURE, n'est autre chose qu'une substance grasse & onctueuse,
qui se fait d'un lait épaissi ; le beure frais se sert d'ordinaire pour
hors d'œuvre, en le mettant sur des assietes ou petits plats, le
plus proprement que l'on peut, avec de la glace lavée, pour le
tenir frais.

### *Maniére de le faire promptement.*

Prenez de la créme fraiche & la mettez dans une bouteille qui
ait un large goulot, vous la secouërez jusqu'à ce que la créme se

tourne en beure, ensuite vous la verserez dans de l'eau fraiche, & mettrez votre beure en consistance; vous le laverez très-soigneusement, puis vous en formerez des petits pains & le servirez de même.

BIGARRADE, est une espèce d'orange, qui est jaune, verdâtre, amère, & son jus est acide; (*a*) elle sert à mettre sur des dormants, ou dans des saladiers pour servir de salade; on les confit de même que les citrons : on en fait grand usage en Allemagne, parce que l'on prétend qu'elles fortifient l'estomac.

BIGARREAU, est une espèce de cerise blanche & rouge, plus grosse que les cerises ordinaires, d'une chair plus dure & plus douce; on ne les confit point, l'on ne s'en sert que pour dresser des pyramides, & on les mange crus. (*b*)

BISCOTIN, est une espèce de four, qui est dure & croquante, ressemblante à une aveline.

## *Maniére de les faire.*

Prenez telle quantité de farine qu'il vous plaira, délayez-la avec deux ou trois blancs d'œufs, du sirop de cédra ou autres, en consistance de pâte maniable; dressez-la sur des feüilles de papier, en forme d'aveline; faites-les cuire au four, jusqu'à ce qu'ils aïent une belle couleur. Humectez la feüille de papier par-derriére avec de l'eau chaude, pour les lever aisément; gardez-les dans l'étuve, & ne vous en servez que pour garnir des assietes de four.

BISCUIT, est une espèce de pâte composée de sucre, de farine & d'œufs que l'on fait cuire au four; on en fait de differentes maniéres, comme vous verrez ci-après.

BISCUITS ordinaires. Prenez 40. œufs, séparez les blancs

(*a*) La Quint. Traité des Orang. chap. 12.
(*b*) La Quint. Part. III. chap. 15. pag. 493.

## BIS

d'avec les jaunes, battez les jaunes avec deux livres de sucre en poudre, jusqu'à ce qu'ils blanchissent ; foüettez les blancs dans une terrine à part, jusqu'à ce qu'ils se soutiennent en neige ; alors, mettez le tout ensemble le plus légérement qu'il vous sera possible, ajoutez-y une livre & demie de farine qui aura été séchée à l'étuve & que vous tamiserez, à mesure que vous délayerez votre pâte ; dressez-les dans des moules de papier ou autres, & les glacez très-legerement de sucre en poudre : faites-les cuire dans un four modéré, & quand vous les tirerez, laissez-les réfroidir, mettant le dessus dessous :

Pour leur donner du goût, il faut mettre dans votre pâte de la rapure de citron.

BISCUITS à la cuillier, se font de la même pâte que la précédente, on les fait cuire de même en les glaçant, & on les dresse en long, avec une cuillier, sur une feüille de papier

BISCUITS de patience. Chauffez premiérement des feüilles de cuivre bien unies, sur lesquelles vous frotterez légérement un peu de bougie, pour empêcher que la pâte que vous dresserez dessus ne s'y attache. Vos feüilles étant ainsi préparées, vous prendrez deux œufs, vous séparerez les blancs d'avec les jaunes ; vous battrez vos jaunes avec deux cuillerées de sucre en poudre, avec de la rapure de Citron, suivant votre goût ; vous foüetterez alors vos blancs en neige, & melerez le tout ensemble avec deux cuillerées de farine, que vous passerez par un tamis ; vous les dresserez sur ces feüilles, de la grosseur d'une petite noisette, & les ferez cuire de belle couleur à un four modéré : vous les leverez en sortant du four.

BISCUITS d'amandes. Prenez une demi-livre d'amandes douces, avec deux douzaines d'amères, mondez-les & les passez un moment à l'eau fraiche ; tirez-les sur un tamis, & faites-les un peu sécher à l'étuve.

Ensuite, pilez-les dans un mortier, y mettant de tems-en-tems un peu de blanc d'œuf, pour empêcher qu'elles ne deviennent en huile : quand elles seront pilées, vous foüetterez six blancs d'œufs

frais,

frais, jufqu'à ce qu'ils foient en neige ; vous y mettrez trois jaunes d'œufs & une demi-livre de fucre en poudre, une cuillier à bouche de farine, & délayerez bien le tout enfemble ; alors, vous tirerez vos amandes du mortier, les mettrez dans la même terrine avec votre compofition, & vous aurez foin de bien mêler le tout enfemble.

Dreffez-les dans des moules ; glacez-les de fucre en poudre, en y mêlant un peu de farine, pour foutenir la glace, à caufe de l'humidité de l'amande.

Mettez-les cuire dans un four qui foit bien modéré ; quand vous jugerez qu'ils feront affez cuits, vous les en retirerez, & ferez de même que des bifcuits ordinaires.

BISCUITS de piftaches. Prenez une demi-livre de piftaches, des plus belles que vous trouverez, mondez-les, paffez-les à l'eau fraiche, & les tirez fur un tamis ; faites-les fécher à l'étuve ; pilez-les dans un mortier, avec un quartier de cédra, y ajoutant du blanc d'œuf.

Foüettez huit blancs d'œufs en neige, mettez-y trois jaunes d'œufs, demi-livre de fucre en poudre, une bonne cuillerée de farine, & délayerez le tout enfemble, enfuite vous les drefferez dans des moules : obfervez qu'il faut les glacer & les cuire de même que ceux d'amandes douces.

BISCUITS de Savoye. Prenez quatre œufs frais, ou plus, fuivant la quantité de bifcuits que vous voudrez faire ; ayez une balance, mettez-y vos œufs d'un côté, de l'autre, votre fucre en poudre, au même poids ; pour la farine, vous en prendrez la moitié pefante de vos œufs : caffez vos œufs, mettez les blancs & les jaunes à part, foüettez bien les blancs, jufqu'à ce qu'ils foient en neige ; il faut auparavant, avec deux fpatules, battre votre fucre en poudre avec les jaunes : verfez vos blancs d'œufs dans les jaunes, tournez-les avec la fpatule, pour les mêler enfemble ; prenez alors votre farine féchée à l'étuve, mettez-la dans un tamis, deffus la terrine où fera votre pâte, & avec la main vous ferez tomber doucement cette farine ; donnez-leur encore un tour de fpatule, pour mêler la

C

farine ; dreſſez-les dans des moules & les glacez ; faites-les cuire de
même que les autres. Voûs pourrez encore les dreſſer à la cuillier.

**BISCUITS** du Palais-Royal. Prenez ſix œufs frais , mettez-
les dans une balance, peſez de l'autre coté autant de ſucre en poudre qui ſoit bien ſec ; prenez enſuite de belle farine , du poids de
trois œufs : caſſez vos œufs , mettez à part les blancs & les jaunes,
dans des terrines ; foüettez bien les blancs en neige, le plus long-
tems que vous pourrez ; mettez-y alors votre ſucre , & le remuez
juſqu'à ce qu'il ſoit mêlé avec vos blancs ; ajoutez-y vos jaunes ,
pour les incorporer, avec un peu de rapure de citron & votre farine
ſéchée à l'étuve ; mêlez bien le tout enſemble légérement avec votre foüet ; dreſſez-les dans des moules de papier ou autres, glacez-
les , & les faites cuire comme les autres.

**BISCUITS** d'amandes améres. Prenez environ une livre d'a-
mandes améres, que vous monderez & ſécherez un peu à l'étuve ;
enſuite vous les pilerez dans un mortier, y ajoutant deux blancs
d'œufs ; quand elles ſeront bien pilées , vous les mettrez dans une
terrine , avec dix blancs d'œufs que vous remuerez enſemble , &
y ajouterez trois livres de ſucre en poudre , obſervant toujours de
le bien délayer. Vous les dreſſerez ſur du papier avec une ſpatule &
un couteau , de la groſſeur d'une aveline , en étendant la pâte ſur
la ſpatule , & formant le biſcuit avec le couteau ; vous les ferez cuire
au four : remarquez qu'il les faut mener au commencement à petit
feu , juſqu'à ce qu'ils ſoient levés ; alors, on peut les mener plus vîte,
en mettant des charbons à la bouche du four : quand ils ſeront cuits
d'une belle couleur, vous ne les leverez point de deſſus le papier ,
qu'ils ne ſoient froids.

**BISCUITS** d'avelines. Prenez une livre d'avelines , vous les
monderez & leur ferez prendre un peu de couleur au four ſur un
plafond ; vous les pilerez lorſqu'elles ſeront froides , avec deux
blancs d'œufs ; après qu'elles ſeront bien pilées , vous les mettrez
dans une terrine , avec une livre & demie de ſucre en poudre ;
vous y incorporerez ſix ou ſept blancs d'œufs ; vous délayerez le

tout enfemble, & les drefferez de la même maniére que les bifcuits d'amandes améres, c'eft-à-dire en petites avelines. Vous les ferez cuire à un four modéré, obfervant les mêmes principes des bifcuits d'amandes améres.

BISCUITS de chocolat. Vous prendrez quelques blancs d'œufs & du fucre en poudre, avec du chocolat rapé, vous mêlerez bien le tout enfemble, jufqu'à ce que votre pâte foit maniable ; alors, vous drefferez vos bifcuits fur du papier, comme les bifcuits d'amandes améres.

BISCUITS de caffé. Le bifcuit de caffé fe fait de même que celui de chocolat, finon que vous y mettrez du caffé paffé au tambour.

BISCUITS de Portugal. Foüettez fix blancs d'œufs, mettez-y alors les jaunes, & continuez de les foüetter ; incorporez - y une demi - livre de fucre en poudre, un quarteron de farine, un quarteron de marmelade d'orange & la rapure d'un citron ; vous mêlerez le tout enfemble, & les drefferez dans des moules, pour les faire cuire au four : il faut obferver de ne les point glacer qu'ils ne foient cuits. Vous les couperez au couteau, & les glacerez avec de la glace royale, comme les maffepains, & les acheverez de même façon. *Voyez* MASSEPAIN.

BISCUITS d'Efpagne. Le bifcuit d'Efpagne fe fait de même que le précédent, avec la difference que la farine que l'on y met, doit être de la farine de ris, & que l'on n'y met point de marmelade.

BISCUITS à l'Allemande, apellés *Zweibach*. Prenez vingt œufs, féparez le blanc d'avec le jaune ; battez vos jaunes avec une livre de fucre en poudre, fur un réchaud de feu léger, jufqu'à ce qu'ils blanchiffent, comme pour les autres bifcuits ; foüettez les blancs en neige, mêlez le tout enfemble ; alors, vous y mettrez trois quarterons de farine féchée à l'étuve ,. & la pafferez par un

## BIS

tamis dans votre pâte, avec une demi-once d'anis verds paſſés de même, & remuerez bien le tout : alors vous la dreſſerez dans un grand moule de papier & la ferez cuire au four ; quand elle ſera cuite, vous la couperez par morceaux, de quelle façon vous voudrez, & de l'épaiſſeur de quatre écus de ſix francs ; vous arrangerez alors les morceaux ſur des feüilles de cuivre, & les ferez ſécher au four.

BISCUITS d'Italie. Prenez quatre œufs frais, foüettez les blancs en neige ; peſez une once d'écorce de citron verd, une once de chair d'orange confite, une once d'abricots ſecs, une once de marmelade de fleurs d'oranges que vous battrez bien dans un mortier & paſſerez à travers d'un tamis : vous mêlerez le tout avec vos œufs foüettés & un quarteron de ſucre en poudre ; enſuite vous les ferez cuire au four dans de petits moules de papier ; quand ils ſeront cuits, vous les couperez comme vous le ſouhaiterez ; vous les glacerez des deux côtés avec du ſucre en poudre, & les remettrez encore un moment au four, pour ſécher votre glace.

BISCUITS Royals. Prenez ſept œufs frais, foüettez les blancs en neige ; mettez-y alors ſept onces de marmelade de pluſieurs eſpèces, bien foüettées & mêlées enſemble ; ajoutez-y cinq jaunes d'œufs, & continuez à foüetter pendant un quart-d'heure ; prenez enſuite ſept onces de farine de ris, & ſept onces de ſucre en poudre que vous mêlerez bien : vous les dreſſerez dans des moules de papier, & les ferez cuire au four.

BISCUITS de Marons, ils ſe font de même que ceux d'amandes améres, à l'exception qu'il faut faire cuire les marons au four, les nettoyer de leur peau & les bien piler, en y mettant un peu de blanc d'œufs, & une livre de ſucre pour une livre de marons, le reſte ſe fait de même.

BISCUITS manqués. Faites une glace royale qui ſoit forte, mêlez-y de la râpure de citron & de la fleur d'orange pralinée ; dreſſez-les ſur du papier, en les étendant avec une cuillier, de la largeur d'un écu de ſix francs ; faites-les cuire au four ; quand vous verrez qu'ils ſeront d'une belle couleur, vous les tirerez du four & les laiſſerez réfroidir. Pour les lever, moüillez le papier par-deſſous, & mettez-les ſécher ſur un tamis à l'étuve. On pourra leur donner tel goût que l'on jugera à propos.

BISCUITS à l'Allemande, apellés *Listlen*. Prenez du cloux de girofle, canelle, coriandre, muſcade, de chaque eſpèce un quart d'once; pilez bien le tout enſemble, & les paſſez au tambour ; prenez une once d'écorce de citrons verds, une livre d'amandes douces coupées par morceaux pralinés au blanc : quand vous aurez préparé tout ceci, vous prendrez de vingt-quatre œufs les jaunes & les blancs que vous battrez enſemble comme une omelette; vous y mettrez cinq livres de ſucre en poudre, & mélerez le tout avec vos épices & amandes ; enſuite vous y incorporerez de la farine, juſqu'à ce que votre pâte ſoit maniable & qu'elle ſe puiſſe couper au couteau.

Vous ferez de ladite pâte des abaiſſes, & les couperez de la longueur d'une carte; vous les dreſſerez ſur des feüilles de papier poudrées auparavant de farine ; enſuite vous les ferez cuire au four ; quand ils ſeront cuits, vous les laiſſerez réfroidir, & après vous enleverez la farine de deſſus & deſſous avec une bröſſe.

Pour les glacer vous ferez cuire du ſucre à la plume que vous laiſſerez tiédir; alors, vous tremperez un gros pinceau dur dans votre ſucre, & vous en frotterez vos biſcuits l'un après l'autre, juſqu'à ce que votre ſucre blanchiſſe : (cette glace ſéche naturellement) vous pourrez leur donner telle figure qu'il vous plaira, en les imprimant dans des moules, quand la pâte ne ſera pas encore cuite.

Il eſt bon de dire que l'on peut griller au four toutes ces ſortes de biſcuits, en les coupant par tranches, & leur donnant une belle couleur.

BLANCHIR, terme d'Office, c'eſt quand on fait boüillir des fruits dans de l'eau pour les amolir, ce qui ſe connoit par le moyen d'une épingle ; comme je l'ai enſeigné à l'article des abricots verds.

BLANCHISSAGE, terme d'Office, c'eſt lorſque l'on blanchit des ceriſes, des groſeilles, des raiſins, &c. avec du ſucre.

## BAN BLED BLET BOU

*Maniére de · le faire.*

Après avoir nettoyé & lavé les fruits que vous voudrez blanchir, vous foüetterez trois ou quatre blancs d'œufs que vous jetterez sur un tamis pour en recevoir l'huile ; vous passerez vos fruits dedans, & les égouterez sur une grille ; vous les mettrez dans du sucre que vous aurez passé au tambour, en les sautant sur le feu, afin que le sucre s'échauffe & se séche ; vous les sortirez de votre sucre , & les mettrez sur du papier qui sera posé sur un tamis : vous les mettrez un moment à l'etuve.

BLED de Turquie, est une graine qui naît dans des épys gros, & longs, envelopés de feüilles, roulés en graine, sur une plante qui pousse des tiges à la hauteur de six pieds, semblables à celles des roseaux, rondes, grosses comme le pouce, solides & fermes, purpurines par le bas, & diminuent en grosseur à mesure qu'elles s'élevent ; ses feüilles, longues ordinairement d'un pied & demi, sont semblables à celles du roseau.

On ne se sert dans l'Office que de l'épy garni de sa graine, après l'avoir dépoüillé de ses feüilles : on la choisit verte pour la confire comme les cornichons, & l'on ne s'en sert que pour garnir les salades cuites.

BLETTE se dit d'une poire qui est passée.

BOUGEOIR, nom d'un gobelet. C'est un gobelet de crystal fait en forme de chandelier ou de flambeau, dans lequel l'on met une bougie, & que l'on cole sur les services.

Les Bougeoirs sont d'ordinaire de deux pouces & demi de hauteur. *Voyez* Fig. Plan. 3. Lett. F.

BOUILLOIR est un meuble d'Office en façon de grande théticre, dans lequel on met chauffer de l'eau pour s'en servir au besoin. *Voyez* Planc. 1. Lett. Y.

BOUILLON terme d'Office, est quand on a égouté des

fruits que l'on a mis au fucre, & que l'on fait reboüillir le fucre. Bouillon fe dit encore, lorfque l'on fait recuire une confiture liquide qui pouffe. Ce terme eft encore apliqué aux compotes, que l'on conduit de même lorfqu'elles pouffent.

**BOUILLON** couvert, fe dit lorfqu'un fruit eft couvert de fon firop en boüillant fur le feu.

**BOURRE**, eft une efpèce de duvet que l'on ôte aux abricots & aux amandes vertes, en les paffant à la leffive. *Voyez* ABRI-COTS VERDS.

**BOUTONS** de fleurs d'orange, font ceux qui tiennent les feüilles de la fleur; ils fe confiffent de même que la fleur, *Voyez* ORANGE.

**BROSSE**, eft une efpèce de fraife qui croît de même; on l'apelle Broffe, à caufe que fa peau eft raboteufe, qu'elle eft garnie de petites pointes, & femblable à une broffe : on les fert cruës étant bien lavées : on en fait des compotes de même que des fraifes, & du blanchiffage. *Voyez* COMPOTE & BLANCHISSAGE.

**BRUGNON**, eft une efpèce de pêche (*a*) qui vient par l'artifice des Jardiniers, & de l'induftrie de les enter : le brugnon eft violet d'un coté, & de l'autre d'un blanc verdâtre, fans duvet; il meurit au mois de Septembre : on le fert cru; on le confit, & on en fait des compotes comme des pêches. *Voyez* PESCHE & COMPOTE.

**BRUSLER**, terme d'Office ; on dit vulgairement brûler du caffé, du cachou, du cacao; brûler du fucre, c'eft quand on manque le caramel & qu'on le brûle, parce que le caramel étant la derniére cuiffon du fucre, on ne peut le cuire davantage, à moins de le brû-ler. Il eft mieux dit torrefier le Caffé & le Cacao. (*b*)

(*a*) La Quint. Part. III. Ch. 5.
(*b*) Philippe Sylveftre Dufour, dans fon Traité du Caffé, Thé & Chocolat, fe fert de de torrefier.

## CAB CAC CAF

CABARET, est un meuble d'Office sur lequel on sert & porte les tasses à caffé. *Voyez* Fig. Plan. 2. Lett. A.

CACAO, est un fruit long, semblable à celui des Melons, rayé, roux & canellé, plein de petites noix, qui ont beaucoup de raport aux amandes : il croît sur le Cacaotier qui vient aux Indes, il est de la hauteur de l'Oranger, ayant ses feüilles plus longues. ( *a* )

On se sert du Cacao, pour faire la baze du Chocolat. *Voyez* CHOCOLAT.

CACHOU, est une maniére de pâte séche, dure, un peu gommeuse, rougeâtre, ayant la forme & presque la dureté d'une pierre, d'un goût amèr au commencement, mais laissant dans la bouche une impression douce & agréable. ( *b* )

Il faut le choisir pesant & compacte, de couleur rougeâtre & d'un goût amèr : on s'en sert pour faire des pastilles ; pour trouver la maniére de les faire. *Voyez* PASTILLE.

CAFFE', est la graine du fruit d'un arbre qui est semblable aux bonnets de Prêtres ; ses feüilles sont plus dures, plus épaisses, & toujours vertes : cette graine est de figure ovale, de couleur jaunâtre, tirante sur le blanc. Elle retient le nom de caffé, aussi-bien que la boisson, qui est devenuë d'un usage très-commun. Cet arbre croît dans l'Arabie-heureuse & dans les Indes Orientales.

On doit choisir le Caffé bien mondé de son écorce, nouveau, net, bien nourri, de moyenne grosseur, prenant garde qu'il n'ait été moüillé par l'eau de la mer, & qu'il ne sente le moisi.

On s'en sert pour prendre en boisson à l'eau, à la crême, dans des pastilles, des conserves, des biscuits. *Voyez* PASTILLE. CONSERVE & BISCUIT. & dans les glaces. *Voyez* NEIGE & MOUSSE.

( *a* ) Mr. Rochefort, dans son Histoire des Isles Antilles.
( *b* ) Mr. Lemery, dans son Dictionnaire universel des Drogues simples.

*Maniére*

## CAF CAIL

### *Maniére de le faire en Boiſſon.*

On fait torrefier le Caffé dans une poële de fer ; pendant qu'il eſt ſur le feu on l'agite inceſſamment , en remüant la poële juſqu'à ce qu'il ſoit preſque noir , puis on le réduit en poudre avec le moulin qui ne ſert que pour cet uſage. On fait boüillir de l'eau dans une caffetiére , enſuite on la retire un peu du feu , y jettant une once & demie de caffé en poudre , ſur une pinte d'eau ; en même - tems on remuë l'eau avec une cuillier , tant pour mêler le caffé , que pour empêcher l'eau de ſortir de la caffetiére : remarquez de le faire boüil-lir , c'eſt-à-dire de lui donner ſept à huit boüillons , juſqu'à ce qu'il ne paroiſſe plus rien ſur l'eau ; enſuite vous le tirerez du feu , & y jetterez une cuillerée à bouche pleine d'eau fraiche , & le laiſſerez repoſer ſur des cendres chaudes ; quand le moment viendra de le ſervir , vous le tirerez au clair & le chaufferez comme il faut.

Obſervez qu'il ne faut point faire proviſion de caffé torrefié pour pluſieurs jours , parce qu'il eſt toujours meilleur de l'employer tout-de-ſuite.

Quand on voudra le prendre au lait ou à la crême , vous aurez ſoin d'avoir de l'un & l'autre boüillis ſéparément dans une caffetiére , & le ſervirez dans des taſes dont vous garnirez un cabaret.

On fait encore du Caffé portatif. *Voyez* SIROP.

CAFFETIE'RE , eſt un vaſe d'argent dans lequel on met le Caffé pour le ſervir. *Voyez* Fig. Plan. 1. Lett. T.

CAILLEBOTTE , eſt le nom d'un fromage de lait ou de crême que l'on fait cailler , & que l'on met enſuite égouter dans des mou-les de fer blanc , où ils prennent leur figure. *Voyez* Plan. 1. Lett. O & L.

### *Maniére de le faire.*

Prenez deux ou trois pintes de lait ou de crême que vous ferez tiédir ; lorſque la chaleur ſera au dégré de pouvoir y ſouffrir le doigt,

D

## GAIS CAN

vous prendrez trois ou quatre géfiers de poulets, *( a )* c'eſt-à-dire la peau qui eſt dedans, vous les laverez bien & les ſecherez à l'étuve, enſuite vous les pilerez & les mettrez ſur une étamine dans laquelle vous paſſerez votre lait avec une cuilller, a pluſieurs repriſes ; vous le mettrez alors à l'étuve pour achever de le faire prendre ; quand il ſera pris, vous le dreſſerez dans des petits moules de fer blanc qui feront percés à cet effet, afin que l'eau en puiſſe ſortir ; lorſque vos fromages ſeront pris, vous les dreſſerez dans des compotiers, mettant deſſus de la crême fraiche ou foüettée. Beaucoup d'Officiers mêlent du ſucre dedans ; mais je trouve qu'il eſt plus à propos de les ſervir de cette façon, parce que tout le monde n'aime point le ſucre, & qu'on ſe trouve toujours à même d'en faire uſage.

CAISSE. On apelle Caiſſe dans l'Office, des moules de papiers qui ſervent à mettre de la pâte de biſcuit, de la fleur d'orange pralinée, & des paſtilles ſur les ſervices.

CANDY, eſt un ſucre cryſtaliſé qui ſe congéle en petits brillants, & durcit lorſqu'il ſe trouve dépoüillé de la meilleur partie de ſon humidité, par le moyen de l'étuve ; il s'attache à tout ce que l'on veut candir, pourvû que la matiére ſoit ſéche.

Je donne ici la méthode de faire des Candys de toute eſpèce.

GROS-CANDY blanc & rouge. Prenez trois ou quatre pains de ſucre royal, faites-les cuire à la plume, verſez votre ſucre tout chaud dans un moule à candy, où vous aurez arrangé quelques morceaux de fil en long & en large : pour le bien candir, vous mettrez votre moule dans l'étuve, pendant l'eſpace de huit jours, pour l'entretenir d'une médiocre chaleur ; alors, vous le retirerez, le laiſſerez égouter & ſécher à l'étuve.

---

*( a )* Le géſier de Poulet, autrement la peau qui eſt dans ſon eſtomac, eſt une eſpèce de levain. Cette matiére délayée dans la crême ou du lait, dévelope ſes ſels volatils. Les réſſorts de l'air dardent les ſels de toutes parts, il ſe fait une agitation dans les parties les plus intimes de toute la maſſe, qui ſépare l'humeur ſéreuſe d'avec les parties ſucculentes ; celles-ci ſe raprochent par pelotons, ce qu'on apelle lait caillé. *Spectacle de la nature, page 21. tom. 3.*

## CAN

Le sucre candy rouge se fait de même, si ce n'est qu'au lieu de sucre royal on se sert du commun, ou de moscouade.

CANDY de fleurs d'orange, de violettes, de jonquilles, de roses, d'œillets. Toutes ces fleurs se candissent de même. Prenez six ou huit livres de sucre clarifié que vous ferez cuire à soufflé ; jettez-y trois livres de fleurs bien épluchées, de telle espèce que vous voudrez ; ôtez la poële de dessus le feu, & la laissez reposer un peu de tems, pour que les fleurs puissent jetter leur eau ; remettez-les ensuite à même cuisson, c'est-à-dire à soufflé ; ôtez-les & les laissez réfroidir l'espace d'un quart-d'heure ; prenez un moule à candy que vous remplirez à moitié de fleurs & de sucre, le laisserez pendant vingt-quatre heures à l'étuve avec un feu modéré, après quoi vous ferez un petit trou au coin du moule pour égouter le sucre ; quand il le sera, vous le remettrez à l'étuve l'espace, à-peu-près, de trois heures, & le pancherez pour qu'il s'achéve en même-tems d'égouter & de sécher. Vous aurez soin de mettre dessous une poële ou terrine, pour en recevoir le sucre qui en dégoutera : quand il sera suffisamment sec, vous l'ôterez du moule, & le renverserez sur une feüille de papier ; s'il y restoit encore de l'humidité, vous le remettriez à l'étuve.

Vous pouvez le couper de telle façon qu'il vous plaira, & le serret dans des coffrets.

La fleur d'orange pralinée se met en hiver au candy, observant de tenir le sucre à même cuisson, & d'y jetter la fleur ; ensuite vous lui donnerez un bouillon couvert, la mettrez dans un moule & l'égouterez au bout de dix heures. Il faut observer les mêmes régles que ci-devant.

CANDY d'Abricots verds, d'abricots meurs par moitié, d'abricots meurs piqués, d'Amandes vertes, de Reines-Claudes, de Mirabelles, d'Epines-vinettes en grapes, de Fenoüils en branches, de toutes sortes de Pâtes, de Cerises, de Baronages de Coins, d'Angéliques, de Canelles, de Pastilles & de Conserves ; ces trois dernières espèces prennent le candy comme les fruits.

## CAN

Prenez de vos fruits telle espèce que vous jugerez à pr[o]s,
lesquels doivent être confits, ensuite vous les égouterez & les pafferez dans l'eau tiéde pour leur ôter le sucre qui se trouve toujours
gras, & qui empêcheroit qu'ils ne candissent : mettez-les alors sur
des tamis, & les faites sécher à l'étuve, c'est-à-dire que les dessus du
fruit se trouvent secs ; ensuite arrangez-les dans des moules à candy
sur une petite grille faite exprès, qui entre dans le moule ; vous en
pouvez faire trois ou quatre lits l'un sur l'autre, en les séparant avec
ces petites grilles. *Voyez* Fig. Planch. 1. Lett. N. Z.

Pour éviter que ce que vous voudrez candir ne se touche point parmi
les grilles, vous mettrez un morceau de plomb dessus, pour que cela
se tienne ferme ; ensuite faites cuire du sucre clarifié à petit soufflé,
la quantité qu'il en faudra, suivant la grandeur de votre moule, &
le laissez tiédir ; quand il-le sera, vous le coulerez dans le moule,
& le mettrez à l'étuve du soir au lendemain, avec un feu couvert
& modéré, pour qu'il dure la nuit. Le matin vous prendrez garde
si vos fruits sont bien pris, sinon vous les laisserez encore une
heure ou deux, suivant le besoin.

Vous ferez un petit trou au coin du moule, pour égouter le
sucre, puis le renverserez sur le coté dans l'étuve, ayant une poële
ou terrine dessous, pour en recevoir les égoutures : quand il sera
sec vous le renverserez sur une feüille de papier, & tirerez vos fruits
l'un après l'autre, alors vous les serrerez dans des coffrets.

La Canelle se coupe en maniére de bâtonage & de la même
grandeur ; avant de la couper il faut la faire tremper dans de l'eau
chaude ou dans l'esprit-de-vin, (*a*) pour avoir plus de facilité ; lorsque vous l'aurez coupée, vous la mettrez dans un petit sucre léger
sur le feu, & lui donnerez trois ou quatre boüillons ; vous la retirerez, l'égouterez, & la ferez sécher à l'étuve sur des tamis ; sitôt
qu'elle sera séche, vous l'arrangerez dans des moules, & la gouvernerez de même.

Le Fenoüil se met également dans un petit sucre, avant de le
candir.

_______________

(*a*) Il est toujours plus-à-propos de se servir d'esprit-de-vin ou d'eau-de-vie, par la
raison qu'ils ouvrent les pores de la Canelle, & qu'ils font que le sucre y pénétre mieux.

On fait encore des Candys de toutes autres espèces , c'est ce qui dépend du goût des Officiers.

Je crois avoir assez traité sur la matiére des Candys, pour que l'on puisse s'y conformer , & en faire d'autres façons.

**CANNAMELLE** ou Canne à sucre , est un nom Français, composé du Latin *Canna* & de *Mel* , comme qui diroit Canne mielée. Les Anciens ont donné ce nom à la Canne à sucre , à cause de son goût qui aproche de celui du miel. (*a*)

**CANNELLE**, est une écorce assez mince , longue & roulée dans sa longueur ; sa couleur est rousse ou jaunâtre tirant sur le rouge ; elle est d'un goût doux-piquant , aromatique , très-aromatique & d'une très-bonne odeur : cette écorce se tire des branches d'un arbre que l'on nomme Canelier , il croît abondamment dans l'Isle de Ceilan , & s'éleve à la hauteur d'une saule. Il la faut choisir mince , haute en couleur , piquante au goût , & qui ait beaucoup d'odeur.

On se sert de la Cannelle à plusieurs usages , dans les biscuits, les compotes, le vin brulé , les pastilles , dans les glaces, neiges & dragées. Pour connoitre son emploi , *Voyez* l'un & l'autre.

**CANNELAS**, est une espèce de dragée longue, mince & perlée, qui sert à piquer des diablotins ; on en met dans les grillages pour le faire. *Voyez* D R A G E'E.

**CANNELON**, est un moule de fer blanc qui a la figure canellée , dans lequel on met des neiges , pour leur en donner la forme. *Voyez* Planch. 6. Fig. 4.

**CAPILLAIRE**, est une plante, dont les tiges croissent à la hauteur d'un demi-pied ; elles sont noirâtres, divisées en rameaux très-déliés qui poussent des feüilles très-petites , assez semblables à celles de la Coriandre.

(*a*) Mr. Lemery , en son Traité universel des Drogues simples , pag. 763.

## CAP CAR

Le Capillaire ne porte point de fleurs ; mais sa graine croît sur les plis des extrémités des feüilles, qui se replient sur elles-mêmes & couvrent plusieurs capsules sphériques qui sont presque imperceptibles.

Le Capillaire croît sur les parois des puits & des fontaines, en dehors ou en dedans, dans les bois, dans les rochers ; il vient abondamment dans le Canada, sa tige est rougeâtre, & c'est celui qui est le plus estimé. On s'en sert dans l'Office pour faire du sirop. *Voyez* Sirop.

CAPRE. Les Capres sont de petits boutons verds qui croissent en Provence sur un arbrisseau garnis d'épines crochuës ; ses rameaux sont un peu courbés ; ses feüilles sont rondes, d'un goût amèr : on les cueille avant qu'ils ne fleurissent pour les confire.

### *Manière de les confire.*

Prenez des Capres que vous mettrez dans un pot, avec quelques poignées de sel, raisonnablement ; vous y ajouterez du poivre concassé & quelques cloux de girofle, si vous voulez, puis verserez par-dessus du vinaigre & de l'eau ; c'est-à-dire, sur deux pintes de vinaigre, une d'eau, afin que vos capres baignent. Vous les trouverez au bout d'un certain tems fort-agréables. Conservez - les dans des pots bien bouchés, & servez-vous-en pour garnir des salades cuites.

CAPUCINE ou Cresson d'Inde, est une plante, dont la tige foible & rameuse s'entortille au-tour des plantes & bâtons qui sont proches : ses feüilles sont rondes & de couleur verte ; ses fleurs soutenuës par des pedicules rougeâtres, sont jaunes, marquées de quelques taches rouges. On la cultive dans les potagers ; on ne se sert que de la fleur pour garnir les salades.

CARAMEL, est la dernière cuisson du sucre. Pour le faire *Voyez* Cuisson.

On met au Caramel des marrons, des néfles, des sorbes, des

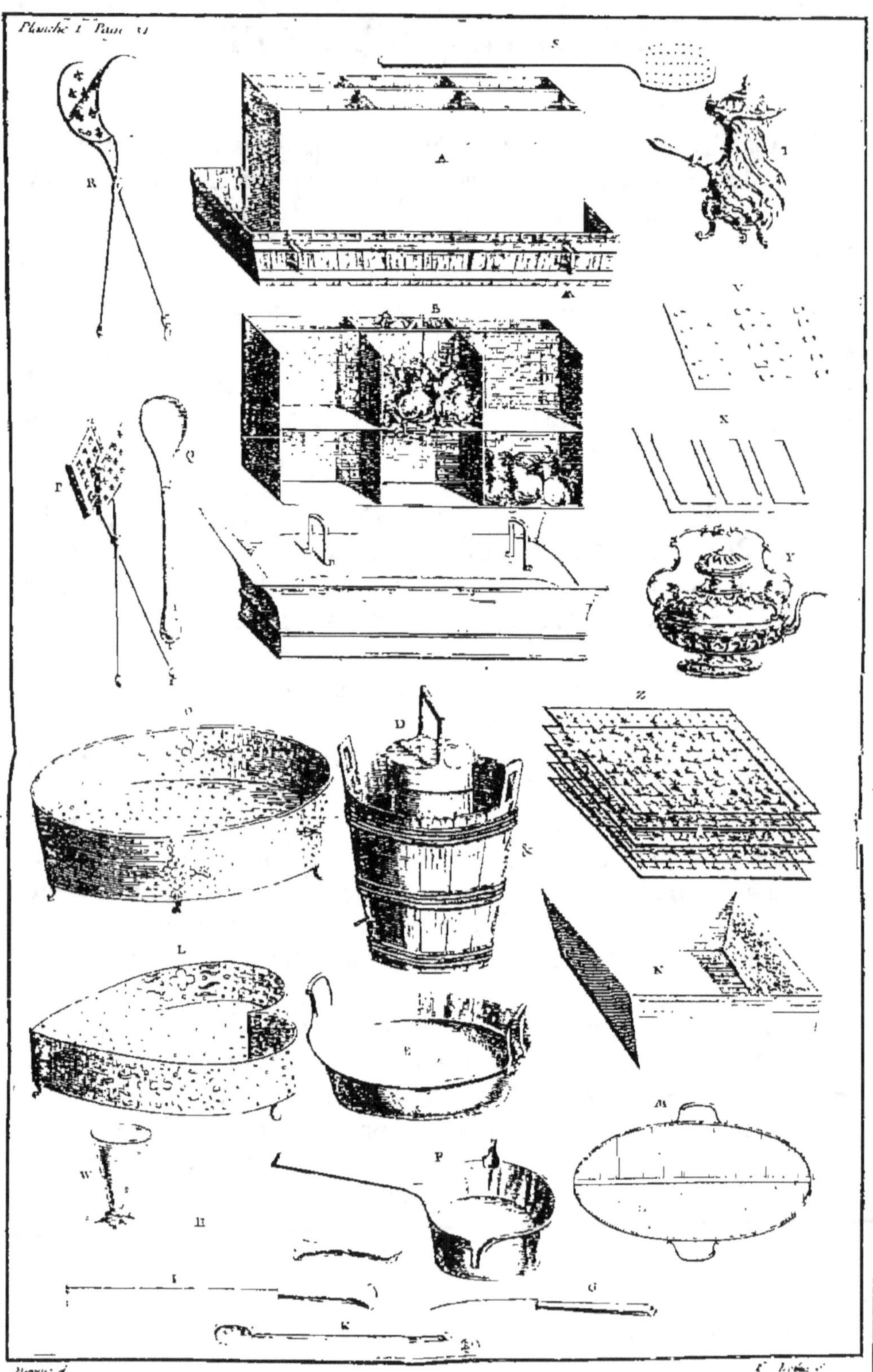
Planche 1. Pag. 41
R
S
A
A
B
P
F
Q
O
D
&
L
E
K
W
H
I
K
P
G
M
V
X
Y
Z

raiſins muſcats à l'eau-de-vie , & toutes ſortes de fruits confits à l'eau-de-vie. *Voyez* E A U - D E - V I E.

CASSE'. *Voyez* C U I S S O N.

CASSONADE ou Caſtonade, eſt une moſcouade rafinée que l'on aporte dans les Rafineries pour en former des pains de ſucre. *Voyez* S U C R E.

CAVE. On apelle Cave dans l'Office, un meuble fait de cuivre ou de fer blanc, en forme de braiſiére avec ſon couvercle, que l'on poſe dans un baquet , & que l'on entoure de glace pilée , & auſſi ſalée : il ſert à mettre tous les fruits glacés que l'on tire de la glace & que l'on finit , pour qu'ils ſe conſervent, en attendant le ſervice. On aura ſoin de mettre des feüilles de vigne , ou de papier deſſous & deſſus , pour que les fruits ne ſe touchent point. *Voyez* Fig. Planch. 1. Lett. A. AA. le baquet. B. intérieur de la Cave. C. couvercle de la Cave.

CEDRAC , eſt un fruit qui croît ſur un arbre ſemblable au Citronier ; on le cultive dans les païs chauds, comme en Italie , en Provence , en Languedoc ; ſon écorce eſt raboteuſe , inégale , charnuë , épaiſſe , de couleur verte au commencement, mais en meuriſſant elle devient citrine & luiſante en dehors, blanche en dedans , d'une odeur très-agréable , d'un goût aromatique & piquant.

CEDRAC , (*a*) eſt un mot Italien qui vient de Cedre , il ſe dit communément en France. Pluſieurs Auteurs prétendent que le Cedrac tire ſon origine de la Bergamotte & du Citron aigre.
On confit le Cedrac entier, par quartiers & par zeſtes.

### *Maniére de le confire.*

Prenez des Cedracs, ſi vous les voulez entiers , faites-leur un trou rond comme une piéce de deux ſols, ſuivant la grandeur du fruit ;

_____
(*a*) Mr. Lemery , dans ſon Dictionnaire univerſel des Drogues ſimples.

## CEL

piquez-les en plusieurs endroits, avec une épingle ; ayez de l'eau
boüillante sur le feu & les jettez dedans ; faites-les boüillir jusqu'à
ce que la tête d'une épingle puisse y entrer facilement ; alors , retirez-les du feu, rafraichissez-les dans de l'eau fraiche, & les vuidez
de leur jus avec une videlle , pour les rendre creux ; égoutez-les &
rangez-les dans une terrine ; prenez du sucre clarifié que vous verserez dessus en suffisance, pour qu'ils puissent y nager ; couvrez-les
avec du papier & les laissez ainsi reposer vingt-quatre heures. Vous
les égouterez de quatre jours en quatre jours , & donnerez une douzaine de boüillons à votre sucre, ayant toujours soin de n'y mettre
vos Cedracs que lorsqu'il sera froid ; vous ferez cela quatre fois,
pour que vos fruits prennent sucre : alors, vous les ferez égouter ,
& cuire votre sirop à soufflé , ensuite vous les mettrez dedans , &
leur donnerez un boüillon couvert ; vous les écumerez bien, & les
garderez dans des pots, pour vous en servir quand vous le voudrez.
- Les quartiers de Cedrac se font de même, en coupant les Cedracs
par quartiers , & les parant en-dedans du jus que l'on leur doit ôter.
On en fait encore des pâtes, des marmelades, des fruits glacés &
neiges. *Voyez* l'un & l'autre.
- Les zestes de Cedrac que l'on fait sécher à l'étuve , se confisent de
même , on leur enleve superficiellement l'écorce d'un bout à l'autre.
Lorsqu'ils seront confits , vous les égouterez & les rangerez à l'étuve
sur des feüilles de cuivre, en les poudrant de sucre. *V*. Tirer à l'étuve.

CELERY, est une espèce d'Ache qui n'est differente de l'Ache
des marais, que par son goût moins fort , plus agréable, & que ses
tiges couvertes de terre & fumier deviennent blanches & tendres.
    On en fait des salades , & on peut le confire de même que
l'Angélique , en le choisissant beau & blanc , le dépoüillant de ses
feüilles , & ne prenant que la grosse tige. *Voyez* SALADE.

CERFEUIL , est une herbe potagére qui croît à la hauteur
d'un pied , elle pousse de sa racine beaucoup de tiges ; ses feüilles
sont ressemblantes à celles du persil , mais plus petites, découpées
un peu plus profondément, & plus molles au toucher, vertes dans
leur jeunesse : on s'en sert dans les garnitures de salade.

CERISE,

**C E R I S E,** eſt un petit fruit rond, & aſſez connu. (*a*) La Ceriſe la plus commune eſt apellée aigriotte ; elle eſt ronde, rouge, d'un goût aigrelet fort agréable ; elle croît ſur un arbre de médiocre hauteur, que l'on apelle Ceriſier domeſtique, ou cultivé ; ſes feüilles ſont longuettes, pointuës, dentelées en leurs bords. On en voit d'autres eſpèces. *Voyez* BIGARREAU, GUIGNE & MERISE.

Toutes ces Ceriſes renferment chacune un noyau quaſi ſphérique, dur, où eſt contenu une petite amande d'un goût agréable, & un peu amère. On les confit, on en fait des neiges, des conſerves & des marmelades. *Voyez* l'un & l'autre.

*Maniére de les confire avec leurs noyaux, & ſans noyaux.*

Prenez de belles Ceriſes & leur coupez le bout de la queüe, ou ôtez-leur le noyau ; faites cuire du ſucre clarifié à la groſſe plume, mettez-y vos Ceriſes, & leur donnez pluſieurs boüillons couverts ; ôtez-les de deſſus le feu, & les écumez proprement ; vous les laiſſerez ainſi juſqu'au lendemain : alors vous les égouterez ſur une égoutoire, & ferez cuire votre ſucre à gros perlé, en y mêlant un peu de jus de groſeille, pour leur maintenir une belle couleur ; jettez-y enſuite votre fruit, & lui faites prendre ſept à huit boüillons couverts. Lorſque vous l'aurez ôté de deſſus le feu, vous l'écumerez & le mettrez dans des pots ; lorſque votre fruit ſera froid, vous le couvrirez avec de la gelée de groſeille de l'épaiſſeur d'un doigt ; ces Ceriſes vous ſerviront en Hyver pour compotes, & auſſi à en faire des Ceriſes à oreilles & Ceriſes bottées : obſervez qu'il faut une livre de ſucre pour une livre de fruit.

**C E R I S E S** à oreille. Lorſque vos Ceriſes ſeront confites & froides, vous égouterez des Ceriſes ſans noyau, & les fenderez un peu avec des ciſeaux pour les déveloper ; vous en mettrez trois ou quatre l'une ſur l'autre, vous les arrangerez ſur des feüilles de cuivre, que vous aurez poudrées de ſucre auparavant ; vous poudrerez un peu vos Ceriſes, lorſqu'elles ſeront arrangées ſur les feüilles, & les ferez ſécher à l'étuve ; quand elles ſeront ſéches d'un côté, vous les tournerez de l'autre, & les arrangerez proprement ſur des tamis : ſitôt

(*a*) La Quint. Tom. 1. Part. III. pag. 407.

E

qu'elles feront féches d'un côté, comme d'un autre, vous les conferverez dans des coffrets.

C E R I S E S bottées. Prenez des Cerifes confites à noyau &
fans noyau que vous égouterez ; vous prendrez celles qui ont des
queuës, & vous mettrez par-deffus trois ou quatre de celles qui
n'en ont point : obfervez de les fendre, comme pour les Cerifes à
oreille. Vous les rendrez rondes & bien unies ; vous les rangerez à
mefure fur des feüilles de cuivre, la queuë en haut ; vous les poudrerez un peu de fucre, & les mettrez fécher à l'étuve ; quand elles
le feront, vous les retournerez fur des tamis pour les achever de
fécher : confervez-les dans des coffrets.

C E R N E A U. On apelle Cerneau l'amande de la noix, lorfque la noix eft encore tendre & aqueufe, & que fa coque n'eft
point ligneufe. On doit avoir foin de les tenir dans de l'eau fraiche
avec un jus de citron, jufqu'au moment qu'on les fervira, pour qu'ils
ne fe noirciffent pas.

C E R N E A U d'Hyver. Prenez les amandes de belles noix,
mondez-les de leur peau, faites-les tremper pendant vingt-quatre
heures dans de l'eau tiéde, que vous changerez quelquefois pour
en faire fortir l'huile ; mettez-les alors pendant une couple d'heures
dans de l'eau fraiche avec un jus de citron : au moment que vous
voudrez les fervir, vous les égouterez.

C H A I R, fe dit des fruits. C'eft le terme dont on fe fert pour
exprimer la fubftance du fruit qui eft couverte d'une peau, & qui
fe mange : ce mot de chair reçoit plufieurs épithétes (a) pour marquer toutes les différences qui s'y rencontrent.

C H A I R beurée & fondante ; c'eft celle qui fe fond en effet
dans la bouche pour peu qu'on la mâche ; tel eft la chair des
poires de beurée, de bergamotte, de l'échafferie, de crafane,
& de toutes les pêches.

(a) La Quint. tom. 1. Part. I. pag. 41.

CHAIR caffante, fe dit des poires qui font fermes fans être dures, & qui font une maniére de bruit fous la dent qui les mâche; telles font les meffires-jeans, les bons-chrétiens d'hyver, les martins-fecs &c.

CHAIR coriaffe & dure, fe dit de certaines poires qui n'ont aucune fineffe, ni délicateffe, & qu'on a peine à avaler.

CHAIR fine, fe dit des fruits excellens.

CHAIR gromeleufe & farineufe, fe dit de certaines poires qui font défagreables & mauvaifes au goût, & qui n'ont point acquis leur bonté naturelle.

CHAIR pâteufe, fe dit de certaines poires qui font en quelque façon groffes comme les beurées, blanches, & venuës à l'ombre.

CHAIR tendre, fe dit de certaines poires, qui n'étant ni fondantes ni caffantes, ne laiffent point d'être excellentes; telles font les poires de rouffelets.
Il y a des fruits qui ont la chair un peu aigre, tels font les faints-germains, d'autres l'ont un peu acre, comme les craffanes; d'autres ont le goût auffi âpre que les poires à cuire.

CHAIR des fruits d'odeur. La chair des fruits d'odeur eft toujours dure, caffante & empreinte de l'odeur de fon fruit, on ne la mange point cruë, mais on la confit.

CHARGER, fe dit des dragées, c'eft d'y mettre plufieurs couches, jufqu'à la fuffifance. Charger fe dit encore du tirage, que lon tire trop froid, ou que l'on blanchit trop; on apelle cela un tirage chargé.

CHASSIS meuble d'Office, eft un cadre de bois, où il y a aux quatre angles un petit crochet de fer, fur lefquels l'on attache une étamine, on pose ainsi le cadre sur une terrine pour passer plusieurs choses, lorsque l'on est seul. *Voyez* la Figure Planche 2. Lett. P. Q. R.

**CHAUSSE**, est une piéce de drap, qui aboutit en pointe comme un capuchon, où l'on fait passer plusieurs choses liquides pour les clarifier. *Voyez* Fig. Plan. 2. Lett. N. G.

**CHENILLE**, est une espèce de passement ou ornement de soye, monté sur du petit fil de léton que l'on fait faire exprès : on s'en sert pour garnir les rebords des cartons que l'on a découpé, pour former des ornemens de parterre ; on remplit ordinairement ces cartons de nompareille ( de toute couleur ) pour imiter le sable ; cette chenille est toujours plus propre que toutes les mousselines dont plusieurs Officiers se servent. *Voyez* MOUSSELINE.

**CHEVRETTES**, sont des fers qui ont la figure triangulaire, avec trois pieds, les plus hautes ont quatre pouces, elles servent à poser les poëles dessus, pour les mettre sur le feu, elles soutiennent les poëles & donnent de l'air aux Fourneaux.

**CHICORE'E.** Il y en a de deux espèces, la cultivée, & la sauvage ; la cultivée est celle qu'on emploïe pour des salades ; elle sort de terre avec des feüilles semblables à celles de l'endive, quoique plus étroites, plus courtes & moins découpées tout-autour ; il faut la choisir bien blanche, tendre & délicate.

**CHINOISE**, est une petite orange qui croît abondamment dans la Chine ; c'est pourquoi on la nomme Chinoise : on la confit de même que le cédra & le citron.

**CHOCOLAT**, est une pâte séche, dure, assez pesante, formée en petits pains carrés, ou en rouleau, de couleur brune rougeâtre, d'une odeur & d'un goût agréable & réjoüissant ; cette pâte est une composition dont le cacao fait la baze.

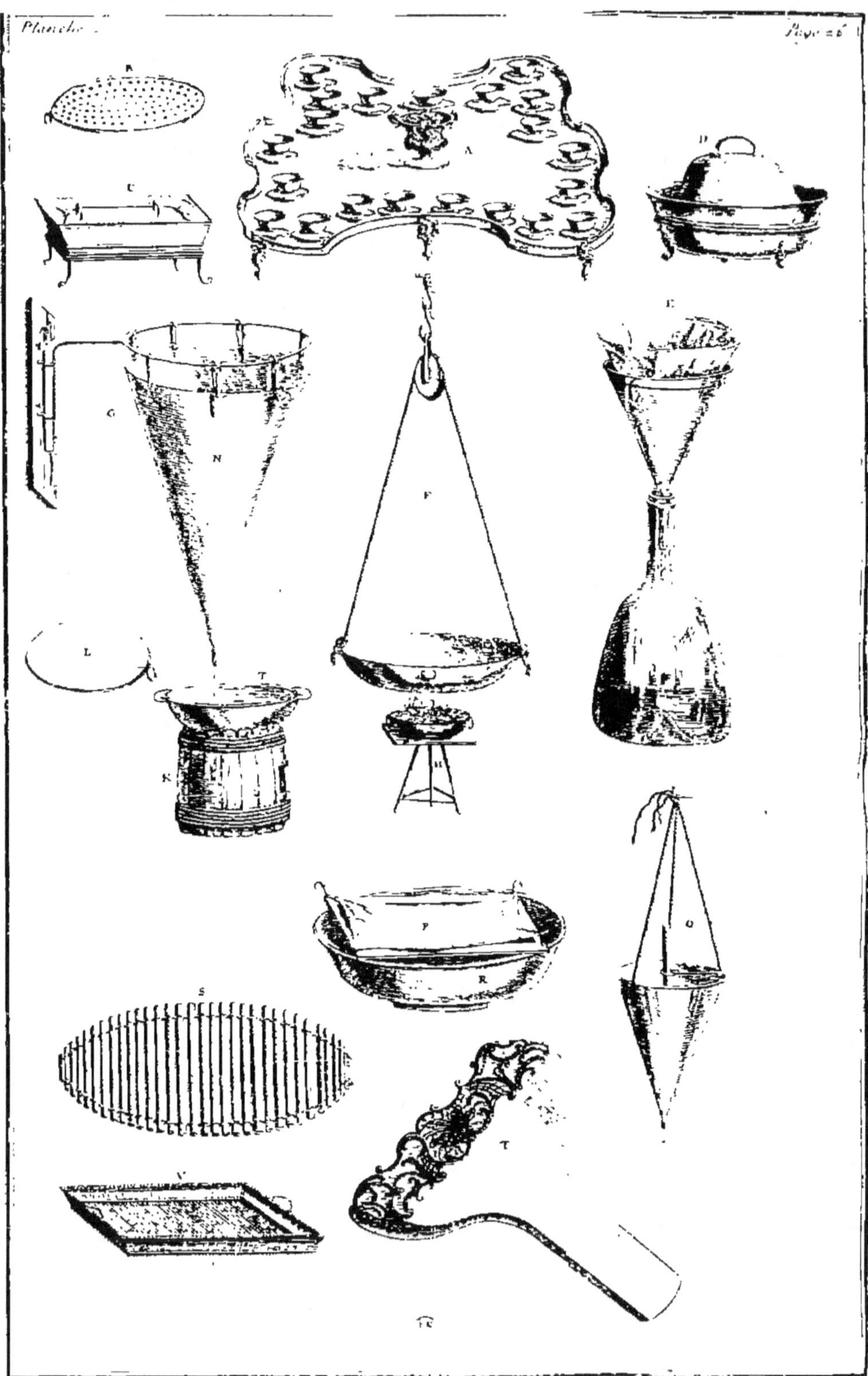

## CHO

*Manière de le faire.*

Il faut avoir du plus gros & du meilleur cacao, on le fera torrefier dans une poële fur le feu, & le remuant continuellement jufqu'à ce que l'écorce quitte aifément les amandes ; on féparera & l'on jettera cette écorce torrefiée ; puis ayant remis les amandes dans la poële on les fera torrefier de nouveau, mais à un feu moderé, jufqu'à ce qu'elles foient bien féches extérieurement fans fentir le brulé.

On les pillera dans un mortier bien chaud, ou on les écrafera & les broyera avec un rouleau de fer fur une pierre platte & bien dure, que l'on aura fait chauffer & fous laquelle l'on mettra encore du feu, pour y entretenir la chaleur : on continuera à broyer le cacao jufqu'à ce qu'il foit bien en pâte, & qu'il n'y refte rien de dur, & de grumeleux ; cette pâte toute fimple, & à laquelle on ajoute un peu de fucre, fe nomme Chocolat de fanté.

CHOCOLAT avec odeur, pefez quatre livres de cette pâte marquée ci-deffus, remuez-la fur la pierre chaude, & y incorporez avec le même rouleau de fer, trois livres de fucre fin en poudre, & bien paffé au tambour ; broyez quelque-tems ce mélange, jufqu'à ce que le fucre fe foit fondu & lié avec le cacao ; alors vous y ajouterez une poudre compofée de dix-huit gouffes de vanille, d'une dragme & demie de canelle, de huit cloux de girofles, de deux grains d'ambre-gris, fi vous en voulez mettre. Quand on aura mêlé exactement le tout enfemble, on levera la pâte de deffus la pierre, & l'on en formera des pains, tablettes, ou rouleaux, de la grandeur, & de la figure que l'on voudra ; alors vous les mettrez fécher, ou durcir fur du papier blanc : obfervez que la poudre aromatique ne doit être mêlée que fur la fin, lorfque l'on a donné une liaifon exacte à la pate, & qu'on ne doit pas après ce mélange, laiffer la pâte trop long-tems fur la pierre chaude ; la raifon en eft, que les parties volatiles & fpiritueufes des aromates, qui font leurs vertus & leurs agrémens, fe diffiperoient & s'évaporeroient par la chaleur.

### *Maniére de le préparer en boisson.*

Faites boüillir de l'eau, lorsqu'elle sera bien boüillante, prenez une once de Chocolat que vous aurez bien rapé pour chaque tasse d'eau ; mettez votre chocolat dans une chocolatiére, & y versez votre eau boüillante dessus ; laissez boüillir votre chocolat deux ou trois boüillons, alors éloignez-le un peu du feu, pour le laisser mitonner pendant un quart-d'heure, en le remuant avec votre moulinet pour achever de le dissoudre : quand on est prêt à le servir, on continuë après l'avoir ôté du feu, jusqu'à ce qu'on l'ait fait bien mousser ; on verse de cette mousse dans la tasse, & on acheve de la remplir du reste de votre chocolat ; on recommence après à le remuer, pour faire venir de nouvelles mousses, & on en remplit tout-de-même les autres tasses. Lorsqu'avec le moulinet, on veut bien faire mousser le chocolat, il faut que, par proportion à la quantité de votre chocolat, la masse soit de telle hauteur, que sans toucher au fond de la chocolatiére, dont elle doit être éloignée d'un demi-travers de doigt, elle ne laisse pas d'être entiérement noyée dans le chocolat ; car si la partie supérieure en excédoit la hauteur, la mousse ne se feroit qu'imparfaitement.

Le Chocolat au lait se fait de la même maniére, au lieu d'eau, comme j'ai dit ci-dessus, vous vous servez de lait que vous faites boüillir, prenez garde qu'il ne soit point tourné ; si vous trouvez que votre chocolat ne soit pas assez sucré de lui-même, vous pourrez y en mettre, jusqu'à ce qu'il soit de votre goût : le chocolat sert à faire des glaces, des neiges, des fromages, des mousses, des dragées, des diablotins & des pyramides. *Voyez* l'un & l'autre.

CHOCOLATIERE, meuble d'Office dans lequel on prépare le chocolat, est une espèce de cafetiére, dont le couvercle n'est point attaché par une charniére, & qui a un trou au milieu pour y passer le manche du moulinet.

CHOUX-Cabus, est un choux que l'on confit au vinaigre,

## CHO CIR

& qui fert pour les falades cuites ; les feüilles de cette efpèce de choux font grandes & finueufes, à peu·près comme celles des autres choux , mais de couleur fort diverfifiée ; car quelques-uns d'entr'eux font d'un purpurin brun, d'autres de couleur noire verdâtre ; quelques-uns font jaunâtres & bleuâtres , & toutes font traverfées par des côtes & nerfs rouges.

### *Maniére de le confire.*

Coupez-les par plufieurs tranches , & les poudrez avec beaucoup de fel , c'eft-à-dire à difcrétion , avec quelques cloux de girofles groffiérement concaffés ; couchez-les dans un pot de terre vernifé, faifant une couche de fel , & une autre de choux , jufqu'au haut du pot ; empliffez-le alors de bon vinaigre & le tenez bien bouché ; lorfque vous voudrez tirer de ces tranches de choux , fervez - vous d'une cuillier, & prenez garde de ne point tremper les doigts dans le vinaigre ; fi vous les trouvez trop aigres , pour l'emploi que vous en voulez faire , paffez-les à l'eau fraiche.

CIRE d'Office , eft une compofition de cire qui doit être verte, & qui fert à attacher les fleurs fur les fervices , & autres chofes que l'on y veut attacher.

### *Maniére de la faire.*

Prenez quatre livres de cire jaune, que vous couperez par morceaux ; mettez-la dans une poële, avec autant de réfine blanche, & une livre de fain -doux , jettez par-deffus deux pots d'eau , faites fondrè le tout ; & lorfqu'il fera fondu, laiffez-le repofer & réfroidir l'eau , & la craffe reftera au fond. Alors tirez votre cire de la poële, décraffez-la le plus que vous pourrez , remettez-la par morceaux , & la faites refondre ; lorfque vous verrez qu'elle fera fonduë & bien chaude, vous y jetterez une once de vert-de-gris bien pulvérifé, & lui donnerez un bouillon, elle deviendra fort belle en couleur ; vous aurez foin d'avoir des caiffes de papier , que vous aurez huilé auparavant, dans lefquelles vous la coulerez, & laifferez réfroidir, pour vous en fervir au befoin.

CIRE à modeler. Je donne ici la façon de la faire, parce que bien des jeunes gens qui aprennent l'Office, s'apliquant au deffein, s'apliquent encore à modeler, pour s'y mieux perfeƈtionner.

### *Maniére de la faire.*

Prenez même doze que ci-deffus, à la réferve que vous mettrez une livre de fain-doux de plus ; travaillez-la de même ; lorfqu'elle fera froide dans vos caiffes, prenez du vermillon en poudre, que vous manierez avec votre cire pour lui donner une belle couleur : il faut obferver que pendant l'Eté l'on doit fuprimer un peu de fain-doux, parce qu'elle deviendroit trop molle dans les chaleurs.

CITRON, eft un fruit oblong, dont l'écorce eft épaiffe & raboteufe ; il renferme une fubftance vefficuleufe, divifée en plufieurs célules, remplies d'un fuc acide, & très-agréable au goût ; il croît fur un arbre que l'on cultive en Provence, en Languedoc, en Italie & dans les Païs chauds ; il eft toujours verd, fes rameaux font étendus, plians, revétus d'une écorce unie & verte ; fes feüilles font fimples, longues, larges, comme celles du noyer, pointues, reffemblantes à celles du laurier, mais plus charnuës, d'une belle couleur verte, luifante, principalement en deffus ; d'une odeur forte, ( *a* ) fa fleur eft à cinq feüilles, difpofée en rond, de couleur blanche, tirant fur le purpurin, d'une odeur fort agréable, foutenuë par un calice rond & dur.

On s'en fert de même que de la fleur d'orange. *Voyez* ORANGE.

CITRON doux, eft une efpèce de citron que l'on apelle limon. *Voyez* LIMON.

---

( *a* ) Palladius fut le premier qui peupla l'Italie de Citroniers, qu'il avoit aporté de Medie.

*Maniére*

### *Maniére de confire les Citrons.*

On confit les Citrons entiers, tournés, en taillaidins, en zeftes & tournures ; on les met en marmelades, en pâtes, en conferves, en neiges & fruits glacés. *Voyez* l'un & l'autre.

Zeftez, ou tournez vos Citrons que vous jetterez auffi-tôt dans l'eau fraiche, de peur qu'ils ne noirciffent ; étant ainfi accommodés, vous les couperez par quartiers & leur leverez la chair, ou vous les laifferez entiers. Mettez de l'eau fur le feu que vous ferez boüillir, jettez-y vos Citrons avec les zeftes & tournures ; faites-les ainfi blanchir avec un peu de leur jus pour les maintenir toujours blancs, jufqu'à ce que vous voyiez que la chair de vos Citrons foit bien ramolie, que vous éprouverez avec une épingle, comme je l'ai déja enfeigné. Vous les rafraichirez & les vuiderez avec une videlle ; enfuite vous les égouterez, & les mettrez dans une terrine ; jettez du fucre clarifié un peu tiéde deffus, de forte qu'ils nagent dans le fucre, & les laiffez ainfi jufqu'au lendemain : alors vous les égoute-rez & les finirez de confire comme les Cedracs. *Voyez* CEDRAC.

CITRON demadere, eft un petit Citron verd, gros comme une noix mufcade, que l'on nous envoïe tout confit des Ifles d'A-mérique, dans les mêmes barils que les Ananas. Pour les tirer au fec. *Voyez* TIRAGE.

CITRONADE, font des poncires que l'on coupe par quartiers, & que l'on confit lorfqu'ils font encore verds dans les Païs chauds, où ils croiffent abondamment. On nous les envoïe tirés au fec dans des boëtes ; on en met dans les pains-d'épices, les toutons & autres chofes fi l'on veut. Plufieurs Officiers la nomment Citronat.

CITRONELLE. *Voyez* THE'.

CIVE ou civette, eft une plante potagére, dont les feüilles font longues, creufes, fiftuleufes & droites, qui fortent de l'écha-lotte, & qui portent le même goût. On s'en fert pour garnir les

falades ; il y en a qu'on apelle cives d'Angleterre. Les cives d'Angleterre ne fe multiplient que de petits rejettons qu'elles font autour
de leur touffe, qui devient fort groffe avec le tems ; on fépare du
pied une partie de ces rejettons pour les planter. *( a )*

CLAREQUET, n'eft autre chofe qu'une gelée de quelle
efpéce que l'on veut, que l'on met dans des moules de verre. *Voyez*
Fig. Plan. 3^me. Lett. G. & que l'on léve proprement fur des cartes, pour fervir de garniture fur un fruit : il fe met au rang des
confitures.

Il ne faut point pour les faire, mettre votre gelée à une cuiffon
fi forte, comme fi c'étoit pour les conferver, parce que le Clarequet
fe confomme journellement dans les fervices, & qu'il doit être
tremblant de lui-même ; c'eft pourquoi, lorfque vous aurez mis
votre gelée dans vos moules, il faudra les mettre à l'étuve, jufqu'à ce
qu'ils fe trouvent bien pris : on en fait des blancs & des rouges, &
pour les faire, *Voyez* GELE'E. Pour les lever, il faut avec la pointe
d'un petit couteau, les décerner proprement, & les verfer fur une
carte, que vous roignerez tout-au-tour, en y laiffant un bout pour
les pouvoir prendre.

CLARIFIER, terme d'Office. On dit clarifier du fucre.
*Voyez* SUCRE, vous trouverez la façon de le clarifier. Clarifier fe dit
de beaucoup d'autres chofes, en les paffant à la chauffe, tels font les
fruits que l'on fait fondre.

CLAYON, eft un meuble d'Office qui eft fait d'ozier. *Voyez*
Fig. Planche 2^me. Let. S. Il fert à plufieurs ufages, foit pour ramaffer
les confitures, quand l'on dégarnit les fervices, foit pour étendre
plufieurs chofes, pour fécher à l'étuve faute de tamis, & pour
porter des fleurs pour ne les pas corrompre.

CLOCHE, meuble & terme d'Office qui a différentes figni-
fications. On apelle Cloche, la glace du bifcuit qui fe fouffle, le
couvercle d'un compotier de cryftal ; on apelle Cloche un utenfile

_______________

*( a )* La Quint.

d'Office, qui est fait en façon de four de campagne, pour y faire cuire des compotes ou des fruits. *Voyez* sa Fig. plan. 2^me. Lett. D.

COCHENILLE, est un petit insecte gros comme une lentille, presque rond, ressemblant en quelques manières à une punaise, mais blanchâtre ou comme farineux en dehors, & rouge en dedans comme de l'écarlate ; on le trouve sur plusieurs sortes d'arbres de la Nouvelle Espagne. Les Indiens le ramassent, & le transportent sur une espèce de Figuier de leur païs, dont le fuit est rempli d'un suc rouge comme du sang : on apelle ce Figuier *Nopal.* Pour en avoir une plus grande description, *voyez* le Spectacle de la Nature, pag. 104. tome 1.

### *Manière de la préparer.*

Prenez une once de cochenille, que vous pilerez bien ; vous mettrez une pinte d'eau dans un poêlon, & lorsqu'elle bouillira, vous y mettrez votre cochenille, & la ferez bouillir jusqu'à réduction de moitié : vous pilerez alors un quart d'once d'alun de glace & un quart d'once de crême de tartre, & mettrez le tout dans votre cochenille ; vous la laisserez ainsi réduire jusqu'à ce qu'elle vous paroisse d'un beau rouge bien foncé. Si vous la voulez conserver lorsqu'elle sera faite, mettez-y un morceau de sucre, passez-la par une étamine, & la laissez reposer pendant deux heures avant que de vous en servir, parce que l'alun de glace & la crême de tartre étant des sels, ils se précipitent au fond & se crystalisent ; & par ce moyen, votre cochenille se défait de l'acreté des sels que vous y avez mis. On s'en sert pour plusieurs choses pour leur donner de la couleur, comme aux pâtes, aux compotes, aux conserves, aux fruits glacés & gelées.

On doit choisir la cochenille grosse, nette, bien nourrie, pesante, sèche, de couleur argentée, brillante en dessus, donnant une belle couleur rouge foncée, lorsqu'elle est écrasée.

COFFRETS, sont des boëtes de bois de différentes grandeurs, garnies de papier en dedans, dans lesquels l'on met toutes les confitures sèches, & autres ouvrages d'Office pour les serrer.

**COING**, eſt un fruit qui eſt une eſpèce de poire que tout le monde connoît. Il y a differentes eſpèces de Cognaſſier, qui ſe diſtinguent ſur-tout par leurs fruits plus ou moins gros, & plus ou moins apres au goût. On apelle Cognaſſier mâle, celui qui donne des fruits petits & arrondis ; & Cognaſſier femelle, celui qui les porte plus gros, & moins cotonneux. (a) Ce fruit eſt cotonneux en deſſus, charnu & blanc en dedans, d'une odeur agréable ; il croît ſur un petit arbre que lon nomme Cognaſſier, dont le bois eſt tortu, d'un pâle blanchâtre, couvert d'une écorce médiocrement groſſe, peu raboteuſe, aſſez unie, de couleur cendrée en dehors, & rougeâtre en dedans ; ſes feuilles ſont ſemblables à celles du pommier, entiéres, ſans aucunes découpures ni crenelures. On confit les Coings par quartiers ; on en fait des gelées, des pâtes, du bâtonage, des compotes. *Voyez* l'un & l'autre.

### *Maniére de le confire.*

Il faut choiſir des Coings bien meurs, qui ſoient jaunes, & ſains ; coupez-les par quartiers & les parez ; faites-les blanchir juſqu'à ce qu'ils ſoient bien molets. Tirez-les alors pour les mettre dans l'eau fraiche ; égoutez-les, & faites cuire du ſucre clarifié à liſſe ; mettez vos Coings dedans & les couvrez ; faites-les fremir pendant un quart-d'heure, & les ôtez du feu pour les écumer. Mettez-les dans une terrine, & les laiſſez repoſer pendant deux jours ; alors vous les égouterez & ferez cuire votre ſucre à perlé ; jettez vos Coings dedans, & leur donnez un boüillon couvert ; laiſſez-les un peu refroidir, & de-là les faites fremir un quart-d'heure ; laiſſez-les ainſi juſqu'au lendemain que vous les égouterez, & ferez cuire votre ſucre à gros perlé ; mettez-y votre fruit, donnez-lui un boüillon couvert, alors vous l'empoterez lorſqu'il ſera un peu froid ; mettez deſſus une gelée de Coing : pour la faire. *Voyez* GELE'E.

Pour les faire rouge, mettez-y un peu de cochenille préparée, & les couvrez également d'une gelée rouge.

**COLLE** de Poiſſon, eſt tirée de la peau, des nageoires, de la queuë, des entrailles, des nerfs & d'autres parties d'un fort grand

---

(a) M. Pit. Tournefort.

Poiſſon de Mer, que l'on nomme *Huſo*, ou *Exoſſis*, parce qu'il n'a point d'os : il ſe trouve dans les Mers de Moſcovie.

Il faut la choiſir en petits cordons, blanche, nette, claire, tranſparente & ſans odeur : elle ſert à coller les verres & les gobelets ſur les ſervices, lorſqu'elle eſt préparée.

### *Maniére de la préparer.*

Prenez deux cordons, ou bâtons de colle de Poiſſon , que vous battrez avec un marteau juſqu'à ce que vous la puiſſiez mettre en morceaux ; mettez dans un poëlon une pinte d'eau, mettez-y votre colle , & la faites réduire doucement ſur le feu , ſans la remuer , juſqu'à la force que vous lui voudrez donner : paſſez-la dans une étamine , & vous en ſervez pour monter vos cryſtaux.

COMPOTE. On apelle Compote ce qui ſe ſert pour accompagner les jattes, & les ſervices de glace. Ce ſont toutes ſortes de fruits que l'on prépare , comme ſi on les vouloit confire, & que l'on ſert avec un ſucre léger ; il eſt fort aiſé de les faire , quand on ſait confire les fruits, parce qu'avant que d'être tout-à-fait confits, ils viennent au dégré qui ſuffit pour des Compotes. Je ne laiſſe pas que de donner ici la maniére de les faire chacune dans leur eſpèce, afin que les jeunes gens aïent plus de facilité de concevoir la méthode de les faire.

COMPOTE d'Abricots verds. Parez vos Abricots , ou les mettez à la leſſive , ou bien paſſez-les au ſel ; après les avoir bien lavé, percez-les par le milieu avec une épingle , & les jettez dans de l'eau fraiche ; mettez de l'eau boüillir , & les jettez dedans pour les faire blanchir. Quand ils ſeront blanchis , ce qui ſe connoît par le moyen de l'épingle , comme je l'ai marqué aux Abricots verds, vous les tirerez du feu , & les couvrirez d'une ſerviette pour les laiſſer reverdir ; mettez-les alors dans de l'eau fraiche , & les égoutez ſur un tamis. Ayez du ſucre clarifié, que vous ferez boüillir, jettez-y vos Abricots , & leur donnez un boüillon couvert ; retirez-les du feu , & leur laiſſez prendre ſucre une heure ou deux ; vous les égouterez alors, & ferez cuire votre ſucre un peu plus fort ; mettez-y vos Abricots, & leur donnez un boüillon couvert ; vous les mettrez dans une terrine, & étant froids, vous les dreſſerez dans des compotiers. Obſervez que ſi vous en faites pour pluſieurs jours, il faut le lendemain donner cinq ou ſix boüillons à votre ſucre.

### Autre maniére.

Si, hors de la ſaiſon, vous vouliez faire une compote d'Abricots verds, pourvu que vous en euſſiez au liquide, prenez-en la quantité dont vous aurez beſoin, & une petite partie de ſyrop, que vous remettrez dans une poële avec un peu d'eau pour le décuire, & lui ayant donné quelques boüillons, vous le verſerez ſur vous Abricots. Il en eſt de même de toutes ſortes de Confitures.

COMPOTE d'Amandes vertes. Prenez des Amandes vertes la quantité qu'il vous plaira, faites une leſſive, comme je l'ai marqué à la maniére de les confire, vous jetterez vos Amandes dedans pour les nettoyer de leur bourre; quand elles ſeront bien nettoyées, paſſez-les dans de l'eau fraiche, & les mettez égouter; ayez de l'eau boüillante ſur le feu, dans laquelle vous les ferez blanchir, faites-les rafraichir & les faites égouter, & les mettez dans un petit ſucre clarifié comme les Abricots verds, & les finiſſez de même.

COMPOTE de Groſeilles vertes. Fendez vos Groſeilles par un côté, & les vuidez des petites graines qu'elles renferment; faites les blanchir dans de l'eau qui ne boüille point, deſcendez-les de deſſus le feu; quand vous les verrez monter au-deſſus de l'eau, vous les y laiſſerez repoſer & réfroidir; vous les égouterez & les metrtez dans un ſucre chaud clarifié; il faut qu'elles y baignent ſeulement, & leur donnerez un boüillon couvert; mettez-les alors dans une terrine, & leur laiſſez prendre ſucre pendant deux heures; après quoi vous les dreſſerez dans des compotiers.

COMPOTE de Ceriſes. Prenez de belles Ceriſes, coupez-leur la moitié de la queuë, & les paſſez à l'eau fraiche; égoutez-les & faites cuire du ſucre clarifié à perlé; jettez-y vos Ceriſes dedans, faites-leur prendre à grand feu (a) cinq ou ſix boüillons; ôtez-les

_________

(a) Les fruits rouges doivent être menés à grand feu, pour leur conſerver la couleur.

enfuite de deſſus le feu, remuez-les avec la poële & les écumez; vous les laiſſerez réfroidir, & les dreſſerez dans vos compotiers. Si vous leur voulez ôter les noyaux, il ne tient qu'à vous, elles ſe font de même.

COMPOTE de Framboiſes. Prenez de belles Framboiſes, bien entiéres, nettoyez-les bien & les mettez dans de l'eau fraiche. Prenez du ſucre clarifié, & le faites cuire juſqu'à la plume, vous y jetterez vos Framboiſes que vous aurez bien égoutées ; vous ôterez votre poële de deſſus le feu, & la laiſſerez repoſer. Peu de tems après, vous remuerez tout doucement les Framboiſes avec la poële, & leur donnerez un petit boüillon. Vous les écumerez bien, & les dreſſerez dans vos compotiers.

COMPOTE de Groſeilles rouges & blanches. Prenez de belles Groſeilles, égrenez-les & les paſſez dans de l'eau fraiche, & dans le moment égoutez-les ſur un tamis ; mettez du ſucre clarifié ſur le feu, que vous ferez cuire à la plume, & y jettez vos Groſeilles ; faites-leur prendre deux ou trois boüillons couverts, ôtez-les de deſſus le feu, écumez-les bien, laiſſez-les réfroidir, & les dreſſez dans des compotiers.

COMPOTE d'Abricots meurs. Parez vos Abricots, & ôtez-en les noyaux ; paſſez-les à l'eau ſur le feu, comme ceux que l'on veut confire ; lorſqu'ils feront mollets, vous les tirerez & les ferez rafraichir. Faites-les égouter, & les mettez au ſucre clarifié, vous leur ferez prendre trois ou quatre boüillons couverts, écumez-les bien & les dreſſez dans des compotiers.

### *Autre maniére.*

Il ſe fait auſſi des Compotes d'Abricots ſans les paſſer à l'eau, ils en ſont plus ſavoureux, & ont plus de goût du fruit, mais non pas le même œil. On ne fait que les parer, & leur ôter le noyau ; on les met tout-d'un-tems dans du ſucre clarifié, faites-les boüillir juſqu'à ce qu'ils ſoient mollets, écumez-les & les dreſſez dans des compotiers.

## COM

COMPOTE d'Abricots à la Portugaife. Prenez une douzaine d'Abricots meurs, fendez-les en deux, & en ôtez le noyau, rangez-les fur une affiete d'argent, & y mettez du fucre clarifié avec un peu d'eau ; mettez-les fur un fourneau, & ne les couvrez point. Quand ils feront cuits, vous ôterez le feu de deffous ; poudrez-les de fucre, & mettez deffus le couvercle d'une cloche, avec un bon feu deffus pour leur donner une belle couleur. Les Pêches fe font de même.

COMPOTE de Prunes. Prenez telle efpèce de Prunes qu'il vous plaira ; faites-les blanchir & reverdir s'il le faut, comme je l'ai marqué dans leur efpèce. *Voyez* PRUNE.

Faites-les rafraichir, & les égoutez ; faites-leur prendre fucre dans un fucre léger fur le feu, en leur donnant deux ou trois boüillons ; mettez-les dans une terrine, & les laiffez réfroidir. Vous les laifferez ainfi jufqu'au lendemain ou jufqu'au foir ; fi vous en avez befoin, vous leur donnerez un feçond boüillon, & les drefferez dans vos compotiers.

### *Autre maniére.*

Prenez des Prunes, aufquelles vous ôterez le noyau ; fans les blanchir, on les met au petit fucre, où on les fait fremir, & après les y avoir laiffé quelque-tems, on les remet fur le feu pour leur donner un boüillon.

COMPOTE de Pêches. Elle fe fait de même que celle d'Abricots, en toutes fortes de maniére.

COMPOTE de Poires de bon-chrétien blanches & rouges ; ayez de belles Poires de bon-chrétien, coupez-les en deux & les mettez blanchir, & quand elles feront mollettes deffous les doigts, vous les tirerez de l'eau, & les mettrez dans de l'eau fraiche ; parez-les proprement, & les mettez à mefure dans de l'eau fraiche, dans laquelle vous y aurez mis un jus de citron ; prenez alors du fucre clarifié que vous ferez boüillir, & y mettrez vos Poires ; après les avoir égoutées, vous leur ferez prendre plufieurs boüillons, jufqu'à

çe

ce qu'elles soient bien cuites ; écumez-les bien , & les mettez dans une terrine pour les garder au besoin.

Si vous les voulez rouges , mettez-y un peu de vin de Bourgogne & de cochenille préparée.

COMPOTE de Poires d'Eté. Piquez ces sortes de Poires par l'œil, faites-les blanchir jusqu'à ce qu'elles soient un peu mollettes, rafraichissez-les & les parez, les jettant à mesure dans de l'eau fraiche ; égoutez vos Poires , & les mettez dans du sucre clarifié que vous ferez boüillir ; faites fremir vos Poires dans votre sucre pour leur laisser jetter leur eau ; écumez-les soigneusement, & attendez qu'elles soient cuites ; laissez-les réfroidir pour les mettre dans vos compotiers : les Poires les plus en usage de cette façon , sont les Poires blanquettes & rousselets.

COMPOTE de Poires à la bonne-femme. On choisit ordinairement la Poire de messire-jean doré , dont on nettoye la queuë, & dont on ôte l'œil; on les lave proprement & on les fait égouter ; alors, on les met avec du sucre dans une poële , avec un morceau de canelle , du vin de Bourgogne & un peu d'eau ; on les laisse ainsi cuire à petit feu , ayant soin de les écumer ; elles se rident lorsqu'elles sont cuites , & c'est ce qui fait qu'on les apelle Poires à la bonne-femme.

L'on fait encore des Poires rouges avec les messires-jean. Parez-les & mettez-les dans un pot de terre vernissé neuf, avec un verre de vin , un peu de canelle , du sucre à proportion des Poires , un peu d'eau ; mettez dans le pot une cuillier d'étain , bouchez le pot, & les mettez cuire doucement sur de la cendre chaude, ou sur un petit feu, elles deviendront rouges comme du corail.

COMPOTE de Poires grillées. Ayez un fourneau bien ardent , jettez-y vos Poires de bon-chrétien, faites-en griller la peau ; lorsqu'elle sera bien grillée , jettez-les dans de l'eau fraiche, nettoyez-les bien, mettez-les dans une poële avec du sucre clarifié ou autre, avec un peu d'eau & un peu de canelle, si vous le jugez à propos. Laissez-les ainsi cuire , tant qu'elles feront bien

G

cuites : les Pêches & les Pavies qui ne sont pas tout-à-fait meures, se font de même.

*Autre manière.*

Lorsque vous avez des Poires blanches ou autres en compote, vous pouvez les griller en les égoutant. Faites réduire votre sirop jusqu'à ce qu'il commence à se roussir, jettez-y vos Poires en les remuant toûjours ; donnez-leur une belle couleur grillée ; ayez vos compotiers tout-prêts, que vous aurez moüillé en dedans ; dressez-y vos Poires tout-de-suite avec une fourchette. Les Compotes de Pommes se font de même.

COMPOTE de Poires à la cloche. Prenez des Poires tendres, parez-les & les mettez par moitié. Mettez-les dans un compotier d'argent avec un peu de sucre en poudre, un verre de bon vin ; faites réduire votre Compote sur un fourneau, alors poudrez-la de sucre en la tirant du feu ; mettez-la sous une cloche & la couvrez ; mettez du feu dessus & lui donnez une belle couleur. Servez-la chaudement.

COMPOTE de Pommes de reinette avec la peau. Prenez de belles Pommes de reinette & les coupez en deux ; ôtez-en les cœurs & les yeux ; mettez-les à mesure dans de l'eau fraiche, en piquant la peau avec la pointe du couteau. Tirez-les de l'eau & les mettez dans une poële avec du sucre clarifié ; mettez-les sur le feu, & les faites cuire à petit feu, jusqu'à ce qu'elles soient bien mollettes ; dressez-les dans un compotier, ou dans une terrine, ( si vous en faites beaucoup ) ; jettez votre sirop sur votre fruit, en le passant par un tamis. Toutes sortes de Pommes se font de même.

COMPOTE de Pommes en gelée. Prenez de belles Pommes de reinette, parez-les en les coupant par moitié, & en ôtez les cœurs ; jettez-les à mesure dans de l'eau fraiche. Coupez-en une couple par petits morceaux ; mettez-les toutes cuire dans du sucre clarifié, & un verre d'eau ; lorsque les Pommes seront cuites, dressez-les dans un compotier ; laissez réduire votre sirop en consistence de gelée, ce que vous connoîtrez quand il fera la nappe avec un écumoire ; paffez votre gelée dans une étamine, fur une affiete d'argent ; laiffez-la réfroidir & prendre. Lorfqu'elle fera prife, vous glifferez proprement votre gelée fur vos Pommes, & votre Compote fera faite.

COMPOTE de Pommes à la Portugaife. Prenez des Pommes de reinette ou autres, coupez-les par moitié, parez-les & leur ôtez le cœur, dreffez-les dans un compotier d'argent ; mettez deffous un peu de fucre clarifié, & du fucre en poudre par deffus ; faites-les cuire au four, ou fous la cloche : fervez-les chaudement.

COMPOTE de Pommes farcies. Prenez des Pommes de reinette, percez-les de part-en-part ; piquez-leur la peau avec la pointe du couteau ; empliffez-les de marmelade, foit d'abricots, foit de fleurs d'orange ou autres ; faites-les cuire au four, ou fous la cloche ; fervez-les chaudement : ayez foin de faire un petit lit de Pommes fous les Pommes mêmes.

COMPOTE de Verjus. Prenez du Verjus, du plus gros & du plus beau, fendez-le par le côté, & avec la pointe d'un petit couteau, vous en ôterez les pepins, & les jetterez à mefure dans de l'eau fraiche. Faites bouillir de l'eau dans une poële, & après avoir égouté votre fruit, mettez-le dans l'eau boüillante ; quand il fera monté fur l'eau, ôtez-le de deffus le feu, couvrez-le & le laiffez réfroidir ; mettez-le égouter ; & enfuite dans du fucre clarifié, faites-lui prendre un ou deux boüillons ; ôtez-le de deffus le feu & l'écumez. Quand il fera froid, vous le drefferez dans vos compotiers.

COMPOTE de Coings blancs & rouges. Prenez de beaux Coings & les coupez par quartiers à proportion de leur groffeur ; parez-les & leur ôtez le cœur ; jettez-les à mefure dans de l'eau fraiche. Faites-les blanchir, & quand ils feront bien mollets, vous les tirerez, & les mettrez dans de l'eau fraiche ; égoutez-les & les mettez au fucre clarifié légérement ; faites-leur prendre fept à huit boüillons ; ôtez-les de deffus le feu ; écumez-les, & les dreffez.

Les Coings rouges se font de même, en y ajoutant un peu de cochenille préparée.

COMPOTE de Marrons. Prenez des Marrons, ôtez-en la première peau, faites-les griller au four, envelopez-les d'une serviette, pour qu'ils ne perdent point leur chaleur, & s'achévent de se bien cuire ; ôtez-leur la seconde peau, & les aplatissez un peu dans les mains ; mettez-les dans un compotier d'argent, avec un peu de sucre clarifié ; laissez-les ainsi un peu mitonner, zestez dessus deux ou trois zestes de bigarrade, & y pressez le jus ; mettez dessus un peu de sucre en poudre, & les glacez avec une paile rouge : servez-les chaudement.

COMPOTE de Taillaidins. Prenez tels fruits d'odeur qu'il vous plaira, soit de cedrac, bergamottes, oranges ou autres ; levez-en les écorces ; ôtez le plus fort de la chair avec un couteau ; coupez-les par lardons, & les faites blanchir jusqu'à ce qu'ils s'écrasent sous vos doigts ; mettez-les alors rafraichir ; égoutez-les, & leur faites prendre sept à huit boüillons dans du sucre clarifié.

COMPOTE de fleurs d'Orange. Prenez de la fleur d'Orange bien épluchée & bien blanche ; ayez de l'eau boüillante, jettez-la dedans & la faites blanchir jusqu'à ce qu'elle s'écrase sous vos doigts ; mettez-la alors rafraichir dans de l'eau fraiche, dans laquelle vous presserez un jus de citron ; changez-la ainsi de plusieurs eaux ; égoutez-la, & la mettez dans un sucre clarifié qui sera tout-à-fait tiéde, (a) couvrez-la, & la laissez prendre sucre pendant trois ou quatre heures.

COMPOTE d'Epine-vinette. Prenez de l'Epine-vinette grosse & meure, & de la plus rouge, épluchez-la bien ; prenez du sucre clarifié que vous ferez cuire à la plume ; jettez-y votre Epine-vinette, & lui donnez sept à huit boüillons ; ôtez-la de dessus le feu, & écumez-la proprement.

(a) Parce que la fleur d'Orange est fort sujette à se racornir ; ce qui provient lorsqu'elle est saisie par une trop grande chaleur.

COMPOTE de Fraises. Prenez de belles Fraises bien épluchées & bien lavées ; rangez-les dans un compotier , jettez dessus une gelée de groseille toute boüillante ; vous trouverez la maniére de faire la gelée. *Voyez* GELE'E

COMPOTE de Grenade , se fait de même que celle de fraises, en y mettant de la gelée de groseille blanche , ou de pommes.

Je crois avoir donné une assez suffisante idée pour le travail des compotes , c'est aux jeunes gens qui désirent d'aprendre l'Office , à se régler sur le travail de leurs Chefs, ceci n'étant que pour leur faire connoître que tous les fruits se travaillent différemment dans leur espèce.

On fait encore des compotes au vin d'Espagne , comme les pêches, les poires tendres, les abricots, &c. lesquelles se font de même que les autres , à la réserve que l'on met du vin d'Espagne à la place d'eau, & du sucre en pain , à la place du sucre clarifié.

On se sert en Hyver des fruits à l'eau-de-vie , que l'on sert pour compotes ; vous trouverez la maniére de les faire. *Voyez* EAU-DE-VIE.

Il faut observer qu'il faut donner un boüillon ou deux aux compotes, quand on veut les conserver, sur-tout dans les chaleurs, lorsqu'elles sont faites depuis deux ou trois jours, ce qui se fait en égoutant les fruits , & faisant cuire le sirop ; on l'écume , & on y met le fruit , & on l'écume encore.

COMPOTIER. Il y a differentes espèces de compotier, soit de porcelaine, d'argent ou de crystal. C'est une petite jatte un peu profonde , de la grandeur d'une petite assiete , dans laquelle l'on sert toutes sortes de fruits que l'on a mis en compote. Les compotiers de crystal portent leurs couvercles. *Voyez* Fig. Plan. 3. Let. I. & il seroit toujours très-à-propos & plus propre, de couvrir tous les compotiers d'une cloche , ou couvercle de crystal , lorsqu'on les sert.

CONCASSER. C'est piler grossiérement une chose.

CONCOMBRE. C'est un fruit long d'environ un demi pied , gros comme le bras , rond, droit , ou tortu, verd ou blanc, jaunâtre, charnu, couvert d'une écorce tendre ; sa chair est blanche, succulente & ferme, il croît dans les potagers, & rampe à terre ; ses feüilles sont grandes & amples, larges & anguleuses, dentelées, rudes au toucher. On s'en sert à faire des salades : pour la faire. *Voyez* SALADE.

CONFIRE, c'est donner aux fruits, aux fleurs, aux racines, certaines préparations qui les rendent plus agréables, ou qui empêchent qu'ils ne se corrompent. Les Anciens ne confisoient qu'avec le miel (*a*) qui étoit tiré de la Cannamelle, ou Canne à sucre, parce que de leur tems on n'avoit pas l'art de le purifier, de le durcir & de le blanchir, pour en faire du sucre, comme nous l'avons à present.

Confire se dit aussi de certains fruits que l'on met au vinaigre, comme les cornichons, la perce-pierre, le choux-cabus, le bled de Turquie, &c. Pour les confire. *Voyez* l'un & l'autre.

CONFITURE, est une préparation que l'on fait avec du sucre, pour conserver toutes sortes de fruits. On fait des confitures séches & liquides ; il y en a à mi-sucre, & d'autres à plein-sucre. Il faut observer de garder les confitures dans un endroit qui ne soit ni chaud, ni humide, parce que la chaleur les fait pousser, (*b*) & l'humidité les fait moisir. (*c*) Si l'inconvénient vous arrive, soit qu'elles poussent, ou moisissent, il faut leur donner un boüillon, les bien écumer, & les remettre dans vos pots, que vous aurez soin de bien laver & bien sécher. Lorsqu'elles seront froides, vous les couvrirez avec du papier.

(*a*) Théophraste ( dit M. Lemery ) en a parlé dans son Fragment du miel : il en décrit de trois sortes ; un qui tire son origine des fleurs, c'est le miel commun. Un autre qui, dit-il, vient de l'air, c'est la manne des Arabes qui étoit, suivant SAUMAISE, une espèce de rosée ou de miel qui tomboit sur les arbres, & que l'on recüeilloit en abondance sur le Mont Liban. Un autre qui est tiré des roseaux, c'est le véritable sucre. *Traité Universel des Drogues simples*, pag. 763.

(*b*) Lorsque les Confitures ne sont point à parfaite cuisson, il n'est pas douteux qu'elles ne poussent, parce que la chaleur échauffant leur syrop, dilate les parties salines du sucre, & les acides du fruit. Ces deux parties forment un combat ensemble, & causent une fermentation, que l'on apelle pousser, en terme d'Office.

(*c*) Les Confitures se moisissent dans l'humidité, parce qu'elle détruit le sucre par la suite du tems, & conséquemment, elles ne se trouvent plus à parfaite cuisson, & sont obligées de se moisir.

Il eſt bon de dire qu'il y a certaines confitures qui ſe candiſſent quelquefois par trop de cuiſſon que vous donnez à votre ſucre, & quelquefois par les fruits & les fleurs qui ſe trouvent ſecs par eux-mêmes, & qui n'ont point de ſuc.

Le moyen de les empêcher de candir eſt, que lorſque vous les finirez, vous mettiez dans votre ſyrop, gros comme une lentille d'alun de glace en poudre, (*a*) que vous aurez auparavant diſſous dans une cuillerée d'eau, & vous ſerez ſûr qu'elles ne ſe candiront point.

Lorſque l'on veut ſervir les confitures pour compotes, quand elles ſont trop cuites, il faut les décuire. *Voyez* DÉCUIRE.

CONSERVE, n'eſt autre choſe qu'une confiture ſeche qu'on fait en tablettes par le travail du ſucre, avec des fruits, des fleurs & des eſſences. Elle eſt d'une grande utilité pour la garniture des fruits : voyez ci-après la façon de les faire de toutes eſpèces ; elles ſe coupent, ſe levent & ſe finiſſent de même. Cette conſerve s'apelle conſerve platte.

CONSERVE de fleurs d'Orange. Prenez deux livres de ſucre-royal, que vous ferez cuire à la groſſe plume ; prenez enſuite une demi-livre, ou plus, de fleurs d'Orange épluchées. Vous la couperez groſſiérement avec un couteau à pâte, & y preſſerez deſſus un jus de citron, pour empêcher qu'elle ne ſe noirciſſe ; jettez-la dans votre ſucre, & lui donnez un boüillon ou deux pour lui faire jetter ſon eau ; retirez-la du feu, & la laiſſez repoſer un moment ; enſuite vous travaillerez votre ſucre avec une cuillier d'argent tout-alentour du dedans de la poële, juſqu'à ce que vous voyiez que votre ſucre blanchiſſe, & qu'il faſſe une glace par-deſſus ; alors vuidez promptement votre conſerve dans des moules de papier, que vous ferez exprès pour cela, & qui ſeront ſur des feüilles de cuivre ; lorſqu'elle ſera froide, vous la couperez par tablettes, & la leverez en tirant le papier d'une main, & prenant la conſerve de l'autre.

Obſervez que pour la couper, il ne faut que tracer par-deſſus

---

(*a*) M. Lemery, dans ſon Dictionnaire des Drogues ſimples, à l'article ſucre.

avec la pointe du couteau , elle se casse alors facilement.

**CONSERVE** de fleurs d'Orange grillées. Vous n'avez qu'a prendre un peu de sucre , que vous mettrez au caramel, jettez-y votre fleur , & la remuez avec une spatule ; lorsqu'elle sera d'une belle couleur, jettez-la dans votre sucre cuit à la plume, & la travaillez de même que ci-devant.

**CONSERVE** de fleurs d'Orange liquide. La conserve de fleurs d'Orange liquide est très-nécessaire dans les Offices, & c'est, suivant moi, la meilleure façon pour conserver le baume de la fleur, & pour en faire des conserves dans toutes les saisons. Pour cet effet, vous la ferez de la même manière que j'ai mentionné ci devant , à l'exception que vous y mettrez plus de fleurs , & que vous ne la travaillerez pas tant ; elle se met dans des petits moules , ou dans des pots pour la conserver , & dont vous en prendrez une cuillerée ou deux , lorsque vous voudrez en faire, suivant la quantité de sucre que vous aurez , que vous ferez cuire à la plume, & que vous travaillerez comme les autres conserves. Vous pouvez en faire de même de toutes autres fleurs , & vous pouvez être assuré que vous l'aurez aussi bonne comme dans la saison.

**CONSERVE** blanche de toutes sortes de fruits d'odeur. Prenez du sucre-royal, la quantité qu'il vous plaîta ; faites-le cuire à la petite plume , & lorsqu'il sera cuit , mettez-y une goute, ou plus, d'essence de telles espèces de fruits qu'il vous plaira ; laissez reposer un moment votre sucre, alors travaillez-le comme les autres conserves, & le mettez tout-de-suite dans vos moules de papier. La conserve de canelle & de girofle se font de même , lorsque l'on en a les essences.

**CONSERVE** de fruits d'odeur , avec jus & écorce. Vous raperez l'écorce de votre fruit , & la presserez dans une étamine ; vous ferez cuire du sucre à la petite plume, vous y jetterez votre écorce, & travaillerez votre sucre comme ci-devant ; lorsqu'il blanchira , pressez un peu de jus de votre fruit , poursuivez de le travailler

comme

comme les autres conserves, jettez-le dans vos moules, laiffez-le réfroidir, & le levez de même que les autres.

CONSERVE de Cerifes, de Fraifes, de Grofeilles, de Framboifes, d'Epine-vinette & de Grenade. Ces efpèces de fruits fe font de même. Prenez l'un ou l'autre de ces fruits, que vous éctra-ferez, & que vous pafferez fur le feu pour les faire fondre, paffez-les par un tamis & les faites deffécher, jufqu'à ce qu'ils foient en pâte; faites cuire du fucre à la plume, mettez-y votre pâte, la délayant avec votre fucre, afin qu'elle fe mêle par-tout. Vous travaillerez votre fucre, jufqu'à ce qu'il faffe une petite glace par-deffus, & qu'il foit un peu blanchis; vous verferez votre conferve dans vos moules, & ferez de même qu'aux autres ci-devant.

CONSERVE de Violettes. Prenez de la Violette la plus belle, & bien épluchée feüille à feüille; vous en peferez aux environs deux onces, que vous pilerez dans un petit mortier de marbre; vous ajouterez en la pilant un peu de jus de citron. Vous ferez cuire deux livres de fucre à la petite plume; vous le laifferez un peu réfroidir, & le remuerez avec une cuillier trois ou quatre tours; mettez-y votre fleur, & la remuez jufqu'à ce que vous voyiez que le fucre blanchiffe; verfez votre conferve dans vos moules; fi vous lui voulez donner une couleur purpurine, mettez-y davantage de jus de citron.

CONSERVE de rofes, d'œillets, fe font de même que eelle de violettes.

CONSERVE de Safran. Prenez de bon Safran en feüille, que vous ferez bien fécher, réduifez-le bien en poudre, délayez-le avec un peu de fucre clarifié, & un peu de cochenille préparée; faites cuire du fucre à la petite plume, laiffez-le un peu repofer; mettez-y votre Safran, & travaillez votre conferve comme les autres.

CONSERVE de Piftaches. Vous prendrez deux onces de Piftaches, que vous monderez, vous les laverez dans de l'eau fraiche.

Egoutez-les & les pilez bien avec un peu d'eau, pour les paſſer par un tamis ; vous ramaſſerez avec une carte vos Piſtaches par-deſſous le tamis. Faites cuire du ſucre à la petite plume ; laiſſez-le un moment repoſer, donnez-lui deux ou trois tours de cuillier ; alors mettez-y vos Piſtaches, & travaillez votre conſerve comme les autres.

CONSERVE de Chocolat. Prenez deux ou trois onces de Chocolat, que vous raperez & paſſerez par un tamis ; délayez-le avec un peu de ſucre clarifié ; faites cuire du ſucre à la petite plume, mettez-y votre Chocolat, & travaillez votre conſerve de même que les autres.

CONSERVE de Caffé. Elle ſe fait de même que celle de Chocolat, à la différence qu'il faut torrefier de bon Caffé, & le paſſer par un tamis ; pour lui donner une belle couleur, prenez douze à quinze grains de Caffé, que vous brûlerez en charbon, & que vous pilerez & paſſerez avec l'autre.

CONSERVE d'Ache. Prenez les feüilles de l'Ache, faites-les blanchir, rafraichiſſez-les, égoutez-les, & les pilez dans un mortier, paſſez-les par un tamis ; faites cuire du ſucre à la petite plume, délayez votre Ache avec du ſucre clarifié, mettez-la dans votre ſucre, & la travaillez comme les autres conſerves.

CONSERVE à l'Allemande. La conſerve à l'Allemande eſt toute différente des autres, parce que l'on ne ſe ſert que de ſucre en poudre paſſé au tamis fin ; pour la faire, elle ſe dreſſe ſur des feüilles de cuivre bien unies & bien propres, de la grandeur d'une paſtille ronde ; on les ſert dans des petites caiſſes de papier, de la longueur de trois pouces, ſur un pouce de largeur, comme la fleur d'Orange pralinée.

### Maniére de la faire.

Ayez du ſucre royal, paſſé comme je l'ai marqué ci-deſſus ; prenez aux environs d'un verre d'eau-de-roſe ou de fleur d'orange, mettez-la dans un poëlon à bec, faites-la frémir ſur le feu, alors mettez - y du sucre en poudre, jusqu'à ce que vous la trouviez au degré d'être coulée, c'est-à-dire qu'il se forme une glace dessus; remuez-la toujours avec un petit bâton qui soit bien rond; inclinez votre poëlon sur vos feüilles, & avec votre bâton faites-la tomber goutte-à-goutte.

On en fait des rouges avec du jus d'épine-vinette, que l'on travaille de la même maniére : pour faire le jus d'épine-vinette. *Voyez* Jus.

CONSERVE soufflée. Les conserves soufflées sont differentes des autres conserves, en ce qu'elles sont soufflées, & ne servent aujourd'hui que pour former des petits rochers, & pour décorer les sujets d'un fruit. On en fait de toutes sortes de couleur; employez celles que j'ai marquées pour le pastillage. *Voyez* COULEUR.

## *Maniére de la faire.*

Vous ferez d'abord une glace royale un peu épaisse. *Voyez* GLACE ROYALE. Si vous voulez colorer votre conserve, délayez-vos couleurs avec très-peu d'eau, & la mêlez avec votre glace royale; ayez plusieurs feüilles de papier étenduës sur une table bien propre & bien unie; poudrez un peu votre papier avec du sucre, prenez-en alors la quantité qu'il vous plaira; mettez un peu d'eau dessus pour le faire fondre, faites-le cuire à cassé; retirez-le ensuite & y jettez une cuillier à bouche pleine de votre glace dedans; remuez le tout avec une spatule, vous verrez que votre conserve soufflera; remuez-la toujours sans la quitter, parce qu'elle retombera; alors, dès que vous verrez qu'elle ressoufflera, jettez-la sur votre papier; vous tiendrez au-dessous un moment votre poële, jusqu'à ce qu'elle ne souffle plus. La conserve soufflée blanche se fait avec du sucre royal; beaucoup d'Officiers mettent dans cette conserve un peu d'essence pour lui donner du goût.

Elle sert à faire des sables quand on en a besoin, quoique les sables se fassent encore d'autres maniéres. *Voyez* SABLE.

CONSERVE pour faire des vases & figures. Il faut avant tout, avoir huilé les moules de plomb dans lesquels vous voulez tirer vos figures, avec de l'huile d'amande douce, ou huile d'olive; après les avoir bien liés , vous prendrez du sucre royal, que vous ferez cuire à la grosse plume , en y ajoutant dans le moment un peu de jus de citron ; laissez-le un moment reposer , alors vous le travaillerez, & dès qu'il commencera à blanchir, remuez-le & le coulez tout de suite dans vos moules. Lorsque votre conserve sera prise , & de bonne consistence, vous ouvrirez vos moules & en sortirez vos conserves.

L'on met ensemble les piéces séparées avec la même conserve. Les moules ont ordinairement plusieurs piéces, pour se joindre & pour qu'ils soient de dépoüille , afin d'avoir plus de facilité de les tirer. C'est pourquoi, *Voyez* CUISSON , vous trouverez la méthode de tirer les figures de caramel , où j'ai donné une explication plus ample : servez-vous des mêmes principes.

CORIANDRE , est une graine qui croît sur une plante , qui pousse une tige à la hauteur d'un pied & demi, ou deux pieds, ronde , remplie de moële & rameuse ; ses feüilles d'en-bas naissent semblables à celles du persil, mais celles d'en-haut , qui sont attachées à la tige, sont découpées beaucoup plus menuës : ces feüilles ont une odeur très-forte.

La coriandre est cultivée dans les jardins aux environs de Paris ; la graine est verte sur la plante , mais on la fait sécher, & elle devient légére, jaune, blanchâtre, d'une odeur & goût aromatique.

Il faut la choisir nouvelle, grosse , bien nourrie, bien nette , bien séche, blanchâtre , de bonne odeur & de bon goût.

On l'emploie dans le vin brûlé, avec les épices que l'on met dans les noix, dans les pains-d'épices, & en dragées. *Voyez* l'un & l'autre.

CORME. *Voyez* SORBE.

CORNE de Cerf, est une plante qui pousse de sa racine beaucoup de feüilles longues, étroites, nerveuses, découpées profondément, représentant en figure des petites cornes de Cerf, d'un goût un peu astringent, mais agréable ; il s'éleve d'entre ses feüilles des tiges grêlées, rondes, roides & veluës à la hauteur d'un demi pied ; ( *a* ) il faut toujours la choisir jeune & tendre. On la cultive dans les jardins potagers ; elle sert de fournitures dans les salades.

CORNICHON, est un petit concombre mal bâti dans sa figure, & que l'on confit pour s'en servir dans les salades cuites ; pour les confire, observez la même méthode que j'ai marqué au chou-cabus, en observant de les laisser entiers, de les passer au sel, & de les piquer avec une épingle.

CORNOUILLE, est le fruit d'un arbre assez grand & étendu, dont le bois est dur & compact, blanc, couvert d'une ecorce rude, rougeâtre ou cendrée, d'un goût astringent ; ses feüilles sont longues, larges, douces au toucher, veneuses ; ses fleurs naissent en bouquets sur les extrémités des branches, attachées à un pedicule court ; elles sont composées chacune de quatre feüilles jaunâtres disposées en rond ; lorsque cette fleur est passée, son calice devient un fruit charnu, ovale, aprochant en figure d'une olive, mais plus petit ; premiérement verd & acerbe au goût, puis en meurissant il devient rouge, & quelquefois jaunâtre, d'un goût aigrelet agréable. On trouve dans ce fruit un noyau osseux, oblong, blanchâtre, divisé intérieurement en deux loges, qui renferment chacune une petite sémence oblongue. On cultive cet arbre dans les jardins potagers ; ce fruit ne quitte point le noyau, il se met en compote comme les cerises, & se confit de même que les grate-culs. *Voyez* GRATECULS.

CORROMPRE, terme d'Office, se dit d'une fleur que l'on chifone, d'un moule de plomb auquel on fait des bosses, & que l'on ne joint pas bien suivant ses morceaux ; corrompre se dit d'une figure que l'on ne met pas bien ensemble ; corrompre se dit encore de plusieurs utensiles d'Office, que l'on force, & qui ne se trouvent plus dans leur premier état.

COTIGNAC, est une gelée forte de coing, qui se met

(*a*) La Quint.

dans des boëtes, ou dans des pots : pour la faire. *Voyez* GELE'E DE COINGS.

COTISSURE. Ce mot se dit du fruit, quand, par sa chûte, il s'est froissé ou meurtri. La moindre cotissure empêche les fruits de se garder, elle fait d'ordinaire pourrir le fruit à l'endroit du coup, & fait ensuite pourrir le reste.

COTONNE'E. Ce terme se dit des pommes de reinette, qui sont vieilles & ridées. On dit vulgairement ces pommes sont cotonnées, parce qu'elles sont blanches & séches, & qu'elles n'ont plus de goût : ce terme est encore apliqué aux raves.

COUCHE, se dit du sucre que l'on emploïe pour les dragées, que l'on met par petites mesûres alternativement, & que l'on fait sécher à mesure.

COULER, terme d'Office. On dit couler une conserve, couler du caramel dans des moules de plomb. Couler se dit des fruits qui ont fleuri, & qui n'ont pas noué.

COULEURS pour le pastillage. Celles que l'on emploïe pour le pastillage sont la cochenille préparée, dont j'ai donné la description, & la maniére de la préparer, l'indigo, le carmin, la gomme-gutte, le safran, le verd-de-vessie & le noir d'yvoire.

## COCHENILLE.

La cochenille préparée, mêlée avec du pastillage, fait un rouge cramoisi pâle ; vous pouvez donner cette même couleur avec un pinceau, sur du pastillage blanc, en diminuant la couleur du plus ou du moins, avec de l'eau.

## INDIGO.

L'indigo est fait avec un suc épaissi, bleu ou couleur d'azur obſcure, que l'on tire des feuilles de l'anil, qui croît dans le Brezil, on nous l'aporte en maſſe des Indes Orientales. Il y en a de pluſieurs eſpèces, & le meilleur que l'on puiſſe employer, doit être léger, net, médiocrement dur, de belle couleur, & nageant ſur l'eau.

Pour l'employer dans le paſtillage, il faut bien le broyer ſur un porphire avec très-peu d'eau, & ne le point rendre trop liquide ; mêlez-le avec votre pâte de paſtille, & vous aurez une pâte d'un très-beau bleu.

## CARMIN.

Eſt une poudre d'un très-beau rouge, qu'on tire de la cochenille par le moyen d'une eau, dans laquelle on a fait infuſer de la graine de chouan, & de l'écorce d'autour. Il doit être en poudre impalpable, & haut en couleur ; le mêlant avec vôtre pâte, vous ferez un très-beau rouge.

## GOMME-GUTTE.

La gomme-gutte eſt une gomme réſineuſe, qui découle d'un arbre qui croît dans les Indes, & d'où on nous l'aporte en morceaux aſſez gros, durs, mais caſſants, extrêmement jaunes. Il faut obſerver de ne la point mettre en poudre dans votre pâte, mais de la faire diſſoudre dans de l'eau ; donnez alors la couleur avec un pinceau à votre pâte lorſqu'elle ſera ſéche.

## SAFRAN.

Il faut le délayer ou le broyer ſur un porphire avec un peu d'eau, pour le mêler dans votre pâte. Pour voir ſa deſcription & ſes autres uſages, *Voyez* SAFRAN.

## VERD-DE-VESSIE.

Le verd-de-veſſie eſt tiré du fruit du nerprun, que l'on met en pâte dure, on les écraſe quand ils ſont bien noirs & bien meurs ; on les met à la preſſe, & l'on en tire le ſuc, qui eſt viſqueux & noir.

On fait fécher ce fuc à petit feu, on y ajoute un peu d'alun de glace diffous dans de l'eau, pour rendre cette matiére plus haute en couleur, on continuë toujours à petit feu, jufqu'à ce qu'elle ait pris une confiftence de miel ; vous la mettrez alors dans des veffies de cochon, que vous boucherez bien, & les pendrez à la cheminée pour les faire fécher. Vous pouvez vous en fervir pour teindre votre pâte, lorfqu'elle fera diffouë dans de l'eau, comme la gomme-gutte.

## NOIR D'YVOIRE.

Le noir d'yvoire eft fait avec de l'yvoire coupé par petits morceaux, & calciné à feu couvert, jufqu'à ce qu'il ne fume plus ; étant bien broyé avec un peu d'eau, vous le mêlerez avec votre pâte.

COULEURS pour le caramel. Les couleurs pour le caramel font les crêpons rouges & bleus, l'indigo & le fafran.

## CRESPON.

Le crêpon eft une toile qui eft empreinte d'une couleur rouge ou bleuë, qui nous vient d'Hollande.

### Maniére de le préparer.

Prenez un poëlon dans lequel vous mettrez un gobelet d'eau fraiche, avec une cuillerée de fucre clarifié ; faites-les boüillir enfemble, & y jettez votre crêpon rouge ou bleu ; laiffez-le boüillir jufqu'à ce qu'il ait quitté toute fa couleur ; cuifez votre couleur plus que moitié, alors paffez-la par un linge, & ne jettez votre couleur dans votre fucre, que vous deftinez pour le caramel, qu'à caffé ; conduifez alors votre fucre comme je l'ai enfeigné. *Voyez* Cuisson. Le crêpon rouge fait un rouge dans le caramel qui eft tranfparent ; le bleu en fait de même.

## INDIGO.

Comme j'ai déja décrit fon emploi aux couleurs du paftillage,
il

il eſt bon de dire l'effet qu'il fait dans le caramel. Prenez une aſſiete d'argent, ſur laquelle vous mettrez la quantité d'eau que vous aurez beſoin de couleur ; frottez dedans votre indigo, juſqu'à ce que votre eau ſoit bien foncée de couleur. Jettez de cette eau dans votre ſucre, lorſqu'il ſera à caſſé, & finiſſez de le cuire au caramel. Vous aurez un caramel d'un très-beau verd : obſervez qu'il ne faut faire de ce caramel verd, que ce qu'il vous en faut pour remplir vos moules, parce qu'en rechauffant votre caramel ſouvent, il eſt ſujet à changer de couleur.

## SAFRAN.

On ſe ſert de ſafran pour le caramel jaune, lequel ſe prépare en l'infuſant dans un peu d'eau tiéde, & que l'on ne met dans le ſucre que lorſqu'il eſt à caſſé ; au reſte pour tous les caramels de couleur, obſervez les mêmes principes que je donne pour le caramel. *Voyez* Cuisson. Lorſque vos couleurs ſont ainſi préparées pour faire du caramel ( s'il falloit que vous en faſſiez pluſieurs cuiſſons de la même couleur) obſervez de jetter dans votre ſucre votre couleur, avec une petite cuillier, pour vous régler d'en mettre autant à la cuiſſon ſuivante ; par ce moyen vous ferez toujours vos cuiſſons de caramel égales, en prenant la même quantité de ſucre qu'auparavant.

COULEURS pour les conſerves ſoufflées & ſables. Prenez les mêmes couleurs que pour le paſtillage, que vous délayerez ou broyerez avec très-peu d'eau, & que vous mêlerez avec votre glace royale.

COULEURS pour les fruits glacés, ſont la cochenille préparée, l'indigo, le carmin, la gomme-gutte, le ſucre brûlé, le chocolat, la crême fraiche & la pierre ſafranée.

Délayez toutes ces couleurs ſéparément avec de l'eau, mettez-les chacune à part dans des taſſes ; ayez pour chaque couleur deux taſſes ; dans l'une vous laiſſerez votre couleur dans ſon beau, & dans l'autre vous y mettrez de la même couleur, dans laquelle vous y mettrez de l'eau de plus pour la rendre plus claire, & pour donner des teintes plus légéres ; avec ces couleurs vous en ferez plufieurs. fortes en les mêlant.

## COULEUR VERTE.

Prenez gomme-gutte & indigo , que vous mêlerez enfemble.

## COULEUR D'ORANGE.

Prenez gomme-gutte & carmin, que vous mêlerez enfemble, ou. la pierre fafranée , qui eft véritable couleur d'orange.

## SUCRE BRULE'.

On mêle un peu d'eau dans le fucre brûlé , il fert rarement pour colorer les fruits glacés , à moins que ce ne foit des marrons ou. avelines ; il fert pour colorer les fromages , auxquels on donne cette couleur, pour imiter leur croute

## CHOCOLAT.

Le chocolat fert pour colorer des truffes glacées , des hures de fanglier , & des langues fourées glacées.

## CREME FRAICHE.

La crême fraiche fert à donner aux fruits glacés leurs fleurs , comme aux mirabelles, aux reines-claudes, ou autres prunes , ce qui fe fait en la mettant avec un pinceau fur les fruits que l'on a déja coloré.

Comme il faut que ce foit l'Officier qui aplique les couleurs , il faut qu'il fe ferve de pinceau dont le poîl foit dur, & avoir de l'eau propre auprès de lui , pour néttoyer fait-à-mefure fes pinceaux , de peur qu'il ne mêle fes couleurs.

Il eft inutile de marquer les couleurs que l'on doit mettre fur chaque fruit glacé, c'eſt à celui qui les fait, d'employer celles que j'ai décrit, & les plus convenables, ayant toujours pour principe d'imiter la couleur naturelle des fruits, le plus qu'il lui ſera poſſible.

COUTEAUX d'Office. Il y en a de différentes eſpèces; ſavoir les couteaux ordinaires, dont le taillant doit être droit, de la longueur de trois pouces; les couteaux à tourner, dont le taillant eſt de même que les précédens, de la longueur de deux pouces. Les couteaux à pâte, dont la lame doit être comme une régle, & fort mince des deux côtés. Les couteaux à couper le bâtonage, doivent être de même que les couteaux à pâte, à la réſerve qu'ils ne doivent avoir qu'un taillant, & un dos comme les autres couteaux. Pour mieux vous inſtruire, *Voyez* leurs figures Plan. 1. Lett. G. couteau d'Office à tourner. H. couteau à pâte. I. couteau à bâtonage.

CREME, eſt la partie du lait la plus graſſe, la plus épaiſſe & la plus délicate. Elle ſert dans l'Office de pluſieurs maniéres, ſoit dans ſa nature ou foüettée, ſoit dans des fromages glacés, neiges, mouſſes & fruits glacés. *Voyez* l'un & l'autre. Soit dans les gaufres. *Voyez* GAUFRE.

Comme aujourd'hui l'Office ne ſe ſert de la crême que dans ce que je raporte, il eſt inutile de marquer toutes les façons de crême qui ſe font dans les cuiſines, & qui ne dépendent point à preſent de l'Office. L'on verra dans chaque choſe toutes les differentes maniéres de l'employer.

CREME de tartre, eſt faite d'une matiére dure, pierreuſe ou crouteuſe, qu'on trouve attachée contre les parois intérieurs des tonneaux de vin. Elle eſt compoſée de la partie la plus ſaline du vin, qui s'étant ſéparée par la fermentation, s'endurcit juſqu'à ſe pétrifier aux côtés du tonneau.

On purifie cette matiére dure, en la faiſant boüillir dans de l'eau, la paſſant par des chauſſes, & la mettant évaporer & cryſtaliſer; c'eſt ce que l'on nomme créme de tartre. Elle ſert dans la préparation de la cochenille, de la façon que je l'ai marqué. *Voyez* COCHENILLE.

**CRESSON.** Il y a deux espèces de cresson ; je ne raporte ici que celui qui sert dans l'Office, qui est le cresson alenois.

Le cresson alenois est une plante que l'on sème & cultive dans les jardins ; ses tiges se lévent à la hauteur d'un pied, ses feuilles sont oblongues, découpées profondément, d'un goût acre, mais agréable : il sert de fourniture dans les salades.

**CRISTE-MARINE**, ou perce-pierre, est une plante haute environ d'un pied, s'étendant en large ; ses feuilles sont étroites, charnües, de couleur verte, brune, d'un goût tirant sur le salé ; croît sur les rochers dans les Païs chauds ; elle sort des fentes de la pierre qu'elle semble avoir faites, c'est de-là qu'on la nomme perce-pierre. Elle sert pour mettre dans les salades cuites, lorsqu'elle est confite ; il faut la confire au vinaigre de même que les choux-cabus.

**CRYSTAUX.** On apelle crystaux tous les verres à tiges ou autres, qui servent pour monter un fruit, ou pour mettre des neiges & des mousses, comme gobelets, tiges, pilastres ou autres, dont il y a de chaque façon plusieurs figures & plusieurs grandeurs. Ces sortes de verres sont ordinairement faits avec du verre fort clair & fort net. *Voyez* leurs figures Plan. 3. Plan. 4.

**CUILLIERS.** Il y a différentes sortes de cuilliers dont on se sert ; il y a des cuilliers à dresser ; on se sert ordinairement de cuilliers d'argent, de cuilliers percées comme celles d'olive, & de cuilliers à sucre, qui sont comme des cuilliers à pot où il y a un bec. Cela dépend des Officiers de les faire faire à leur fantaisie, pour qu'elles leur soient plus commodes.

**CUISSON** du sucre. La cuisson du sucre est le fondement de tout ce qui se fait dans une Office, c'est pourquoi je donne ci-après toutes les différentes cuissons, avec les termes dont on se sert pour les désigner. Il y a le lissé, le perlé, le soufflé, la plume, le boulet, le cassé & le caramel ; à quelques-unes de ces cuissons, l'on distingue encore le plus ou le moins, comme le petit & le grand.

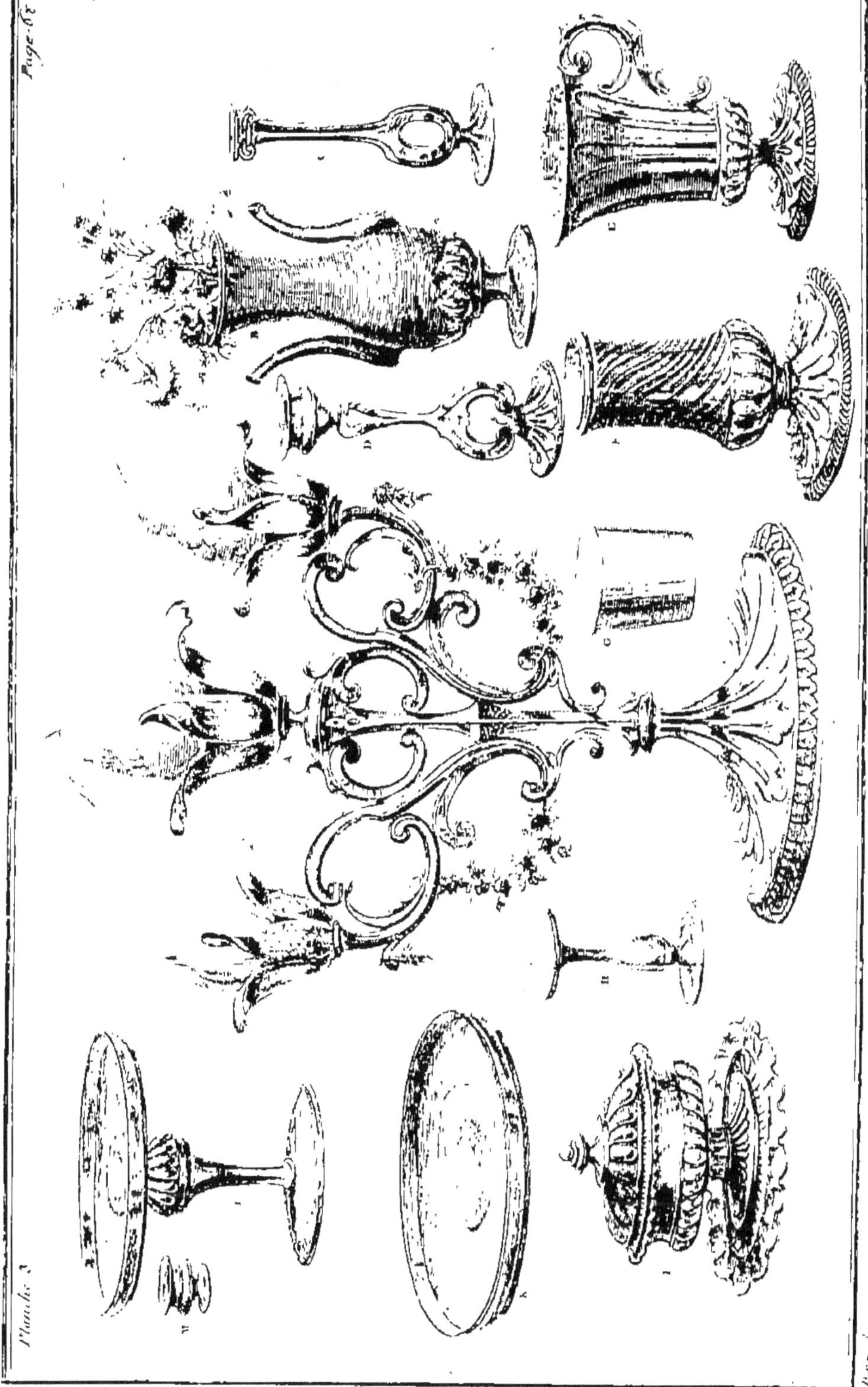

liſſe, le petit & le grand perlé, la petite & la grande plume, le petit & grand boulet.

## CUISSON DU SUCRE AU LISSE.

Lorſque vous aurez clarifié votre ſucre, de la façon comme je l'enſeigne, *Voyez* Sucre, vous le mettrez ſur le feu pour le faire bouïllir ; vous connoitrez que votre ſucre eſt à liſſe, lorſque vous tremperez le bout du doigt dedans, & que vous l'apliquerez ſur le pouce, vous les ouvrirez auſſi-tôt un peu, vous verrez qu'il ſe fait de l'un à l'autre un petit filet qui ſe rompt d'abord, & qui reſte en goutte ſur le doigt ; quand ce filet eſt preſque imperceptible, ce n'eſt que le petit liſſe, & quand il ſe fend davantage avant que de ſe défaire, c'eſt le grand liſſe ; vous pouvez ainſi juger des autres cuiſſons par grand & petit, en leur donnant quelques boüillons de plus ; le grand & petit ne comprennent que le liſſe, le perlé, la plume & le boulet.

## CUISSON DU SUCRE AU PERLE.

Lorſque votre ſucre eſt au liſſe, vous le ferez encore boüillir ; vous le tâterez de la même maniére que j'ai décrit ci-devant ; lorſque vous ſéparerez vos deux doigts, & que vous verrez que le filet qui ſe fait ſe maintient de l'un à l'autre, c'eſt une marque que votre ſucre eſt à petit perlé. Vous connoitrez le grand perlé, lorſque vous verrez que le filet ſe continuë de même, & que vous ouvrirez davantage les doigts, que vous dilaterez entiérement. Vous connoitrez encore cette cuiſſon, lorſque vous verrez que le boüillon de votre ſucre formera des eſpèces de perles rondes & élevées.

## . CUISSON DU SUCRE AU SOUFFLE

Lorſque vous aurez cuit votre ſucre au perlé, & que vous lui aurez donné quelques boüillons de plus, vous prendrez une écumoire que vous tremperez dans le ſucre, vous la ſecouërez un peu, & ſoufflerez à travers de ſes trous, en allant & revenant d'un côté à l'autre. Si vous voyez qu'il en fort comme des étincelles , ou petites bouteilles, c'eſt une marque que votre ſucre eſt cuit au ſoufflé ; c'eſt ordinairement la cuiſſon où l'on met le ſucre pour faire le tirage.

## CUISSON DU SUCRE A LA PLUME.

Votre ſucre étant cuit au perlé , vous lui donnerez encore pluſieurs bouillons ; vous tremperez alors une écumoire dans votre ſucre , & la ſecouërez d'un revers de la main ; vous ſoufflerez à travers, & lorſque vous en verrez partir des plus groſſes étincelles, ce ſera une marque que votre ſucre ſera à la petite plume. Vous continuerez de faire boüillir votre ſucre , vous le ſoufflerez de même , & lorſque votre ſucre formera des bouteilles ou étincelles encore plus fortes, & en plus grande quantité , cela vous prouvera que votre ſucre ſera à la grande plume.

## CUISSON DU SUCRE AU BOULET.

Le boulet eſt une cuiſſon qui ſe trouve entre la grande plume & le caſſé ; beaucoup d'Officiers admettent cette cuiſſon, parce qu'elle avertit que le ſucre entre bien-tôt au caſſé. Vous connoitrez cette cuiſſon en moüillant votre doigt dans de l'eau, que vous tremperez dans votre ſucre , & que vous plongerez tout-de-ſuite dans l'eau fraiche ; lorſque vous verrez que vous pourrez former avec votre ſucre une petite boulette , ce ſera une marque qu'il ſera au boulet. On diſtingue le boulet par grand & petit comme les autres cuiſſons.

## CUISSON DU SUCRE AU CASSE'.

Lorſque votre ſucre aura paſſé toutes les cuiſſons que j'ai décrit ci - deſſus , vous aurez ſoin d'avoir auprès de vous un vaſe rempli d'eau fraiche , dans lequel vous moüillerez votre doigt ; vous le tremperez alors dans le ſucre , & le plongerez auſſi-tôt dans votre eau, de peur que vous ne vous bruliez ; vous détacherez le ſucre que vous aurez après votre doigt , & lorſque vous verrez qu'il ſe caſſera , en faiſant un peu de bruit, votre ſucre ſera au caſſé.

## *CUISSON DU SUCRE AU CARAMEL.*

Lorſque votre ſucre ſera à caſſé, mettez-y la couleur telle que vous jugerez à propos ( Si vous en voulez mettre ) avec quatre ou cinq gouttes de jus de citrons, ſuivant la quantité que vous aurez de ſucre, pour empêcher qu'il ne graine ; vous l'eſſayerez comme au caſſé, & lorſque vous verrez qu'il ſe caſſera net comme le verre, il ſera au caramel. Alors vous le retirerez du feu, & tremperez le cul du poëlon dans l'eau, pour rafraichir le cuivre, qui pourroit, par ſa chaleur, brûler votre caramel ; laiſſez-lui tomber ſes boüillons ; pour-lors vous vous en ſervirez pour votre uſage : il faut prendre garde de moment en moment, pour qu'il parvienne à cette derniere cuiſſon, de peur de la manquer. Vous connoitrez encore la cuiſſon du caramel, lorſqu'en le tâtant, (comme il eſt marqué à la cuiſſon du caſſé) il petera & fera du bruit entre vos doigts. Pour connoitre les couleurs qui s'emploïent dans le caramel. *Voyez* COULEUR.

### *Maniére de couler le caramel.*

Lorſque l'on veut tirer des figures de caramel, il faut avoir ſes moules tout-prêts, c'eſt-à-dire bien propres, bien huilés, & bien ficelés ; vous commencerez alors à couler votre caramel dans les moules les plus petits ; lorſqu'ils ſeront pleins, vous les renverſerez pour en ſortir le ſurplus, pour que vos piéces ſe trouvent creuſes ; vous les ferez toujours tourner dans les mains le jet en bas, pour que votre ſucre ſe trouve égal par-tout, juſqu'à ce que vous puiſſiez ſouffrir la chaleur du moule dans les mains ; vous détacherez alors le moule piéce par piéce, & les remettrez toujours deſſus, juſqu'à ce qu'elles ſoient toutes levées. Dépoüillez enſuite votre moule à moitié, & lui faites prendre un peu d'air, pour rafraichir votre caramel, de peur que votre ſucre ne s'avachiſſe ; dépoüillez après l'autre moitié, en remettant votre caramel ſur la premiére dépoüille, & le laiſſez ainſi réfroidir.

Il eſt bon d'obſerver cela, pour empêcher que l'on ne corrompe la figure.

Comme aujourd'hui l'on ſe ſert des moules de figures, dont les

## CUI

bras, les jambes, les draperies & les ornemens, se trouvent séparés de leur corps ; c'est pourquoi il est de l'Officier de reconnoitre ses morceaux, pour qu'il puisse les attacher à leur corps, avec le même caramel, & mettre la figure bien ensemble, car j'ai vû bien des figures estropiées, par la confusion de plusieurs piéces que l'on prenoit l'une pour l'autre. C'est pourquoi je recommande à ceux qui désirent d'aprendre l'Office, de s'attacher le plus qu'ils pourront au dessein, pour éviter tous ces inconvéniens.

---

## DEC

**D**E'COCTION. On apelle décoction toutes sortes de fruits que l'on fait cuire avec de l'eau, soit pour en tirer le jus, comme pour les gelées, les clarequets & les glaces, soit pour en amolir la chair, pour la rendre en marmelade & la passer au tamis, pour en faire des pâtes, des marmelades, des conserves & des glaces.

DE'COUPOIR, est un utensile d'Office avec quoi on découpe le pastillage, ou des pâtes de fruit ; il y en a de differentes façons, comme pour les pastilles & les fleurs de pastillage : ils sont ordinairement de fer blanc. *Voyez* Fig. Plan. 1. Lett. W.

DE'CORATION, est l'enjolivement des services, par le moyen des figures de caramel & de pastillage, des fleurs artificielles, des fruits crus & secs, & des cristaux que l'Officier met sur son service.

DE'CORER, est de bien draper une figure, de poser une fleur avec goût, & d'orner un fruit de plusieurs choses qui puissent flatter le goût, & recréer la vuë.

DE'CUIRE. On dit décuire un sirop, une confiture qui se candit, ou qui est trop cuite. Cette opération se fait en mettant votre sirop ou confiture, dans une poële, avec un peu d'eau, & lui donnant deux ou trois boüillons.

DE'GRAISSER,

**DE'GRAISSER**, se dit du sucre. Cette opération se fait dans un sucre qui a servi plusieurs fois pour le tirage, & que l'on dégraisse en y jettant un peu d'esprit-de-vin à son premier boüillon.

**DE'POUILLE.** Dépoüiller, se dit d'un moule de plâtre ou de plomb, que l'on léve facilement piéce par piéce, pour en ôter le caramel que l'on y a coulé, ou le pastillage que l'on y a imprimé.

**DESSEIN.** Ce n'est point toujours contenter les Seigneurs, que leur servir de bonnes choses, & des confitures bien faites, (quoique cela fasse l'essentiel;) mais on les voit bien plus témoigner leur contentement, lorsqu'un Officier leur sert un service décoré & orné avec goût; je ne veux point par-là dire qu'il falut faire des dépenses extraordinaires pour donner du brillant à une table; mais je dis qu'un Officier qui sait un peu de dessein, a toujours plus de goût pour dresser, pour monter un fruit, & pour lui donner le coup d'œil, & la grace.

C'est pourquoi il est à propos pour ceux qui désirent d'apprendre l'Office, d'apprendre à dessiner, & même à modeler. J'ai entendu beaucoup de jeunes gens qui disent, que tous les Maîtres n'avoient pas besoin de décoration; c'étoit bien souvent cette raison qui les empêchoient de profiter de leur tems, & de s'apliquer au dessein : je soutiens que le dessein est une chose nécessaire dans l'Office, s'il ne sert pas dans un tems, il sert dans l'autre; il est toujours plus avantageux pour un aprentif de se perfectionner, que de rester ignorant, d'autant plus qu'il ne sait pas où il se pourra trouver. Le dessein ouvre l'imagination, & donne la facilité d'exécuter tout ce que l'on imagine; c'est par le dessein que vous mettez une figure bien ensemble, & que vous lui donnez les graces convenables; c'est par le dessein que vous donnez votre goût à un Fleuriste, de même à un Vitrier pour découper les verres; c'est par le dessein que vous placez une fleur, un gobelet, un verre découpé, un fruit, une confiture avec goût sur votre service; c'est par le dessein que vous pourrez tirer le plan d'une table, prendre vos proportions & vos mesures, pour

K.

montrer à vos Maîtres ce que fera votre fruit avant fon exécution , & connoître quand quelques chofes jurent dans votre décoration : je ne faurois affez exprimer l'utilité du deffein , puifque la magnificence des tables ne provient que delà. *Voyez* TABLE.

DESSE'CHER, c'eft de confumer une décoction, & d'en faire diffiper le liquide fur le feu à tels degrés que l'on voudra , ce qui fert pour les pâtes & les marmelades. Deffécher, fe dit encore de la pâte de maffepains.

DESSERT, fe dit du fruit que l'on fait , & du dernier fervice que l'on fer.

DIABLOTIN. On apelle diablotin , du chocolat que l'on fond , & que l'on met en façon de paftilles bien minces , de la grandeur d'une piéce de vingt-quatre fols.

### *Maniere de les faire.*

Il faut avoir du bon chocolat qui foit frais fait & bien gras , vous en raperez autant qu'il faudra pour la quantité que vous en voudrez faire , vous le mettrez enfuite dans un compotier d'argent , & le ferez fondre fur un réchaud , jufqu'à ce qu'il foit en confiftence de pâte prefque liquide ; vous les drefferez alors de la grandeur que vous voudrez fur du papier, & lorfqu'ils feront dreffés , vous prendrez la feüille de papier par les deux bouts & la fraperez fur une feüille de cuivre pour les faire aplatir ; fi vous jugez à propos de les couvrir de nompareille dans le moment, il ne tiendra qu'à vous, parce que le chocolat étant en pâte prefque liquide fait attacher la nompareille : il faut obferver de n'en dreffer qu'une douzaine à la fois fur un carré de papier, parce que les premiers que l'on dreffe pourroient devenir froids, & ne pourroient plus s'étendre : ils fervent de garniture pour les fruits ; on les fert encore en papillotte. *Voyez* PAPILLOTTE.

**DORMANT.** On apelle dormant, ce qui se met d'abord au commencement, dans le milieu des tables, avec les services de cuisine, & qui reste si l'on veut jusqu'à la fin du repas.

Il y en a de toutes façons ; il y en a qui sont montés sur des jattes qui se trouvent éloignées des unes des autres, parce que l'on en met une, ou trois, ou cinq, ou plus : d'autres sont montés sur des plateaux de bois, que l'on contourne de différentes figures, suivant la figure des tables, ou sur des carrés de glace.

C'est à l'Officier de décorer ses dormants du mieux qu'il pourra, ayant soin d'y mettre des gobelets, pour mettre des bigarades & des citrons. Pour mieux vous éclaircir sur les dormants. *Voyez* Table & Service.

**DRAGE'E.** Il y a des dragées de toutes façons, comme vous verrez ci-après ; la dragée n'est point une chose que l'on fait ordinairement dans les grandes Maisons, puisque l'on en trouve chez tous les Confiseurs ; d'ailleurs, on ne peut en faire peu à la fois, ce qui feroit une grande dépense pour en faire l'assortiment, d'autant plus que pour ce que l'on en use, on ne les pourroit pas toujours consommer : je ne laisse pas cependant que d'en donner la connoissance, & la façon de les faire.

Les Dragées sont lissées ou perlées ; il faut pour les faire, faire deux cuissons de sucre différentes, l'une à lissé & l'autre à perlé, c'est ce qui fait que l'on dit dragée lissée & dragée perlée. Pour ce qui concerne leur travail, il faut avoir une grande poële de cuivre rouge, plate par le fond, avec une anse dans le milieu pour la pouvoir manier, & deux autres aux deux côtés, soutenuës en l'air avec deux cordes à la hauteur de la ceinture, sous laquelle il faut mettre une poële de feu, à quatre doigts du fond de la poële, *Voyez* Fig. Plan. 2. Lett. F. elle sert à faire la grosse dragée & la perlée ; & pour faire la dragée fine lissée, on met la poële sur un tonneau défoncé d'une grandeur proportionée à la poële, avec un feu modéré dessous, *Voyez* la Fig. Planch. 2. Lett. I. K. & qui soit mis d'une manière, qu'il ne soit éloigné de la poële que d'un pied, faisant ensorte de bien boucher les ouvertures, pour que la chaleur ne s'évapore point, & qu'elle se conserve plus long-tems. K ij

# LE CANNAMELISTE

## DRA

## *AMANDES LISSE'ES.*

Prenez des amandes douces & bien entiéres, mettez-les sécher pendant deux jours à l'étuve, nettoyez-les bien en les secoüant dans une serviette ; mettez-les dans la poële branlante avec du feu dessous, les menant un peu de tems pour les bien faire sécher ; faites boüillir de la gomme-arabique avec de l'eau sur le feu, en la tournant jusqu'à ce qu'elle soit fonduë ; ôtez-la du feu & y mettez, suivant la quantité, la moitié de sucre clarifié cuit à lissé, que vous mêlerez ensemble, & en chargez les amandes d'une couche, les remuant jusqu'à ce qu'elles soient séches ; mettez-y ensuite une autre couche de sucre cuit à lissé, sans gomme, & cela alternativement jusqu'à huit à dix couches, ayant soin de les faire sécher à chaque couche ; vous ôterez alors les amandes de la poële, & la laverez ; essuyez-la, & quand elle sera bien séche, vous remettrez les amandes dedans, & les continuërez de sucre jusqu'à ce qu'elles soient assez chargées, les menant sur la fin fortement sans les faire sauter, ce qui les lisse ; vous les mettrez à l'étuve pour les achever de sécher, ensuite dans des coffrets avec du papier, & les garderez dans un lieu sec.

On peut encore les achever de lisser dans la poële sur le tonneau avec la main, en mettant au lieu de sucre, de l'eau de fleur d'orange, & leur donnant seulement deux couches.

## *ANIS DE VERDUN.*

Prenez de bon Anis bien doux, mettez-le sécher à l'étuve pendant deux ou trois jours, ayant soin de le bien frotter sur un tamis pour en ôter la poussiére, faisant ensorte qu'il n'y reste que le grain ; mettez-le dans la poële sur le tonneau avec un feu modéré, chargez-le d'une couche de sucre cuit à lissé, en le remuant continuellement avec les mains pour le faire sécher ; & pour connoître quand il est bien sec, il faut que le sucre paroisse comme de la poudre sur le dos des mains ; continuez-le de même, jusqu'à ce qu'il soit assez gros pour le petit anis, que l'on nomme anis à la Reine ; lorsqu'il sera bien sec, vous le passerez dans un gros tamis fait exprès : celui qui reste dans le tamis sert à en faire du gros, que vous chargerez à la grosseur que vous souhaiterez. Le Fenoüil se fait de même.

## CORIANDRE PERLE'E.

Prenez de la Coriandre nouvelle, nettoyez-la bien de ses ordures, mettez-la sécher à l'étuve comme les autres, mettez-la ensuite dans la poële branlante, & la chargez de sucre gommé, comme les amandes, & ensuite de sucre cuit à perlé, que vous mettrez dans une entonnoire qui se nomme perloir, & dont le goulot soit environ de la grosseur d'une lentille ; il faut le suspendre en l'air au milieu de la poële, ayant soin à chaque couche de la bien faire sécher & de la bien remuer, de peur qu'elle ne s'attache ; il faut bien faire sauter cette dragée dans la poële, afin qu'elle prenne sucre également & qu'elle se perle.

## PISTACHES.

Vous prendrez des Pistaches bien entiéres & bien choisies que vous ferez bien sécher ; mettez-les dans la poële branlante ; échauffez-les bien & les conduisez comme les amandes. Les Avelines se font de même.

## CANELAS.

Prenez de la bonne Canelle, laissez-la de la longeur de deux travers de doigt, & la mettez tremper pendant une heure dans de l'eau boüillante ; n'en mettez guéres tremper à la fois, pour que vous eussiez le tems de la couper ; d'ailleurs elle racornit quand elle est vieille trempée. Pour en retremper servez-vous toujours de la même eau ; coupez-la par petites feüilles, le plus mince qu'il vous sera possible, avec un petit couteau, de la longueur d'un lardon ; mettez-la sécher sur un tamis pendant deux jours ; alors, mettez-la dans la poële branlante, ayez votre perloir préparé, comme pour la Coriandre, avec du sucre cuit à perlé, &

la menez à chaque couche jufqu'à ce qu'elle foit féche ; quand elle
fera à moitié chargée, laiffez-la repofer jufqu'au lendemain avec
un petit feu deffous ; achevez - la enfuite de charger de la groffeur que vous fouhaiterez ; ayez foin de la bien fauter, de peur
qu'elle ne s'attache, & de ne la point mener qu'en la chargeant,
parce qu'elle fe cafferoit.

## ORANGEAT PERLE'.

Prenez des chairs d'Oranges confites & tirées au fec ; coupez-
les par lardons de la groffeur d'une plume, & de la longueur
d'un travers de doigt ; mettez-les fur un tamis fécher à l'étuve
pendant deux ou trois jours ; menez-les à la poële branlante avec
un perloir ; comme pour le canelas, & les achevez de même.

## EPINE-VINETTE.

Prenez les grains des Epines-vinettes dans la faifon, & les faites
fécher pendant quinze jours à l'étuve, vous pourrez les conferver toute l'année ; lorfqu'elles feront féches, vous les mettrez
dans la poële branlante & les chargerez de fucre gommé cuit à
liffé, comme pour les amandes ; menez-les jufqu'à ce qu'elles
foient à moitié chargées ; ôtez-les du feu & les mettez fécher
à l'étuve ; pour les achever vous les menerez au tonneau pour
les bien liffer.

## PASTILLES EN DRAGE'E.

L'on fait des Dragées de Paftilles de plufieurs façons, comme
de girofle, de canelle, de violette, de chocolat, de caffé, de
parfait-amour, de bergamotte, &c. Pour les faire, *Voyez* PASTILLES.
Prenez telles efpèces que vous voudrez, mais bien féches,
mettez-les dans votre poële branlante, comme les amandes ; menez-les jufqu'à ce qu'elles foient chargées à moitié, avec du fucre
cuit à liffé ; ôtez-les & les mettez à l'étuve : vous les menerez
alors fur le tonneau pour les bien liffer.

## DRA DRE DUV

## *NOMPAREILLE.*

Prenez de la graine de celery, faites-la bien fécher à l'étuve, pilez-la & la paſſez par un tamis fin, ou du ſucre paſſé de même ; mettez l'une ou l'autre eſpèce dans la poële, menez-la ſur le tonneau à petites couches de ſucre cuit à liſſé ; chargez-la de la groſſeur que vous voudrez, en la travaillant avec la paume de la main ; ayez ſoin de la bien fécher à l'étuve ; alors, vous pourrez lui donner telle couleur qu'il vous plaira. Servez-vous des couleurs que j'ai marquées pour le paſtillage ; délayez-les bien avec de l'eau, & mettez-y votre couleur, comme ſi vous la chargiez avec du ſucre. Je crois avoir donné une ſuffiſante idée touchant la façon de faire les dragées, c'eſt à ceux qui veulent aprendre à les faire, à ſe donner de la peine, & de donner de la perfection à leur ouvrage par la pratique.

DRAGEOIRE, eſt le nom d'une eſpèce de Sous-coupe, qui eſt faite de cryſtal, ou de verre blanc, ſur laquelle on dreſſe des pyramides de ceriſes & d'autres petits fruits, que l'on met ſur un ſervice, ſur un gobelet de quelle hauteur que l'on veut. Il y en a de toutes grandeurs. *Voyez* Fig. Planche 3. Lett. K.

DRESSER, ſe dit des pyramides de quelle nature qu'elles puiſſent être. Dreſſer, ſe dit des compotes, des pâtes, de la pâte de biſcuits, & de tous les fours en général. Dreſſer, ſe dit auſſi des neiges, des mouſſes, & des glaces, lorſqu'on les met ſur des aſſiétes, ou dans des gobelets.

DUVET, ſe dit des fruits qui en ont, comme les Abricots & les Pêches, &c.

---

## EAU

EAU. On dit Eau de groſeilles, de ceriſes, de fraiſes, de framboiſes, leſquelles font une boiſſon pour ſe rafraichir pendant les chaleurs.

## EAU

*Maniére de les faire.*

Prenez l'une ou l'autre efpèce de ces fruits, nettoyez-les proprement, & les lavez ; mettez-les dans une poële avec de l'eau propre ; faites-les fondre fur le feu, & leur donnez deux ou trois boüillons ; jettez-les fur un tamis, fous lequel fera une terrine, pour recevoir la décoction ; mettez-y du fucre avec modération, & de l'eau, fi vous la trouvez trop forte ; paffez-la par une étamine, & la faites rafraichir. Quand on eft preffé, on écrafe le fruit fur un tamis, fans le mettre fur le feu, mais l'eau n'eft jamais fi claire qu'à la façon précédente.

EAU-DE-VIE, eft une liqueur fpiritueufe, qui eft tirée de toutes fortes de vins, par le moyen de l'alambic. On doit toujours employer la meilleure & la plus fine pour mettre des fruits à l'eau-de-vie.

## ABRICOTS A L'EAU-DE-VIE.

Les Pêches fe travaillent de même que les Abricots, fi ce n'eft qu'on leur ôte la peau, en les faifant un peu blanchir, fi l'on veut. Prenez l'une ou l'autre efpèce, choififfez-les meurs, effuyez-les légérement avec un linge pour leur ôter le duvet ; faites cuire du fucre à la groffe plume ; jettez votre eau-de-vie dedans; faites bien fondre votre fucre, alors tirez-le du feu. Arrangez votre fruit dans un flacon, tant qu'il en pourra tenir ; jettez deffus votre eau-de-vie, & en rempliffez votre flacon. Bouchez alors votre flacon très-foigneufement avec du liége, & un parchemin moüillé par-deffus, lorfque votre eau-de-vie fera froide.

D'autres font cuire leur fucre au gros perlé, jettent dedans leur fruit, & lui donnent deux boüillons. Ils le laiffent ainfi pendant une couple d'heure à l'étuve ; alors, ils l'égoutent, & font recuire leur firop à la plume, & y mettent leur eau-de-vie; ils rangent leur fruit dans un flacon, & achevent de la même maniére que ci-devant. Obfervez qu'il ne faut qu'une demi-livre de fucre par pinte d'eau-de-vie.

*CERISES*

# EAU

## CERISES A L'EAU-DE-VIE.

Prenez de belles cerifes, coupez-leur le bout de la queuë, lavez-les proprement, égoutez-les, & les mettez dans des flacons ; prenez une demi-livre de fucre, fur une pinte d'eau-de-vie, que vous ferez cuire à la groffe plume ; verfez-y votre eau-de-vie, remuez-la pour faire fondre le fucre ; alors empliffez-en vos flacons, bouchez-les de même qu'à la maniére précédente ; vous y pourrez mettre un peu de canelle & de girofle, fuivant votre goût.

Les raifins mufcats fe font de même.

## AUTRES FRUITS A L'EAU-DE-VIE.

Les reines-claudes, les amandes vertes, les rouffelets & les abricots verds, doivent être confits. *Voyez* l'un & l'autre, pour voir la maniére de les confire. Alors vous les égouterez légérement ; mettez deffus votre eau-de-vie, que vous aurez foin de faire tiédir, pour qu'elle fe mêle avec le firop ; prenez une cuillier percée pour les mettre dans vos flacons ; verfez deffus votre eau-de-vie, & les bouchez de même que les autres.

Il eft bon de dire que les fruits qui ont été confits, & que l'on met à l'eau-de-vie, peuvent fe mettre au tirage & au caramel : les autres qui ne le font pas, ne peuvent fe mettre qu'au caramel ; tous les fruits à l'eau-de-vie fervent pour compote avec leur liqueur.

E A U de fleur d'orange. Elle eft tirée de la fleur, dont on a tiré la fubftance & l'odeur, par le moyen de l'alambic ; on ne s'en fert pas fouvent dans l'Office, fi ce n'eft pour faire tremper la gomme adragante, ou pour faire de la conferve à l'Allemande, ou pour mettre dans la pâte, ou firop d'orgeat, & firop de capillaire.

E A U de fucre. Ce n'eft autre chofe que du fucre royal que l'on cuit à caffé ; obfervez qu'auffi-tôt qu'il prend fon boüillon, c'eft d'y mettre deux gouttes de jus de citron ; auffi-tôt qu'il fera cuit, trempez le cul du poëlon dans l'eau fraiche, pour empêcher que la chaleur du cuivre ne le rougisse. Ayez des feüilles de cuivre bien unies & bien huilées avec de l'huile d'amande douce ; attendez que votre sucre soit un peu moins chaud, pour le pouvoir filer ; alors prenez une fourchette, trempez-la dans votre sucre, & le filez sur vos feüilles en façon de nappes d'eau ; levez-le tout-de-suite, pendant qu'il est maniable, & en garnissez avec goût le sujet que vous aurez fait. Ce sucre imite beaucoup l'eau, c'est pourquoi l'on s'en sert pour faire des jets d'eau, & des cascades.

ECORCE. On apelle écorce le dessus de la chair des fruits d'odeur, dans laquelle est renfermée toute l'odeur du fruit.

ECUME, est la partie la plus grossiére, que l'on enléve du sucre & des confitures.

ECUMER, est d'enlever avec une écumoire toutes les écumes du sucre & des confitures. C'est une chose à laquelle on doit faire attention, car bien souvent un peu d'écume sur une confiture, est capable de faire pousser les confitures, lorsqu'elles sont dans les pots.

ECUMOIRE, est un utensile d'Office, avec lequel on écume ; on doit en avoir de cuivre pour les sucres & les confitures, & de fer blanc, pour la crême que l'on met en mousse. *Voyez* sa Fig. Plan. 1. Lett. S.

EGOUTER. On dit égouter un fruit, c'est-à-dire le séparer de son sirop, en le mettant sur une égoutoire, pour que le sirop tombe dans une terrine, ou dans une poële : égouter se dit encore des candys. *Voyez* CANDYS.

EGOUTOIRE, est un utensile d'Office, qui est de cuivre rouge, de la grandeur d'un grand plat, & percé comme une écumoire : on s'en sert pour faire égouter les fruits. *Voyez* Pl. 2. Let. B.

EGRENER, se dit lorsqu'on épluche de la groseille, ou de l'epine-vinette, ou lorsqu'on ôte les pepins à certains fruits, comme au verjus, & aux grateculs.

EMPOTER, c'eſt mettre les confitures dans des pots, après les avoir bien échaudées, & bien ſéchées à l'étuve.

EPINAR, eſt une plante qui croît dans les potagers, dont les feüilles ſont larges, découpées, tendres, molles, d'un verd obſcur, ſucculentes, & attachées à de longues queuës. On ne s'en ſert que pour faire de la couleur verte, comme pour teindre des amandes de couleur de piſtaches, ou des conſerves & des pâtes.

### Maniére de préparer ce verd.

Prenez des épinars bien épluchés & bien lavés ; pilez-les bien dans un mortier, exprimez-en bien le jus par une étamine ; prenez ce jus, mettez-le dans une poële, & lui donnez deux boüillons, vous verrez auſſi-tôt le verd ſe ſéparer de l'eau ; jettez le tout ſur un tamis, & vous ſervez du verd pour colorer ce qui eſt marqué ci-deſſus.

EPINE-VINETTE, eſt un fruit qui croît ſur un arbriſſeau épineux, duquel l'écorce eſt mince, liſſe ; ſon bois eſt jaune ; ſes feüilles ſont petites, oblongues, vertes, crenelées en leur bord, & un peu rudes, d'un goût acide ; ſes fleurs ſont diſpoſées en grapes, & compoſées chacune de pluſieurs petites feüilles jaunes, rangées en roſe ; quand elles ſont tombées, il leur ſuccede ce fruit, qui eſt petit, oval, tendre, rempli de ſuc, prenant, à meſure qu'il meurit, une belle couleur rouge, d'un goût acide, mais agréable ; cet arbriſ-ſeau croît dans les lieux incultes, & dans les buiſſons. (a) On s'en ſert de differentes maniéres, pour confire au liquide, comme vous ver-rez ci-après : pour faire des pâtes, des candys, des conſerves & des jus. *Voyez* l'un & l'autre.

### Maniére de la confire.

Prenez de l'épine-vinette groſſe & meure, & de la plus rouge ; ôtez les branches de deſſus le bois, & les égrenez proprement, ou les laiſſez en branche. Faites cuire du ſucre clarifié à la plume ; jettez

(a) M. Pit. Tournefort.

votre fruit dedans, & lui donnez cinq ou six boüillons ; écumez-le bien, & le laissez ainsi reposer jusqu'au lendemain. Egoutez-le alors, & faites cuire votre sirop à perlé ; glissez-y votre fruit, & lui donnez deux boüillons couverts; écumez-le bien, & le mettez dans des pots.

**E P I C E.** Les épices que l'on emploïe dans l'Office, sont la canelle, le girofle, la muscade, & la fleur de muscade. *Voyez* l'un & l'autre.

**E P L U C H E R,** se dit des fleurs, des herbes, des petits fruits, où il se rencontre très-souvent d'autres choses parmi; car on dit communément égrener de la groseille, de l'épine-vinette, ôter le noyau, les taches, le pourri d'un fruit.

**E S P R I T - D E - V I N.** L'esprit-de-vin est tiré de l'eau-de-vie, comme l'eau-de-vie est tirée du vin. Il sert à dégraisser un sucre de tirage qui aura déja servi plusieurs fois, ou dans lequel on aura mis des fruits sans les avoir bien lavés. Quelques-uns en mettent un peu dans le sucre que l'on a cuit pour le candy ; il sert pour rendre les glaces, ou carré de glaces, bien claires, lorsqu'on en met un peu sur la glace, après l'avoir nettoyée, & qu'on l'essuye proprement avec une serviette : on en met encore dans le vernis pour le pastillage. *Voyez* V E R N I S.

**E S S E N C E,** c'est la partie la plus subtile qui se tire des substances dont on fait des extraits. Les essences sont tirées des fleurs, des fruits & des aromates ; les essences que l'on emploïe dans l'Office, sont celles de cédrac, de bergamotte, d'orange, de citron, de lime-douce, de canelle, de girofle & d'ambre.

**E S T R A G O N,** est une plante qu'on cultive dans les jardins potagers, qui pousse plusieurs tiges ou verges, à la hauteur de trois pieds, dure, un peu anguleuse, rameuse, portant beaucoup de feüilles longues, & étroites, comme celles du lin, odorantes, de couleur verte-obscure, luisante, d'un goût acre, aromatique, & accompagnée de certaines douceurs agréables; elle sert de fourniture dans les salades, mais il faut la choisir jeune & tendre.

ETAMINE, eſt une étoffe de poil de chevre, que l'on coupe de différente grandeur, & qui ſert à paſſer des ſirops, des eaux, & tout ce qui eſt liquide.

ETUVE, eſt une armoire, ou un cabinet muré, garni de barreaux de diſtance en diſtance, pour que la chaleur du feu que l'on met dans une poële, puiſſe pénétrer par-tout ; on augmente ou on diminue le feu, ſelon le beſoin ; dans un Office réglé, l'étuve doit être continuellement chaude, pour conſerver ce qui doit être ſec, & que l'humidité ne l'amoliſſe point.

Etuve, eſt encore un terme d'Office. On dit, cet Officier fait bien l'étuve, pour dire qu'il fait bien les pâtes, les clarequets, les candys, & qu'il tire bien à l'étuve toutes ſortes de fruits.

EXPRIMER, c'eſt preſſer un fruit, pour en faire ſortir le ſuc.

EXTRAIRE, eſt de paſſer une décoction, ou un jus par une étamine, & d'en ſéparer le clair, d'avec ce qui ne l'eſt pas.

FAR FEN

FARINE. La farine eſt une choſe très-eſſentielle, pour pouvoir réuſſir dans l'employ que l'on en veut faire ; c'eſt pourquoi il faut toujours choiſir la farine de froment, paſſée par un bluteau fin, laquelle s'apelle pure farine ; il ſera toujours bon de la faire ſécher ſept à huit heures à l'étuve, avant que de l'employer, & de la paſſer toujours par un tamis en l'employant.

On ſe ſert encore de farine de ris ; pour la faire, on pile bien le ris, après l'avoir fait ſécher à l'étuve, & on le paſſe au tambour ; on en mêle un peu dans la pâte de paſtillage pour faire des figures, parce que cette farine étant ainſi mêlée avec le ſucre, lui donne plus de corps, & le rend très-dur.

FENDRE, ou ſe fendre, terme apliqué au fruit ; il ſe dit des pêches, des prunes, &c. quand elles quittent bien leurs noyaux ; la pêche se fend , & le pavie ne se fend point ; plusieurs prunes en font de même.

FENOUIL. Le fenoüil croît sur une plante , qui pousse une tige à la hauteur de quatre ou cinq pieds, droite, canelée, de couleur verte-brune , remplie d'une moëlle fongeuse , rameuse ; ses feüilles sont d'un verd - obscur, d'une odeur agréable , d'un goût doux & aromatique ; ses sommités soutiennent des ombelles , ou bouquets larges, jaunâtres, odorans , sur lesquels sont des fleurs, ordinairement à cinq feüilles , disposées en rose à l'extrémité du calice. Lorsque cette fleur est passée , le calice devient un fruit à deux graines oblongues , arrondies , canelées sur le dos, aplaties de l'autre côté , blanchâtres , & d'un goût très-doux , aromatique, & très-agréable. On cultive le fenoüil aux lieux secs & chauds , à cause de sa semence : le meilleur vient du Languedoc.

Lorsque le fenoüil est verd , on le met en branche au candy, & la semence en dragée. *Voyez* l'un & l'autre.

FER. Il y a differens fers dans les Offices, qui servent pour plusieurs choses , comme les differens fers à gaufres, & les fers à découper du papier. *Voyez* leurs Fig. Pl. 2. Let. T. & Pl. 1. Let. P. R.

FERMENTATION, est un mouvement intérieur causé par des esprits qui cherchent passage pour sortir de quelques corps, & rencontrent des parties terrestres & grossiéres qui s'oposent à leur passage ; ils font gonfler & raréfier la matiére , jusqu'à ce qu'ils en soient détachés.

On fait fermenter la groseille, les framboises, les cerises, le jus de limon & les épine-vinettes : pour en faire des sirops. *Voyez* SIROP.

FEUILLE. Ce mot est apliqué à un cuivre aplati de bonne épaisseur , en forme de feüilles de papier ; on s'en sert à differens usages ; elles doivent être toujours très-unies & très-propres.

FANER, se dit des fleurs & des fruits qui se séchent & se flétrissent.

F I G U E , eſt un fruit qui vient ſur un arbre de médiocre grandeur , dont la tige n'eſt pas droite ; ſon écorce eſt unie , mais un
peu rude , de couleur cendrée ; ſon bois eſt fongueux, moëlleux, &
blanc en dedans ; ſa feüille eſt grande , large , épaiſſe , découpée en
cinq parties ou angles , reſſemblante à celle du meurier , mais plus
grande , plus dure , plus rude & plus noirâtre ; attachée par une
queuë qui jette une liqueur laiteuſe quand on la rompt.

Vous pouvez les confire lorſquelles ſont encore vertes, & de-là,
les tirer à l'étuve , ou au tirage. *Voyez* l'un & l'autre.

## *Maniére de les confire.*

Prenez des figues à demi meures ; piquez-les du côté de la queuë ;
blanchiſſez-les, juſqu'à ce qu'elles ſoient un peu molles ; laiſſez-les
ainſi à demi réfroidir , & les jettez enſuite dans de l'eau fraiche ;
mettez-les égouter ; faites cuire du ſucre clarifié à perlé ; mettez-y
votre fruit , & lui donnez trois ou quatre boüillons couverts ; ôtez-
le de deſſus le feu , & l'écumez bien ; mettez-le dans une terrine
pour lui faire paſſer la nuit à l'étuve ; le lendemain égoutez le ſirop ,
ſans ſortir le fruit de la terrine , & lui faites prendre dix à douze
boüillons ; rejettez-le ſur vos fruits, lorſqu'il ſera tiéde ; le lendemain faites la même choſe, & les laiſſez encore ; alors vous égouterez vos fruits , & cuirez votre ſirop à gros perlé ; mettez-y vos
fruits , & leur donnez un boüillon couvert ; écumez-les & les mettez dans des pots.

## *Maniére de connoître la maturité des Figues.*

Comme il eſt important de les bien prendre dans leur tems ,
attendu qu'elles n'ont qu'un jour ou deux , parce qu'elles dépériſſent ;
c'eſt pourquoi on juge de la parfaite maturité d'une figue, à la voir
& à la toucher ; (a) ſi après les avoir vû d'une bélle couleur jaunâtre , ou autre qui apartient à ſon eſpèce , d'une peau ridée , & un peu
déchirée ; d'une tête panchée , & d'un corps tout rapetiſſé , on la

(a) La Quint. Tom. 2. Part. V. pag. 18.

trouve moëlleufe au toucher , & qu'elle vienne à quitter l'arbre,
pour peu qu'on la fouleve , ou qu'on l'abaiffe , on peut alors la
cuëillir hardiment ; comme ce fruit perdroit beaucoup de fon agrément, s'il venoit à fe défleurir, on doit avoir foin de le mettre-dans
un panier garni de feuilles de vigne , & les placer chacune féparé-
ment, fans qu'elles fe preffent , ou qu'elles foient les unes fur les
autres ; ne les mettez point fur l'œil , parce que c'eft par-là que leur
fuc s'écoule.

On les fert pour hors d'œuvre , en fendant un peu le bout de la
queuë en quatre , & les arrangeant proprement fur des affietes avec
des feüilles de vigne.

FIGURES. Maniére de les faire en caramel, & en paftillage.
*Voyez* Cuisson a caramel & Pastillage.

Figure fe dit de tout ce que l'on tire dans des moules de
plomb , ou de plâtre, pour en avoir la repréfentation.

FILTRER, c'eft paffer une liqueur par un papier gris, que
l'on met dans un entonnoir fur fur une bouteille. *Voyez* Plan. 2. Let. E.

FLEUR, eft la production de la plante, qui fe fait remarquer
par fon odeur, & par la diverfité de fes couleurs ; il n'y a prefque
point de plantes qui n'ayent des fleurs.

Les fleurs que l'on emploïe dans l'Office, font la fleur d'orange,
la violette, l'œillet , le jafmin & la rofe. On en fait des pralinées &
grillées, au liquide, en conferve, au candy , en firop, en gâteau &
en marmelade. *Voyez* chaque mot féparement, vous y trouverez la
maniére de les préparer , & la façon de les faire.

FLEURS-ARTIFICIELLES. Ce font des fleurs compo-
fées, qui imitent le naturel , qui font faites de coque de foïe, de velin
& de papier , & dont les tiges & les branches font de fil-de-fer ; elles
fervent pour garnir les fervices.

Le mot de fleur-artificielle , comprend les fleurs à tige, les guir-
landes , les verdures , les arbres, les ifs , les bouquets, les feüilles
détachées, qui fervent dans plufieurs décorations, &c.

C'eft

C'est de ces fleurs que l'on doit avoir un grand soin, attendu qu'elles coûtent beaucoup, & qu'elles périssent facilement ; il faut donc, pour cet effet, les garder toujours dans un endroit sec, (*) dans des coffrets, ou boëtes bien couverts, où vous rangerez vos fleurs chacune avec celles de son espèce, & mettrez du papier entre deux.

Quand on veut s'en servir, il faut toujours leur donner de la grace, en ajustant les feüilles pour imiter la nature de la fleur, le plus qu'il vous sera possible ; vous les attacherez avec de la cire verte. *Voyez* CIRE D'OFFICE.

On peut, dans la saison, se servir de fleurs naturelles, en mettant la tige de la fleur dans un gobichon, qui sera rempli d'eau, pour maintenir la fleur toujours fraiche.

FLEURS de pastillage. *Voyez* PASTILLAGE.

FLEUR, est attribuée au fruit. C'est une certaine petite blancheur, une certaine fraicheur que les fruits ont sur les arbres, avant que d'être maniés ou fanés, comme les prunes, les raisins, &c.

FONDRE, se dit du sucre, ou des fruits à jus. On dit fondre de la groseille, des framboises, des fraises & des épines-vinettes, ce qui se fait en mettant de l'eau avec, & leur donnant trois ou quatre boüillons.

FOUETTER, se dit du blanc d'œuf, & de la crême que l'on met en neige, ou en mousse, à force de les foüetter ; on les foüette ordinairement avec un petit balet d'ozier.

FOULER, se dit des groseilles, des framboises, des cerises, des fraises & des épines-vinettes, que l'on écrase dans une terrine, pour en avoir le jus, ou pour les faire fermenter.

(*) Les fleurs artificielles ont beaucoup de cole & de gomme-arabique, & sont conséquemment fort sujettes à se gâter à l'humidité, parce que l'une ou l'autre s'y dissouë, & pour-lors la fleur est obligée de périr ; observez de ne les point mettre à la fumée, ni à la poussiére.

FOUR, se dit de tout ce qui est cuit au four, comme biscuits de toute espèce, macarons, pains-d'epices, meraingues, massepains & tourons ; on dit faire une assiete de four, c'est garnir une assiete de biscuits, ou de four mêlé, avec un papier découpé dessous ; on dit faire bien le four, c'est de bien faire toutes les espèces.

FOUR, c'est dans quoi l'on fait cuire ce que l'on veut y mettre ; il y en a de deux façons dont on se sert, qui sont le four muré, & le four de campagne, ce dernier est fait de tole de fer, ou de cuivre rouge. *Voyez* Plan. 2. Let. C. L'un & l'autre servent à la même chose, mais le four-muré est toujours le meilleur ; pour se servir avec succès du four muré, c'est de le bien échauffer également, le nettoyer, & de-là, attendre que la chaleur soit au point que vous la désirez ; tenez-le bouché, pour qu'il perde sa chaleur également.

Le four de campagne s'échauffe en mettant du feu dessus & dessous également, à la quantité qu'il en faut pour cuire ce que vous avez dedans ; observez de ne le point saisir tout-de-suite à force de feu, parce que ce four, comme étant fait de tole de fer, ou de cuivre rouge, est sujet à rougir, & par-là, vous seriez en risque de perdre tout ce que vous auriez dedans.

FOURNEAU. Tout le monde sait ce que c'est qu'un fourneau pour cuire les confitures ; c'est pourquoi il est inutile d'en faire l'explication. On dit communément travailler au fourneau, c'est faire les confitures ; l'on dit : cet homme est bon pour le fourneau, c'est-à-dire qu'il est habile dans le genre des confitures.

FOURNITURE, se dit des herbes, ou plantes que l'on emploie pour garnir les salades, comme le cerfeüil, l'estragon, le baume, ou mente domestique, la pimpinelle, la corne-de-cerf, la cive, le cresson alenois & la trique-madame : pour les connoître, *Voyez* leur description. On fait des salades de fourniture seulement, que l'on apelle salade à la Vendome. *Voyez* SALADE.

FRAISE, est un fruit oval plein de suc, ayant à-peu-près la

figure d'une mure de Renard, de couleur verte au commencement, puis blanche, & enfin rouge, quand il eft meure ; d'une odeur agréable, & d'un goût vineux, doux & délicieux ; il y a des fraifes qui font blanches. Elle croît fur une plante, qui poufle de fa racine plufieurs pédicules, ou queuës menuës, longues, veluës, portant les unes, chacune trois feüilles, les autres des fleurs ; de plus, elle jette certains fibres, ou filamens qui ferpentent à terre, qui y prennent racine en plufieurs endroits, & qui multiplient leur efpèce ; fes feüilles font oblongues, moyennement larges, dentelées, crenelées tout-au-tour ; on les fert cruës, lorfqu'on les a bien épluchées & lavées ; en compotes, en neiges & fruits glacés, en conferve ; on en fait du blanchiffage. *Voyez* l'un & l'autre : on en fait encore de la boiffon. *Voyez* EAU.

FRAMBOISE, eft un fruit plus gros que la fraife, rond, un peu velu, compofé de plufieurs bayes entaffées, & jointes les unes aux autres, de couleur ordinairement rouge ; car il y en a des blanches, d'une odeur réjoüiffante, fort agréable, pleines d'un fuc doux & vineux, renfermant chacune une femence. Ce fruit naît fur une efpèce de ronce, apellée framboifier, qui eft un arbriffeau qui croît jufqu'à la hauteur d'un homme ; fes branches font tendres, vertes, moëlleufes, garnies de petites épines qui ne font guères piquantes ; fes feüilles font femblables à celles de la ronce ordinaire, mais plus tendres, plus molles, vertes-brunes en-deffus, blanchâtres en-deffous ; on cultive cet arbriffeau dans les jardins ; on les fert cruës comme les fraifes ; on en fait des pâtes, des conferves, de la boiffon, des neiges & du firop. *Voyez* l'un & l'autre.

### *Manière de les confire.*

Prenez cinq à fix livres de framboifes, groffes & vermeilles ; épluchez-les bien, & faites cuire fept à huit livres de fucre clarifié, que vous ferez cuire à la groffe plume ; mettez vos framboifes dedans, & dès que vous verrez que votre fucre commencera à boüillir, ôtez-les du feu, & les laiffez ainfi repofer une demi - heure, pour qu'elles jettent leur jus ; alors, faites-les frémir un moment fur le feu, & les

mettez dans une terrine à l'étuve pendant une journée ; alors, vous
les égouterez, & les acheverez, en faisant cuire votre sirop à gros
perlé ; mettez-y votre fruit ; donnez-lui un bouillon couvert ; écumez-le & l'empotez ; vous pouvez ajouter un peu de jus de cerise
à votre sirop.

**FREMIR**, se dit lorsque l'on met du fruit avec son sirop sur
le feu, & qu'on l'échauffe doucement ; pour qu'un sirop frémisse,
il ne faut point qu'il boüille.

**FROMAGE.** Le fromage est fait avec du lait, qu'on fait
coaguler ou cailler ; ce n'est point à l'Officier de faire les fromages,
mais il est de son devoir de les servir, & de les entretenir le plus proprement qu'il lui sera possible ; il n'y a presque point de Païs ni de
Province qui n'aient chacun leur méthode pour faire des fromages,
c'est ce qui fait que l'on en distingue de tant de façons ; chaque Païs
a ses cantons renommés. L'Angleterre estime les fromages de Chester ;
le Hainaut vante ceux de Marolle ; la Picardie ceux de Guise ; la
Normandie ceux de Neuchatel ; le Dauphiné celui de Sassenage ;
la Suisse celui de Guiere ; le Languedoc le fromage de Rocfort ;
enfin le Milanois envoïe par-tout le fromage de Lodi, que nous
nommons Parmesan, parce qu'une Princesse de Parme l'a, dit-on,
fait connoître en France, où il soutient toujours sa réputation.

### *Maniére d'affiner les fromages.*

Lorsqu'on juge qu'ils sont trop secs, on les enferme dans un endroit où les animaux qui leur sont nuisibles, ne peuvent point aprocher, on les trempe dans une eau salée, & on les envelope dans
des feüilles d'orme ou d'ortie ; mettez-les dans quelques vaisseaux,
pour qu'ils puissent se communiquer leur humidité.

**FROMAGES GLACE'S**, sont faits de crême douce ; on
leur donne différens goûts, & différentes figures, comme vous
verrez ci-après.

## Maniére de préparer la crême pour les fromages.

Prenez sur trois pintes de crême vingt-quatre œufs frais ; séparez les blancs d'avec les jaunes ; passez vos jaunes à travers d'une étamine dans une poële ; délayez votre crême avec vos jaunes ; ensuite mettez-la cuire sur un petit feu, sans cesser de la remuer avec une spatule, jusqu'à ce que vous voyiez qu'elle veüille boüillir ; retirez-la du feu, & la passez tout-de-suite par un tamis, sous lequel sera une terrine pour recevoir votre crême.

Il est bon d'observer qu'en Eté, la crême est sujette à se tourner, c'est pourquoi il faut faire cuire votre crême à part, & alors, la délayez avec vos jaunes d'œufs ; du moins si la crême tourne, vous ne perdrez point les œufs.

Cette crême sert pour faire les fromages glacés, de pistaches, de chocolat, de caffé, de canelle, de girofle, de vanille, de safran à l'Italienne, &c.

FROMAGE de pistaches. Prenez une livre de pistaches ; après les avoir bien mondées, vous les pilerez avec deux quartiers de cedra confi, & les moüillerez avec un peu de crême pure, pour les empêcher de tourner en huile ; lorsqu'elles seront bien pilées, passez-les par un tamis avec une spatule ; prenez alors deux pintes de cette crême préparée, lorsqu'elle sera un peu froide, & délayez vos pistaches avec ; mettez-y du sucre en poudre à votre goût, & repassez le tout par un tamis ; mettez votre crême dans une sarbotiére à la glace, & la faites prendre en neige ; lorsqu'elle sera ainsi, ayez un moule de fromage de telle figure qu'il vous plaira, que vous aurez bien serré de glace ; vous y mettrez votre crême, déja prise en neige, proprement avec une cuillier ; couvrez-le avec le couvercle du moule, & le laissez ainsi au moins une heure avant que de le lever. Pour le sortir du moule, *Voyez* FRUITS GLACE'S, vous y trouverez la maniére qui est générale pour tous les fromages glacés, fruits glacés, & autres choses en glace.

FROMAGE de chocolat. Prenez une demi-livre de bon chocolat, que vous ferez fondre dans fort peu d'eau ; lorsqu'il sera fondu, prenez une pinte de cette crême préparée, avec quoi vous délayerez votre chocolat ; mettez-y du fucre à votre goût ; paffez le tout par un tamis, & le finiffez comme celui de piftaches.

FROMAGE de caffé. Prenez un quarteron de bon caffé bien torréfié, & bien moulu ; faites-en de fort caffé, c'eft-à-dire mettez-y la moitié de l'eau qu'il faudroit pour le mettre en boiffon ; laiffez-le repofer fur des cendres chaudes ; tirez-le au clair, & le mêlez avec une pinte de cette crême préparée ; ajoutez-y du fucre en poudre à votre goût ; paffez le tout par un tamis, & le finiffez comme les autres fromages.

FROMAGES de canelle, de girofle, de vanille & de fafran. Prenez l'une ou l'autre de ces efpèces ; pilez-la bien ; mettez-la dans un pot de fayance ; prenez de l'eau boüillante, que vous jetterez deffus en petite quantité ; remuez le tout enfemble ; bouchez le pot foigneufement, & laiffez-la infufer du jour au lendemain à l'étuve ; lorfque cela eft bien repofé, vous prendrez deux pintes de cette crême préparée, dans laquelle vous mettrez du fucre en poudre à votre goût ; vous y mettrez alors de votre infufion, jufqu'à ce que vous lui trouviez affez de goût ; paffez le tout par un tamis, & le finiffez de même que les autres.

FROMAGE à l'Italienne. Prenez de la marmelade de cédra, ou de fleur d'orange ; délayez-la avec une pinte de cette crême préparée ; ajoutez-y du fucre en poudre à votre goût ; paffez le tout par un tamis, & finiffez votre fromage de même que les autres.

FROMAGE de Parmefan. Prenez de la coriandre, un peu de canelle & de girofle, que vous mettrez dans trois chopines de crême fraiche ; ajoutez-y une demi-livre de fromage rapé ; faites cuire le tout fur le feu, jufqu'à ce qu'il foit prêt de boüillir, en le remuant toujours ; paffez-le par un tamis ; mettez-y du fucre en poudre ; faites-le prendre en neige ; lorfqu'il le fera, mêlez-y un quarteron de fromage de Parmefan, qui fera bien rapé ; mettez-le alors dans un moule qui ait la figure d'un quartier de fromage de

Parmefan. *Voyez* Fig. Plan. 6. Fig. 2. Finiffez-le comme les autres ; lorfqu'il fera levé, vous lui donnerez la couleur de fa croute avec du fucre brûlé. *Voyez* Couleur.

FROMAGE à la Gentilly. Prenez deux pintes de crême fraiche, & bien douce ; paffez-la par un tamis dans une terrine ; mettez-y du fucre en poudre à votre goût, avec quelques zeftes de cédra, ou fucre de fleur d'orange, ou autre chofe, fuivant le goût que vous lui voudrez donner ; laiffez-la repofer environ une heure au frais, pour que ce que vous y aurez mis puiffe y donner du goût ; paffez le tout par un tamis fur une autre terrine ; ayez encore une autre terrine, fur laquelle vous mettrez un tamis qui foit fec ; vous commencerez alors à foüetter votre crême en mouffe, & fait-à-mefure que vous la verrez mouffer, enlevez-en la mouffe avec une écumoire de fer-blanc, & la mettez fur votre tamis, pour qu'elle s'égoute ; continuez ainfi, jufqu'à ce que vous en euffiez affez pour remplir votre moule. *Voyez* Fig. Planche 6. Fig. 1. Mettez enfuite votre moule à la glace, & le ferrez bien de glace.

Empliffez votre moule de cette mouffe, & la laiffez prendre pendant deux heures ; vous le leverez comme les autres fromages. Il faut obferver éxactement la méthode d'égouter votre mouffe fur un tamis, car il eft certain qu'en levant la mouffe, vous enlevez auffi de la crême qui n'eft point foüettée, & que fi vous la mettiez tout-de-fuite dans vos moules, il s'y formeroit des glaçons, ce qui deviendroit fort desagréable.

FROMAGE à la Genoife. Le fromage à la Genoife ne differe de celui à la Gentilly que par le travail ; c'eft pourquoi après avoir préparé votre crême, comme pour celui à la Gentilly, vous commencerez à foüetter votre crême de la façon comme il faut faire pour foüetter des blancs d'œufs ; lorfque vous verrez que votre crême fera prête à devenir en beure, jettez la fur un tamis, & de ce qui reftera fur le tamis, empliffez-en un moule, ou des petits moules : au refte, gouvernez-le comme les autres.

On doit fervir les fromages dans des compotiers profonds, ou dans des jattes creufes de porcelaine, ou dans des faladiers d'argent.

Pour mieux vous inſtruire ſur les explications des termes, de lever un fromage, un fruit glacé, *Voyez* mettre à la glace, ſerrer de glace, travailler une glace, *Voyez* chaque mot ſéparément.

FRUIT. C'eſt la production que fait un arbre, ou une plante: on diſtingue ordinairement les fruits, en fruit à noyau, & fruit à pepin; en fruit rouge, en fruit d'Eté, en fruit d'Automne, & en fruit d'Hyver; les fruits à noyau ſont les prunes, les ceriſes, les pêches & les abricots; les fruits à pepins ſont les fraiſes, les framboiſes & les groſeilles; les fruits d'Eté ſont ceux qui viennent, & qu'on mange en Eté; les fruits d'Automne ſont ceux qui viennent en Automne; les fruits d'Hyver, ſont ceux qui viennent en Automne, mais qu'on ne mange qu'en Hyver.

Ceux qui ſont bons à manger étant crus, ſe ſervent crus dans la garniture de votre fruit ſur des gobelets & drageoires; les autres ſe mettent en compote, ou on les fait cuire, ou confire.

### *Moyen de conſerver les fruits à noyau.*

Ayez un pot de terre, & l'empliſſez moitié de miel, & moitié eau commune, que vous aurez bien battu enſemble auparavant; vous y meetrez vos fruits tous frais cuëillis, & vous couvrirez bien le pot; lorſque vous les tirerez du pot, lavez-les dans l'eau fraiche.

FRUIT d'odeur. Les fruits d'odeur ſont des fruits qui nous viennent d'Italie & de Provence, comme le cédra, la bergamotte, l'orange, la bigarrade, le citron, le limon, la limette, la lime-doucé, la Chinoiſe, le poncire & la mellaroſe. *Voyez* chaque eſpèce en particulier, vous trouverez leur deſcription, & la maniére de les confire.

FRUIT à l'eau-de-vie. *Voyez* EAU-DE-VIE.

FRUIT. On apelle fruit ce qui comprend tout le ſervice d'un deſſert.

FRUIT aqueux, ſe dit d'un fruit qui ne ſent que l'eau,

FRUIT

## F R U

F R U I T paſſé, ſe dit d'une poire qui devient blette, ou d'un fruit qui a perdu ſon goût & ſon odeur.

F R U I T glacé. Les fruits glacés, & autres choſes qui imitent leur nature, ſont un ouvrage aſſez difficile, & auquel il faut faire beaucoup d'attention pour réuſſir ; c'eſt pourquoi j'ai fait mon poſſible pour donner la méthode de les faire le plus facilement que j'ai pû m'imaginer.

Premiérement pour les faire, il faut avoir les moules faits de la façon comme je le marque à l'article des moules, *Voyez* Plan. 6. & de ſuivre éxactement ce que j'enſeigne ci-après.

Ce n'eſt point que par-là je veüille rencherir ſur M. Boulogne, qui a été le premier à qui nous en devons les principes ; d'autres (*a*) ont depuis fait leur poſſible pour pouſſer le travail des glaces au dégré de perfection, où ils ont parfaitement réuſſi ; je me ferai toujours gloire de les citer, & d'avoir été ſous leurs aîles, puiſque c'eſt à eux que j'ai l'obligation de ſçavoir les faire, comme j'en donne la méthode.

Les fruits glacés, &c. ſont faits avec des liqueurs préparées, que l'on met en neige ; j'enſeigne la façon de compoſer la liqueur pour chaque fruit, &c. *Voyez* N E I G E S. Pour réuſſir, conſultez tous ces mots ſéparément : mettre à la glace, faire prendre une glace, ſerrer de glace, & travailler une glace.

Lorſque toutes les liqueurs dont vous voulez faire des fruits, &c. ſeront en neige, ayez de la glace bien pilée en abondance, & la mêlez avec du ſel, fait-à-meſure que vous l'employez ; ayez pluſieurs baquets, d'une certaine grandeur, qui puiſſent contenir une vingtaine de moules, avec la glace qu'il faut aux moules, ſupoſé qu'il falut que vous en faſſiez beaucoup, afin que vous puiſſiez avoir plus de facilité de lever de ſuite tous ceux de la même eſpèce, & par-là les pouvoir colorer, & les mettre enſemble dans votre cave, pour les avoir plus vite à la main, lorſqu'il s'agit de les dreſſer.

Alors, eſſuyez bien le couvercle de votre ſarbotiere avec une ſerviette, de peur qu'il ne s'y trouve du ſel ; travaillez bien votre neige avec la houlette ; alors, mettez-la dans votre moule à fruit,

_____

(*a*) Meſſieurs Cecile & Travers.

N

& y mettez une branche en forme de queuë, si le fruit en a une, pour lui donner plus de grace ; fermez - le tout-de-suite, les feüilles de la branche en dehors du moule ; envelopez - le de papier ; mettez - le dans le baquet dans lequel vous aurez mis un lit de glace pilée, mêlée avec du sel, & fait-à-mesure que vous y mettrez un moule, ferrez-le de glace & continuez de même.

Il y a de certains fruits ausquels on met des branches en forme de queuës, comme j'ai déja dit, & des noyaux suivant leur nature. Les branches dont on se sert, sont les branches d'orangers, comme étant les plus liantes, & les plus en état de soutenir la fraicheur ; vous formerez donc vos branches de la même maniére que je montre la Figure. Plan. 7. Let. I.

Les noyaux dont on se sert, sont ceux des mêmes fruits que l'on veut faire, après les avoir lavé très-soigneusement à l'eau boüillante.

### Maniére de les lever, & de les colorer.

Il faut avant que de les lever, que vos fruits restent au moins une heure dans la glace, c'est-à-dire, mis de la façon que je l'ai enseigné ci - dessus. Ayez votre cave bien mise à la glace, & garnie de feüilles de vignes en dedans, ou de papier, si c'est en Hyver ; alors, sortez vos moules les uns après les autres de votre baquet ; trempez-les dans de l'eau tiéde, (a) & aussi-tôt dans de l'eau fraiche ; dépoüillez-le de son papier ; retrempez - le dans de l'eau fraiche pour en ôter bien le sel ; ouvrez le moule, & en sortez le fruit ; donnez-lui tout-de-suite la couleur qui lui convient : pour connoître les couleurs, *Voyez* COULEUR (pour les fruits glacés,) & le mettez dans votre cave, pour le conserver jusqu'au moment de son service ; (b) alors vous le dresserez sur des assiétes, ou sur des gobelets qui seront colés sru des jattes suivant votre goût : les fromages glacés se lévent de même.

J'ai enseigné ci-dessus la maniére de travailler les fruits glacés, &c. & de les finir ; mais l'essentiel est d'en bien faire les liqueurs, ce que

(a) On doit toujours tremper le moule avec son papier, parce que la chaleur de l'eau détache le papier d'avec les feüilles de la branche que l'on y a mis, & qui sont toujours gelées ensemble, quand on les sort de la glace, & que si l'on ne faisoit point cela, l'on arracheroit les feüilles de la branche, ce qui ôteroit la beauté de votre fruit glacé.

(b) Lorsque les fruits sont dans la cave, ils prennent le velouté.

vous trouverez, comme j'ai déja dit, à l'article neige. J'ai pareillement enseigné la connoissance de tous les fruits, pour en prendre le goût & les couleurs. Il ne reste plus que d'en avoir les moules ; vous pourrez donc, ayant les neiges & les moules de tous ces fruits, faire. *Voyez* Plan. 6.

| | | |
|---|---|---|
| Cédras | Fig. 19. | Ananas. |
| Pommes | 8. | Bergamottes. |
| Pêches | 23. | Prunes. |
| Poires | 12. | Abricots. |
| Fraises | 24. | Framboises. |
| Amandes vertes | 11. | Cerises. |
| Marrons | 13. | Avelines. |
| Cornichons | 10. | Noix. |
| Biscuits à la cuillier | 15. | Artichaux. |
| Citrons. | | Raves. |
| Citrons de Madere. | | Biscuits d'amandes amères. |
| Oranges. | | Echaudés. |

Il y a certains fruits, & autres choses, dont on veut représenter la figure en glace, comme          *Voyez* Plan. 6.

| | | |
|---|---|---|
| Grenades | Fig. 26. | Langues fourées — 22. |
| Melons | 5. | Truffes — 16. |
| Ecrevisses | 18. | Cardons d'Espagne. |
| Hure de Saumon | 7. | Marbrées. |
| Hure de Sanglier | 6. | Galantines. |
| Oeufs à l'oseille | 14. & 17. | Figues. |
| Saumoneaux | 20. | Asperges. |
| Jambons | 21. | |

qui méritent plus d'attention, par raport au mélange de plusieurs neiges qu'il faut mettre ensemble, & la difficulté de leur travail ; c'est pourquoi je décris ci-après les neiges qu'il faut prendre, la méthode pour les travailler, & la façon de les gouverner, pour réussir parfaitement.

## GRENADE.

La grenade se fait differemment en neige qu'en fruit, c'est pourquoi il ne faut point avoir recours à sa neige ; ayez des moules de grenade bien faits, qui s'ouvrent en deux ; faites fondre de la cire d'Office, ou à modeler ; trempez dedans de la toile coupée par bande ; bouchez soigneusement les jointures de votre moule, afin que le sel & l'eau ne puissent point transpirer. Vos moules étant ainsi tous préparés, prenez de la crême que vous ne ferez point boüillir ; mettez-y du sucre seulement, & la passez par un tamis ; alors emplissez de cette crême vos moules avec un entonnoir, & les bouchez très-soigneusement avec de la cire, & mettez un bout de votre toile par-dessus la cire.

Lorsqu'ils seront tous remplis, ayez un baquet dans lequel vous aurez mis un bon lit de glace mêlé avec du sel ; mettez dedans tous vos moules, & les serrez de glace ; secoüez le baquet pour les faire prendre ; observez qu'il faut qu'ils n'y restent qu'un quart-d'heure, de peur qu'ils ne se glacent tout-à-fait ; vous aurez préparé avant tout, ce qui suit.

Prenez de la gelée de groseille rouge, ou de pomme, la plus ferme que vous aurez faite exprès, & coulez sur des assiétes de l'épaisseur de trois ou quatre écus ; coupez-la avec un couteau en petit dez, & le plus finement qu'il vous sera possible ; mettez-les fait-à-mesure dans une petite terrine, avec si-peu de crême qu'il faudra, pour enveloper de blanc tous ces petits morceaux ; ôtez alors vos moules l'un après l'autre de la glace ; trempez-les avec vitesse dans de l'eau froide ; ôtez-en vite la toile que vous aurez mis au-tour, & fendez votre moule en deux avec un couteau, ( le surplus de la crême en sortira, & ce qui sera glacé, fera l'écorce de votre fruit ; ) mettez tout-de-suite votre gelée avec une cuillier ; refermez le moûle ; envelopez-le de papier, & le serrez de glace ; levez-le de même que les autres, & les achevez de même : observez encore, que comme il y a d'autres fruits ausquels on peut donner des écorces, & qui se gouvernent de même, l'on doit proportionner le tems à la grandeur du moule, pour les laisser à la glace ; mais le plus long-tems qu'ils y doivent rester, c'est un quart-d'heure.

## FIGUES.

Prenez quinze à vingt figues des plus meures ; ôtez-leur la peau, & les passez par un tamis avec une spatule sur une terrine ; lorsqu'elles seront ainsi, mettez-y trois verres de vin d'Espagne, un verre d'eau, & le jus de deux citrons ; ajoutez-y un peu de sucre clarifié suivant votre goût ; mêlez bien le tout ensemble, & le passez par un tamis ; mettez votre liqueur à la glace, & la faites prendre en neige ; vous aurez les moules préparés, comme je l'ai marqué ci-devant ; donnez-leur leur écorce de la même manière comme les grenades ; alors, vous remplirez vos moules de votre neige, & les finirez de même que les grenades ; si vous voulez que le dedans de vos figues soit rouge, mettez-y un peu de cochenille préparée.

## MELON.

Le melon se fait de deux manières ; les uns le font en vuidant un melon, & le remplissant de sa neige, que je marque ci-après ; d'autres le font avec un moule fait exprès, & lui font une écorce comme à la grenade ; c'est pourquoi je parle du dernier, qui, suivant moi, est le plus difficile à faire.

Pour faire la liqueur du melon, il faut en prendre un ou deux, ( suivant ce que peut contenir votre moule ; ) ôtez la chair avec une cuillier, passez-la par un tamis dans une terrine ; mettez-y environ une demie chopine de vin d'Espagne, deux verres d'eau, le jus d'un citron, un peu de sucre clarifié à votre goût ; mêlez bien le tout ensemble ; passez votre liqueur par un tamis ; & la faites prendre en neige ; préparez de la crême, comme pour les grenades, à laquelle vous donnerez une couleur verdâtre, soit avec des pistaches, ou avec des épinars préparés ; vous la mettrez dans votre moule, que vous aurez préparé, comme je l'ai marqué ci-devant, & le conduirez de la même manière ; mettez-y ensuite votre neige, & l'achevez de même que les grenades.

Vous pouvez encore mettre les pepins du melon, que vous aurez bien lavé, en mettant votre neige dans les deux côtés du moule, & les pepins dans le milieu.

## ECREVISSES.

Prenez des fraises que vous écraserez & passerez par un tamis ; délayez-les avec autant de crême fraiche ; ajoutez-y du sucre en poudre à votre goût ; mêlez le tout ensemble, & le passez par un tamis ; faites prendre votre liqueur en neige, & la mettez dans votre moule : finissez-la de même que les fruits glacés.

## ASPERGES.

Les asperges se font avec les neiges du fromage à l'Italienne pour le blanc, & du fromage de pistaches pour le verd ; il faudra avoir soin de les mettre comme il faut dans vos moules, & les achever comme les fruits glacés : les artichaux se font de même. *Voyez* FRO-MAGE.

## HURE DE SAUMON.

Le moule de la hure de saumon doit être de trois piéces, c'est-à-dire, il doit s'ouvrir en deux, & la troisiéme doit être sur la coupe du poisson, avec un petit trou pour pouvoir l'emplir ; préparez votre moule avec de la toile, comme j'ai dit ci-dessus ; emplissez-le de même crême comme ci-devant ; faites-le prendre de même, & le vuidez, en ouvrant sa troisiéme piéce ; emplissez-le de neige de fraises ; fermez-le tout-de-suite, & le serrez de glace, en le mettant de maniére que la troisiéme piéce soit en haut ; laissez le ainsi pendant une heure ; vous ouvrirez votre troisiéme piéce, & alors vous prendrez un fer, fait comme une gouche, que vous enfoncerez le plus que vous pourrez dans votre neige, pour faire des séparations de la maniére comme le blanc est marqué dans sa chair ; fait-à-mesure que vous en ferez, jettez dedans de la crême toute pure ; continuez ainsi jusqu'à ce qu'il y en ait suffisamment ; refermez votre moule ; envelopez-le de papier, & le serrez de glace : finissez votre hure comme les fruits glacés, & lui donnez une couleur de bleu.

## HURE DE SANGLIER.

Le moule de cette hure doit être de trois piéces, ainsi que celui du saumon ; il le faut préparer de même, & lui faire sa peau, comme celle du saumon, vous gouvernerez votre moule de même ; vous emplirez alors votre moule de neige de fraises ou de groseilles, & y fourerez par-ci par-là des lardons ; fermez tout-de-suite votre moule ; envelopez-le de papier, & le serrez de glace ; finissez votre hure de même que celle du saumon, en lui donnant une couleur un peu noire avec du chocolat. Pour faire ces lardons, il faut avoir un moule comme un petit moule à fromage, que vous emplirez de neige de crême, & que vous serrerez bien de glace ; vous la leverez alors, & la couperez par lardons.

## OEUFS A L'OSEILLE.

Pour faire un œuf, il faut deux moules, un pour faire le jaune, & l'autre pour faire le blanc. Il faut d'abord emplir le moule du jaune avec de la neige, comme le fromage au safran ; envelopez-le de papier, & le serrez de glace ; lorsque vous jugerez qu'il sera assez pris, levez-le comme les fruits glacés ; emplissez les deux côtés de votre autre moule, de neige de crême, & mettez votre jaune dans le milieu ; fermez votre moule ; envelopez-le de papier, & le serrez de glace : finissez-le de même que les fruits glacés.

Vous pouvez les servir entiers, ou, si vous voulez, les couper par quartiers ; étendez sur une assiéte de la neige de crême aux pistaches, & les rangez dessus, pour imiter des œufs à l'oseille ; si votre crême de pistaches n'est point assez verte, usez d'épinars. *Voyez* EPINARS.

## CARDONS D'ESPAGNE.

Le cardon d'Espagne se fait comme un fruit glacé ; emplissez votre moule de neige de crême, & lorsque vous les voudrez servir, rangez-les proprement sur une assiéte, & mettez par-dessus un peu de crême au caffé qui ne soit point en neige ; vous pouvez faire de même les culs d'artichaux, si vous en avez les moules.

## FRU

## *MARBRÉES.*

La marbrée eſt un ouvrage de cuiſine , & que l'on peut imiter
en glace ; rangez ſur une ſerviette friſée , que vous aurez mis ſur
une petite jatte , des écreviſſes , des ſaumoneaux , des truffes & des
citrons que vous couperez par tranche , & pluſieurs autres choſes
qui y ont du raport , & qui ſoient de glace ; gliſſez deſſus , pour
couvrir le tout , une gelée blanche de pommes , ou de groſeilles ,
de l'épaiſſeur d'un doigt , que vous aurez fait exprès dans une pareille
jatte , & la ſervez tout-de-ſuite.

## *SAUMONEAUX.*

Empliſſez vos moules de neiges de citron , ou de groſeille blanche ; conduiſez - les comme les fruits glacés , & lorſque vous les
leverez , donnez-leur une couleur de bleu , & les mouchetez après
avec un peu de rouge ; il faut les ſervir ſur une aſſiéte , ſur laquelle
ſera une ſerviette friſée , ou autre.

## *GALANTINES.*

La galantine eſt encore un ouvrage de cuiſine , & que l'on peut
très-bien imiter. Pour cet effet , il faut avoir une petite ſarbotiere ;
mettez-la à la glace , & l'empliſſez à moitié de crême à l'Italienne ,
que l'on fait comme pour le fromage ; travaillez-la comme pour la
mettre en neige ſans la travailler ; ſitôt que vous verrez qu'elle ſera
priſe contre la ſarbotiere , de l'épaiſſeur de deux écus , ſortez-la de la glace ; eſſuyez-la proprement , & vuidez-la de la crême qui n'eſt point
priſe ; remettez la ſarbotiere tout-de-ſuite à la glace , pour que ce qui
eſt pris ne ſe fonde point ; mettez-y enſuite des lardons , ( comme je
l'ai marqué à la hure de ſanglier ) en blanc , & beaucoup en rouge ; fou-
rez-y par-ci par-la des truffes coupées par morceaux , & des piſtaches
ou amandes glacées , juſqu'à ce que vous voyez qu'elle ſoit ſuffiſamment garnie ; alors , ſerrez-la de glace , pour qu'elle devienne ferme
comme un fromage ; levez-la de même ; coupez-la par tranche , & la
ſervez avec une ſerviette friſée deſſous ; les lardons blancs doivent être

de neige de la même crème que celle de la peau, & les rouges, de neige de crème à la canelle, que vous rougirez avec de la cochenille préparée.

## J A M B O N S.

Pour l'imiter comme il faut, il faut mettre premiérement dans le dessus de votre moule un lit de neige de crême, ensuite un lit de neige de fraises ; emplissez l'un & l'autre côté de ces deux neiges mêlées ensemble ; fermez votre moule ; envelopez-le de papier, & le serrez de glace. Lorsque vous le leverez, mettez-le sur une serviette, pour le pouvoir panner, & le mettez dans votre cave ; servez-le sur une serviette frisée ; pour le panner, on prend des macarons bien secs, que l'on pile bien, & que l'on passe par un tamis.

## L A N G U E S  F O U R E' E S.

Mêlées ensemble des neiges de fraises & de crême, mais un peu plus de fraises que de crême ; mettez-les dans vos moules ; envelopez-les de papier, & les serrez de glace ; lorsque vous les leverez, coupez-les un peu des deux bouts, après les avoir colorées avec du chocolat : servez-les sur une serviette frisée.

## T R U F F E S.

Faites fondre une demi-livre de chocolat avec de l'eau ; mettez-y un peu de sucre en poudre, si vous le jugez à propos ; faites-le prendre en neige ; mêlez avec suffisamment de la neige de crême, jusqu'à ce que vous voyiez qu'il soit bien marbré ; mettez-le alors dans vos moules, & les gouvernez comme les fruits glacés : servez-les dans une serviette bien pliée.

Je crois en avoir dis assez, pour donner une idée générale des fruits glacés & de leur travail, & pour contrefaire toutes sortes de chose en glace ; c'est à celui qui veut aprendre, à profiter de ces principes pour pouvoir réussir, il peut par-là s'imaginer que l'on peut encore faire quelque chose de mieux, ce qui dépendra de son expérience, & de son invention. *Voyez* les figures des moules Planc. 6.

O

FRUITERIE, eſt une ſerre, ou une chambre bien cloſe,
garnie de tablettes & chaſſis doubles, pour y ranger & conſerver
les fruits. C'eſt auſſi dans un Palais, ou un Hôtel, une place près
de l'Office, où l'on tient & l'on dreſſe les fruits de la ſaiſon pour
le ſervice des tables.

*La ſituation qu'il faut donner aux fruits cueillis, pour les*
*conſerver dans la fruiterie.*

Le véritable moyen de conſerver les fruits, eſt de les cueillir
dans leur juſte maturité ; ceux qui ſont extrêmement tendres &
délicats, achevent d'acquerir leur maturité hors du jardin ; les uns
& les autres perdent infiniment de leur luſtre & de leur agrément,
s'ils viennent à être meurtris, défleuris, écorchés ou tachés de marques noires ; telles ſont les figues, & les pêches avec leur coloris &
leur chair fine ; telles ſont les prunes avec leur fleur, & les poires
beurées qui ſont tout-à-fait meures.

Chaque figue, chaque pêche & chaque prune ayant été cueillies
avec toutes les précautions néceſſaires, enſorte qu'en les détachant
de l'arbre, rien ne manque à leur perfection. Je ſupoſe qu'en les
cueillant on les ait miſes, par exemple, dans une corbeille garnie
de quelques feüilles tendres & délicates, comme feüilles de vigne
ou d'ortie, & qu'on les ait placées chacune ſéparément de l'autre,
ſans qu'elles ſe preſſent ſur les côtés, ou qu'elles ſoient les unes ſur
les autres, la peſanteur de celles de deſſus eſt capable de meurtrir
celles de deſſous, & cela particuliérement en fait de pêches & de
figues, car pour les prunes, elles ne ſont pas aſſez lourdes pour ſe
bleſſer les unes & les autres.

Or, pour conſerver quelques jours ces trois ſortes de fruits, il les
faut mettre dans votre fruiterie qui ſoit ſéche, propre, garnie d'ais,
ayant toujoûrs les fenêtres ouvertes, à moins que ce ne ſoit dans le
grand froid ; il faut que ſur ces ais on ait mis l'épaiſſeur d'un travers de doigt de mouſſe, qui leur ſerve, pour ainſi dire, d'une
manière de matelas, prenant garde que cette mouſſe ſoit ſéche, &
n'ait aucune mauvaiſe odeur ; cela étant, chaque pêche ainſi placée
ſur la mouſſe, ſe fait ſa niche elle-même, enſorte qu'elle ne touche

rien de dur dans la place , & qu'elle ne preffe , ni ne foit preffée d'aucune de fes voifines. Il faut foigneufement les vifiter une fois le jour, pour voir s'il n'y paroît aucune marque de pourriture, & ôter à l'inftant toutes celles qui paroiffent en avoir , ou autrement leur voifinage en gâte d'autres. Il eft important de bien placer les fruits dans la fruiterie ; ceux qui n'ont point ces fortes d'égards, en perdent beaucoup par leur faute.

La bonne fituation des pêches , eft d'être non-feulement fur la mouffe , mais que ce foit fur l'endroit de leur queuë ; les autres fituations les meurtriffent. Celle des figues eft d'être couchées fur le côté, comme je l'ai dit à l'article FIGUES ; rien ne leur eft fi contraire que d'être placées fur l'œil , parce qu'elles fe vuident par-là de ce qu'elles ont de meilleur jus. A l'égard des prunes , comme ce font des corps d'une médiocre pefanteur , toute forte de fituation leur eft indifferemment bonne , auffi-bien qu'aux cerifes.

La bonne fituation des poires , dont la figure eft piramidale, eft d'y être fur l'œil, & d'avoir la queuë en haut. Celle des pommes, dont la figure eft prefqu'un cube parfait , eft indifferente , foit fur l'œil, foit fur la queuë, qui régulièrement eft fort courte. Ces deux fortes de fruits fe confervent affez bien fur le bois nud, & fouffrent même d'y être pour un tems les uns fur les autres au fortir du jardin, & jufqu'à ce qu'ils aprochent de leur maturité ; il ne leur faut fur-tout aucun lit, ni aucune couverture de foin, ou de paille, à caufe de la mauvaife odeur qu'ils en prennent pour l'ordinaire.

A l'égard du raifin, rien ne lui eft fi avantageux que d'être pendu en l'air, attaché par un fil, foit à quelque cerceau fufpendu, foit à des cloux attachés aux folives ; cependant il n'eft pas mal fur la paille : pour en conferver jufqu'en Février , Mars & Avril , il le faut avoir cueilli avant qu'il ait acquis une parfaite maturité , autrement il pourrit trop vite, bien entendu cependant, que de deux ou trois jours l'un , il en faut foigneufement éplucher les grains pourris.

Avec les précautions ci-devant remarquées , on conferve aifément & fans aucun embarras, les fruits autant qu'ils le peuvent être ; il n'y a que les groffes gelées qui foient fort redoutables, parce qu'elles peuvent pénétrer dans la fruiterie, & donner atteinte aux fruits ; c'eft pourquoi, voyez ci-après les conditions d'une bonne fruiterie.

## FRUI

### *Conditions d'une bonne fruiterie.*

La première condition d'une bonne fruiterie , est qu'elle soit impénétrable à la gelée ; le grand froid, comme j'ai déja dit , est l'ennemi mortel des fruits ; ceux qui ont été une fois gelés , ne sont plus bons qu'à jetter.

La seconde, est que la fruiterie doit être sur-tout exposée au midi , ou au levant , ou du moins au couchant : l'exposition du Nord lui seroit très-pernicieuse.

La troisiéme , est que les murs de la fruiterie doivent être pour le moins de vingt-quatre pouces d'épais : une moindre épaisseur ne garantiroit pas de la gelée.

La quatriéme , demande que les fenêtres, outre les panneaux ordinaires, doivent avoir de fort bons chassis doubles, & sur-tout de papier , & qu'ils soient bien calfeutrés , & en même-tems il y ait une double porte pour l'entrée, enforte que jamais dans le tems du péril, l'air froid de dehors ne puisse avoir liberté d'entrer , car il détruiroit l'air temperé qui est de longue main au dedans. On ne sauroit avoir trop de précaution ; il ne faut qu'une petite ouverture négligée, pour faire en une nuit de gelée , un désordre infini.

La cinquiéme , est de s'étudier à défendre les fruits du mauvais goût ; le voisinage du foin , de la paille , du fumier, du fromage , de beaucoup de linge sale , & sur-tout de linge de cuisine , &c. tout cela est extrêmement à craindre, & ainsi il faut que la fruiterie en soit tout-à-fait éloignée : un certain goût renfermé, avec une odeur de plusieurs fruits mis ensemble, font encore un grand désagrément, & par conséquent, il faut que la fruiterie soit bien percée & assez élevée ; une élévation de dix ou douze pieds , en doit faire la juste mesure ; il faut aussi tenir souvent les fenêtres ouvertes , c'est-à-dire, aussi souvent que le grand froid n'est point à craindre, soit la nuit, soit le jour ; un air nouveau de dehors , quand il est bien conditionné , fait des merveilles pour purifier & rétablir celui qui est renfermé de longue main.

La sixiéme condition demande qu'il y ait beaucoup de tablettes, tenantes & enchassées les unes dans les autres , afin de loger les fruits séparément les uns des autres ; la distance raisonnable de ces tablettes doit être de neuf à dix pouces, avec une largeur raisonnable de chacune, qui soit de dix-sept à dix-huit pouces, pour y en loger beaucoup ensemble, & en voir aussi beaucoup d'une seule vuë.

Il faut pour septiéme condition que les tablettes soient un peu en pente vers la partie de dehors, c'est à-dire, d'environ trois pouces dans leur largeur, & qu'elles soient bornées d'une petite tringle d'environ deux doigts, pour empêcher les fruits de tomber ; on ne voit pas si bien d'un coup d'œil tous les fruits d'une tablette, quand elle est de niveau, que quand elle est de cette maniéie, & ainsi on ne s'aperçoit pas si aisément de la pourriture qui survient à quelques fruits, & se communique à leurs voisins, quand on n'y remédie pas d'abord ; cette pourriture à craindre, oblige, que sans y manquer, on visite au moins chaque tablette de deux jours l'un, pour faire exactement la recherche de tout ce qui est gâté.

La huitiéme condition demande, que les tablettes soient garnies de quelque chose, comme de mousse bien séche, ou d'environ un pouce de sablé fin, afin que chaque fruit posé sur la basse, comme il doit être, se fasse une maniére de nid, ou de niche particuliére, qui le maintienne droit, & l'empêche de toucher à ses voisins.

Il faut pour derniére condition, qu'on ait grand soin de nettoyer & balayer souvent la fruiterie, d'en ôter les toiles d'araignées, d'y tenir de petits piéges contre les rats & les souris, & même il ne seroit pas mal-à-propos d'y laisser quelque entrée sécrette pour les chats, autrement on a souvent le désagrément de voir les plus beaux fruits attaqués par ces animaux.

F U M E R O N S, sont des morceaux de charbons qui ne sont pas bien cuits, & qui se trouvent parmi le bon charbon.

---

## G A L

G A L A N T. On apelle galant, les tournures des fruits d'odeur, lorsqu'ils sont en roquilles ; ce qui se fait lorsqu'ils sont confits. *Voyez* T O U R N U R E. Après les avoir égoutés de leur sirop, on les tourne autour du doigt à une certaine grosseur ; on les met

## GAR GAT GAU

fur des feüilles de cuivre fécher à l'étuve jufqu'à ce que vous voyez qu'ils ne poiffent plus , & qu'ils foient en état de fervir. On en met au tirage que l'on tourne de même, mais ceux-ci fervent d'un moment à l'autre ; confultez les mots de tirage, & tirer à l'étuve.

**GARNIR.** On dit garnir des jattes , un fruit, un fervice ; c'eft d'y mettre toutes fortes de confitures féches.

**GARNITURE,** fe dit de toutes fortes de confitures féches, comme les fruits tirés au fec ; les fruits à mi fucre, tirés à l'étuve, les pâtes, les clarequets , les conferves , les fruits tirés au caramel, les grillages , &c.

**GATEAU,** eft une conferve foufflée , dans laquelle on met des fleurs, à l'exception que l'on n'y met point de glace-royale.

**GATEAUX** de fleurs d'oranges , de violettes , de rofes , d'œillets , &c.

### Maniére de les faire.

Prenez du fucre clarifié ou autre, que vous ferez cuire à la grande plume ; mettez-y à proportion , des fleurs de quelle efpèce qu'il vous plaira ; dès que vous verrez qu'elles auront jetté leur eau , & que le fucre fera revenu à la grande plume, travaillez-le alors avec une fpatule, en frottant autour de la poële , & au milieu ; quand votre fucre viendra à monter , & que vous le fentirez léger fous la main , jettez-le tout-de-fuite dans des moules de papier un peu élevé, que vous aurez fait auparavant ; ne les rempliffez qu'à moitié, pour lui donner l'aifance de fe bien lever.

Le gâteau de fleur d'orange grillée fe fait de même , à l'exception que la fleur doit être grillée , ou faites-la griller avec un peu de fucre dans une autre poële ; fitôt que vous verrez que votre fucre fera à cuiffon, mettez-y votre fleur , & la travaillez de même.

**GAUFFRE,** eft faite avec une pâte liquide faite de différentes maniéres, que l'on fait cuire entre deux fers, lefquels s'ouvrent & se serrent ensemble par le moyen d'une charniére. *Voyez* Fig. Plan. 1. Let P. gauffrier à la Flamande, Lct. R. gauffrier ordinaire. Les gauffres se cuisent à petit feu, ayant soin de tourner le fer de tems-en-tems ; lorsque vous les jugez cuites, & que vous les voyez d'une belle couleur dorée, ôtez avec un couteau la pâte qui peut être autour du fer ; ouvrez votre fer ; levez votre gauffre ; mettez-la sur un rouleau, pour lui donner une forme de tuile, ou roulez-la sur un petit bâton, ou faites-en des cornets. On donne aux gauffres, de quelle façon elles puissent être, toutes ces figures, à l'exception des gauffres à la Flamande, que l'on sert telles qu'elles sortent du fer. C'est à l'Officier d'en faire des assiétes le plus proprement qu'il lui sera possible, en mettant un papier découpé dessous.

GAUFFRES ordinaires. Prenez une livre de farine, demie livre de sucre en poudre, un peu de rapure de citron ; mettez le tout dans une terrine ; ajoutez-y six jaunes d'œufs ; délayez le tout ensemble avec de l'eau ; faites fondre un quarteron de beure avec un peu d'eau, que vous mêlerez avec votre pâte ; battez bien le tout ensemble, & délayez bien votre pâte, de façon qu'il ne s'y trouve point de grumeaux, & qu'elle soit un peu claire.

Alors vous ferez chauffer votre fer, & le graisserez des deux côtés, avec du beure que l'on met dans le milieu d'un linge ; vous coulerez votre pâte sur un côté du fer avec une cuillier, fermez tout-de-suite votre fer ; mettez le sur le fourneau ; faites cuire votre gauffre, & la levez comme je l'ai marqué ci-dessus.

GAUFFRES fines. Prenez six cuillerées à bouche pleines de farine, trois de sucre en poudre, un peu de rapure de citron, trois jaunes d'œufs, une chopine de crême & un verre de vin d'Espagne ; délayez le tout ensemble, & les faites cuire comme les autres.

GAUFFRES au chocolat. Prenez la même dose qu'aux gauffres fines, à l'exception du vin d'Espagne ; ajoutez-y un peu de crême de plus, avec trois onces de chocolat rapé : finissez-les de même que les autres.

On peut par la même raison en faire de différents goûts, en y mettant des infusions de caffé, de vanilles, &c.

GAUFFRES à l'Allemande. Prenez une livre de farine, une demi - livre de sucre en poudre, la rapure d'un citron, un peu d'épice mêlée de canelle, de girofle, & de muscade bien mis en poudre, six jaunes d'œufs ; délayez le tout ensemble avec trois chopines de vin du Rhin : faites-les cuire comme les autres.

GAUFFRES à la Flamande. Prenez une livre & demie de farine, dans laquelle vous mettrez un peu de levure de biere ( a ) gros comme une petite noix, une pincée de sel ; vous casserez douze œufs, dont vous séparerez les blancs, & mettrez les jaunes dans votre farine qui sera dans une terrine ; alors vous prendrez une livre de bon beure que vous ferez fondre dans une pinte de crême ; délayez-la avec votre farine, & la battez bien pour qu'il n'y reste point de grumeaux ; foüettez ensuite vos blancs d'œufs, comme pour du biscuit, & mêlez le tout ensemble ; mettez votre pâte pendant une couple d'heures dans une étuve, où le feu soit bien moderé, pour qu'elle puisse se lever.

Ayez un fer comme je l'ai marqué Planche 1, Let. P. mettez votre pâte dedans, & la conduisez comme les autres. Observez que comme cette gauffre est fort épaisse, il ne faut point la cuire trop vite, pour qu'elle ait le tems de bien cuire ; faites attention qu'elles doivent être servies le plus chaudement que l'on pourra, c'est pourquoi il ne faut commencer à les faire cuire, qu'au moment que l'on est prêt à servir le fruit.

GELE'E. C'est le suc des fruits, qui a reçu une consistence épaisse par le moyen du feu. On fait de la gelée de plusieurs sortes de fruits, comme vous verrez ci-après.

GELE'E de groseilles rouges ou blanches. Prenez telle quantité de groseilles meures qu'il vous plaira ; ôtez-leur la grape ; mettez-les dans une poële avec un peu d'eau, suivant la quantité que vous en aurez ; mettez-les sur le feu pour les faire fondre, & leur donnez deux ou trois boüillons couverts ; jettez-les sur un tamis sous

(a) Il y a de certains Officiers qui se servent de biere en place de levure, mais elle donne de l'amertume, & occasionne de l'aigreur à la pâte ; c'est ce que je conseille de ne jamais faire.

lequel

## G E L

lequel fera une terrine pour recevoir le jus ; laiffez-les égouter pendant une heure ; repaffez le jus par une étamine, pour le rendre plus clair. Alors mefurez votre décoction, foit dans une cuillier, ou autre chofe ; mettez la même quantité de fucre clarifié , que vous ferez cuire à caffé ; alors jettez-y votre décoction, & la laiffez cuire jufqu'à ce qu'elle faffe la nappe, *Voyez* NAPPE, ce que vous connoîtrez avec une écumoire, en la mettant dans votre gelée ; vous la fortirez de la gelée, & la balancerez un peu en l'air ; alors vous la pencherez, & fi vous voyez la gelée qui eft à l'écumoire tomber en nappe, votre gelée fera cuite ; écumez-la & l'empotez ; quand elle eft dans les pots, il s'y fait encore une petite écume qu'il faut ôter avec une cuillier pour la rendre nette : couvrez-la un jour après.

Dans la faifon on met de cette gelée dans des moules à clarequets, en obfervant ce que j'ai marqué à l'article clarequet.

G E L E'E de grofeille framboifée. Prenez telle quantité qu'il vous plaira de grofeilles ; mettez-les avec un tiers de framboifes ; faites-les fondre, & leur donnez deux ou trois boüillons couverts ; jettez-les fur un tamis, fous lequel fera une terrine pour recevoir le jus ; lorfqu'elles feront bien égoutées, paffez le jus par une étamine pour le rendre plus claire. Alors mefurez votre décoction ; mettez la même quantité de fucre clarifié, que vous ferez cuire à caffé ; alors, vous y jetterez votre décoction, & la laifferez cuire, jufqu'à ce qu'elle faffe la nappe, comme je l'ai marqué ci-devant ; écumez-la bien, & la mettez dans des pots, & ne la couvrez qu'un jour après.

G E L E'E de grofeilles fans feu. Prenez des grofeilles bien meures, & les plus propres que vous pourrez trouver ; écrafez-les fur un tamis pour en tirer le jus ; pefez votre jus, & par chaque livre de jus, mettez-y une livre de fucre en poudre ; délayez le tout enfemble ; paffez-le alors par une étamine, & mettez votre gelée dans des petits pots, que vous expoferez pendant deux jours au foleil. Il eft bon d'obferver qu'il ne faut point du tout laver la groseille ; cette gelée est meilleure, & a plus de goût que celle qui est cuite, mais elle n'est pas si transparente.

GELE'E de pommes blanche rouge. Prenez une trentaine de pommes de reinette ; coupez-les en quatre ; ôtez-leur la peau, & les nettoyez bien ; jettez-les fait-à-mesure dans de l'eau fraiche pour les empêcher de noircir ; coupez-les alors par petits morceaux , & les changez d'eau ; mettez-les dans une poële, avec environ deux pintes d'eau ; couvrez-les avec une feüille de papier, & les faites cuire sur le feu , jusqu'à la réduction d'une pinte ; jettez vos pommes sur un tamis, pour en égouter le jus ; ensuite passez votre jus par une étamine, & le mesurez ; Prenez même quantité de sucre clarifié, que vous ferez cuire à cassé , jettez-y votre jus ; faites cuire le tout ensemble, jusqu'à ce que vous voyez que votre gelée fasse la nappe ; écumez-la bien, & la mettez dans des pots, ou moules à clarequets ; si vous la voulez rouge , mettez-y un peu de cochenille préparée, & la mettez à même cuisson. Comme l'on a des pommes toute l'année, on n'en fait pas grande provision ; d'ailleurs la gelée de pomme ne sert que pour des clarequets , ou pour des compotes.

GELE'E de coings. Prenez une vingtaine de beaux coings, qui soient bien sains ; essuyez-les avec un linge ; coupez-les par morceaux ; faites-les cuire dans six pintes d'eau, jusqu'à réduction de deux pintes ; jettez-les sur un tamis, sous lequel sera une terrine ; laissez-les bien égouter ; passez votre jus par une étamine , & le mesurez ; prenez presque même quantité de sucre clarifié, (a) que vous ferez cuire à cassé ; jettez-y votre jus, & faites cuire le tout ensemble à la même cuisson que la gelée de pommes ; si vous la voulez rouge , mettez-y de la cochenille préparée ; écumez-la proprement, & la mettez dans des pots.

Il est bon de dire qu'après que tous ces fruits seront égoutés, l'on peut encore s'en servir, en les passant au tamis, soit pour faire des pâtes, des marmelades, ou des conserves.

(a) Il faut observer que plus il y a de sucre dans la gelée de coings, plus elle est sujette à devenir grasse , attendu que le suc des coings est déja gras par lui-même.

GÉNÉRALE, est la compote dont on a le plus. On dit donner de la générale, lorsque l'on donne de cette compote.

GERCER, se dit de la pâte de pastillage. Ce défaut provient de ce que l'on ne l'employe pas tout-de-suite, ou que l'on y met trop de sucre, en la rendant trop dure, ou lorsqu'après en avoir fait une abaisse, on la néglige, ou qu'on la laisse un peu sécher avant que de l'employer. Ce défaut vient encore quand on ne couvre pas bien la pâte.

GIROFLE. Le girofle a la figure d'un cloux, & c'est le fruit ou ambrion des fleurs dessechées d'un arbre des Indes, dont les feüilles sont longues, assez larges & pointuës.

On doit le choisir gros, bien nourri, entier, de couleur brune, facile à rompre; fort odorant, d'un goût piquant & aromatique; on s'en sert dans plusieurs choses, où vous en trouverez l'employ.

GIMBELETTE, est une espèce de four. Prenez une douzaine d'œufs, dont vous mettrez le blanc & le jaune ensemble dans une poële; battez-les bien avec une livre & demie de sucre en poudre; lorsqu'ils seront bien battus, mettez-y de la farine à telle quantité, jusqu'à ce que le tout forme une pâte maniable; mettez-y de la rapure de citron. Alors roulez votre pâte, & en formez des petits anneaux; lorsque vous aurez ainsi fini votre pâte, ayez de l'eau boüillante sur le feu; arrangez vos gimbelettes sur une écumoire, & les trempez un moment dans cette eau boüillante; sortez-les & les mettez sur une nappe pour les faire égouter; dressez-les ensuite sur des feüilles de cuivre, & les faites cuire d'une belle couleur au four.

GLACE, est un terme d'Office, qui a différentes significations; on dit la glace d'un biscuit, d'un pain-d'épice, d'un fruit qui est bien tiré au sec, d'une conserve bien faite, d'une compote qui est brillante, d'un fruit tiré au caramel, &c.

GLACE. On entend par glace, les fruits glacés, les neiges, les mousses, les fromages, & toutes sortes de choses glacées, dont on imite la figure. *Voyez* FRUIT GLACÉ. P ij

**GLACE**, se dit des glaces étamées qui sont encadrées, & sur lesquelles on monte les fruits. Les glaces d'ordinaires que l'on met dans le milieu, ont dix-sept pouces en quarré, & ceux des côtés ont dix-sept pouces de longueur, sur onze de largeur. *Voyez* Fig. Plan. 5. Let. A.

**GLACE-ROYALE**, se fait avec du blanc d'œuf, & du sucre en poudre, que vous mêlez bien ensemble, jusqu'à ce qu'elle soit un peu épaisse ; de cette maniére, elle sert pour les conserves soufflées, & si c'est pour glacer des massepains, &c. vous y pouvez ajouter un peu d'eau de fleur d'orange, & jus de citron.

**GLACER**, est lorsque l'on poudre légérement des biscuits avec du sucre, pour leur donner une glace, ou des compotes que l'on poudre de même, ausquelles on donne couleur, soit au four, ou avec une paile rouge. On dit encore glacer un massepain, un pain-d'épice. *Voyez* l'un & l'autre.

**GLAÇON**, se dit des durillons qui se trouvent dans les fruits glacés, lorsque les neiges ne sont pas bien travaillées.

**GOBELET**. On apelle gobelet tout ce qui peut porter, & contenir quelque chose, comme les gobelets à tiges, les gobelets à mousses, & les gobelets à neiges. Ils doivent être de verre, ou de crystal ; il y en a de différentes figures, & de différentes hauteurs. *Voyez* leurs Fig. Plan. 3. Let. D. & Plan. 4. Let. B. gobelet à tige Let. D. Plan. 3. Let. E. gobelet à neige, Plan. 4. Let. C. gobelet à mousse.

**GOBICHON**, est un petit gobelet de la hauteur d'un pouce, sur lequel on met un petit fruit cru, ou confi ; il y en a que l'on remplit d'eau, & dans lesquels on met des fleurs naturelles. *Voyez* leurs Fig. Plan. 3. Let. B. & Let. M.

**GOMME**, est un suc visqueux, qui découle de certains arbres, & qui se congele. Celles que l'on employe dans l'Office,

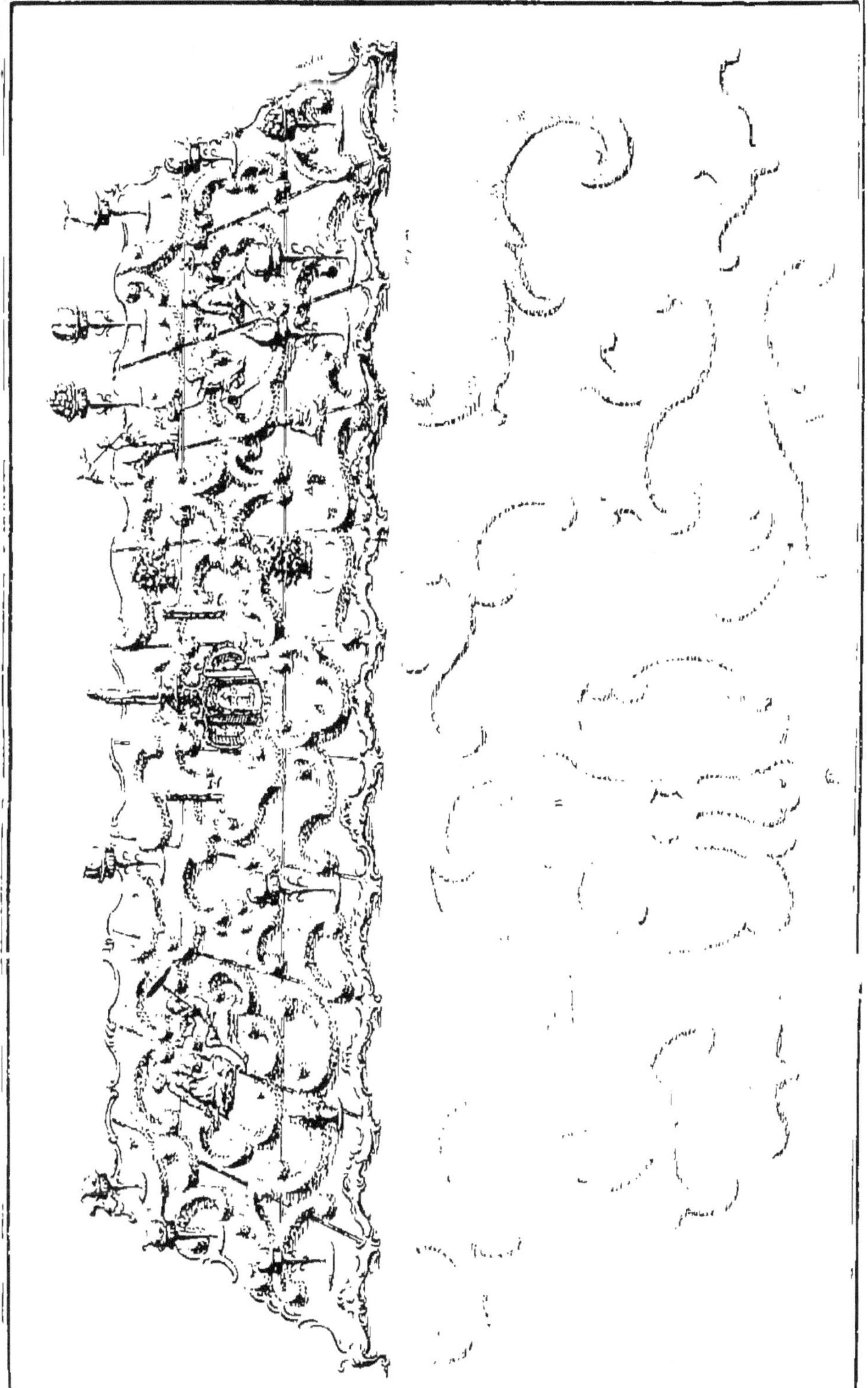

font la gomme adragante, la gomme-arabique & la gomme-gutte.

GOMME adragante, nous eft aportée de la Syrie, & de Candie, en petits morceaux longs, menus, entortillés en maniére de verres blancs, luifans & legers. Elle fort par incifion de la racine, & du tronc d'un petit arbriffeau épineux, que l'on nomme barbe-renard, ou épine de bouc.

Il faut la choifir en petits morceaux blancs, luifans, legers, & où il n'y paroiffe aucune ordure, & infipide au goût. Elle fert pour faire le paftillage & les paftilles, & le macaron de Carême: *Voyez* l'un & l'autre, vous trouverez la maniére de l'employer.

GOMME arabique, eft une gomme qu'on nous aporte en groffes larmes, ou morceaux blancs, tirant quelquefois fur le jaune, clairs, tranfparens, gluans à la bouche & fans goût ; elle eft tirée par incifion d'un petit arbre épineux, qui croît abondamment dans l'Arabie heureufe, & dans plufieurs autres lieux.

On doit choifir la gomme-arabique, féche, blanche, claire, tranfparente, nette, polie, de fubftance maffive, fe diffolvant, ou fe fondant aifément dans l'eau ; elle fert dans les dragées, & dans le vernis pour le paftillage. *Voyez* l'un & l'autre.

GOMME gutte. *Voyez* COULEUR.

GRAINER, terme d'Office, fe dit d'une confiture, d'un fucre cuit au caramel ; c'eft lorfque l'on y voit des petits grumeaux de fucre gros comme de la graine. Ce défaut vient à quelques confitures lorfqu'elles font trop cuites, & que leurs fruits font d'une fubftance graffe & acide, (*a*) au caramel ; lorfqu'il n'eft point à cuiffon parfaite, ou qu'on le verfe lorfqu'il eft encore boüillant, ou lorfque l'on n'y met point de jus de citron, ou lorfque le fucre n'eft pas bien clarifié, ou qu'il s'y trouve quelques ordures. Ce défaut vient encore, lorfque l'on employe de la mauvaife eau pour

______

(*a*) Le fucre de ces confitures, par fon trop de cuiffon, ne peut pas pénétrer les pores du fruit avec lequel il eft mêlé ; les acides du fruit ne pouvant s'y joindre, font une agitation contre les parties falines du fucre, & le font grainer.

clarifier le fucre ; ( a ) le tirage eft encore fujet à grainer, lorfqu'il eft trop cuit. *Voyez* TIRAGE.

GRAISSER, eft un terme qui fe dit d'un fucre que l'on cuit au caramel ; cette opération fe fait en y mettant du jus de citron, comme je l'enfeigne à la cuiffon au caramel, pour empêcher qu'il ne graine lorfqu'il eft trop fec par lui-même.

GRAS, eft un terme d'Office, apliqué au fucre, au tirage, aux pâtes & aux gelées. On dit ce tirage eft gras, lorfqu'il n'eft pas bien fec ; cette pâte eft graffe, lorfqu'elle eft poiffante ; cette gelée eft graffe, lorfqu'elle poiffe, & qu'elle n'eft pas tremblante, & de bonne confiftence.

GRATECUL, eft un fruit oval, ou oblong, gros comme un gland , verd au commencement, mais prenant une couleur rouge de corail à mefure qu'il meurit ; fon écorce eft charnuë, moëlleufe, d'un goût doux, acide & agréable. Ce fruit renferme en fa cavité beaucoup de fémences oblongues, anguleufes, blanches, dures, entourées d'un poil dur qui s'en fépare aifément. Ce fruit croît fur le rofier fauvage, qui eft un arbriffeau grand, haut, épineux, qui croît fans culture dans les hayes & buiffons ; fa fleur eft une rofe fimple à cinq fetiilles, à laquelle fuccede ce fruit.

*Maniére de le confire.*

Prenez des grateculs, que vous fendrez d'un côté, & vuiderez de leur fémence ; mettez du fucre dans une poële avec moitié eau ; faites-le boüillir, & lorfqu'il boüillira, jettez-y vos grateculs, que vous aurez lavé auparavant ; donnez leur deux boüillons couverts ; retirez-les du feu ; mettez-les dans une terrine ; couvrez-les de papier, & les laiffez ainfi jufqu'au lendemain ; alors égoutez-les, & faites cuire votre fucre à liffé ; attendez qu'il foit froid pour le jetter deffus ; laiffez-les ainfi encore une journée ; alors

( a ) Pour employer le caramel grainé, il faut le déeuire, le paffer par une étamine, & le remettre à cuiffon fans y mettre du jus de citron, il vous fervira de même.

vous les ferez frémir un moment , & au bout de quatre heures
égoutez-les ; faites cuire votre fucre à gros peilé ; mettez-y vos
grateculs, & leur donnez un boüillon couvert ; écumez-les bien
& les empotez.

On les fait encore différemment, lorfqu'ils font vuidés de leurs
fémences ; on les laiffe ainfi jufqu'à ce qu'ils s'amoliffent ; pour-
lors on les jette dans du fucre clarifié froid , & pour le refte on
les conduit de même.

GRENADE , eft un fruit gros comme une groffe pomme
ronde , garnie d'une couronne ; fon écorce eft dure comme du
cuir ; elle eft divifée intérieurement en plufieurs loges , remplies
de grains entaffés les uns fur les autres , de belle couleur rouge ,
pleins d'un fuc trè-agréable au goût , & renfermant chacunes en
fon milieu une femence oblongue, jaunâtre. Ce fruit croît fur un
grenadier cultivé, dont les rameaux font menus, anguleux, garnis
de quelques épines ; l'écorce eft rougeâtre ; fes feüilles font petites,
reffemblantes à celles du grand mirthe, mais moins pointuës, attachées par des queuës rougeâtres.

On en fait des compotes , des conferves & des neiges. *Voyez*
l'un & l'autre.

GRILLAGE. Il y a plufieurs efpèces de grillage , & qui
ne different entr'eux que par la qualité de ce que vous employez,
comme les amandes , les piftaches , les avelines , les noix , les
pignons, & les boutons confits de fleurs d'orange, &c. On peut
en faire en mêlant quelques-unes de ces efpèces enfemble , &
mettre deffus de la nompareille de toute couleur ; pour-lors , ce
grillage fe nomme grillage à l'arlequine.

### *Maniére de le faire.*

Lorfque vos amandes, ou autres, feront mondées & coupées
en long , préparez d'abord vos feüilles de cuivre, en les huilant
avec de l'huile d'amande douce , pour que le grillage ne tienne
point contre ; faites fondre une livre de fucre , & y jettez une

livre & demie de vos amandes, ou autres ; faites-les cuire jufqu'à
ce qu'elles pétillent, & qu'elles commencent à rouffir, cependant
d'une belle couleur, en les remuant toujours avec une fpatule ;
mettez-y des dragées, & les jettez fur vos feüilles ; étendez vos
amandes, & les aplatiffez avec une feüille huilée que vous mettrez
deffus ; lorfqu'il fera un peu froid, levez-le avec un couteau à
pâte, & le coupez par morceaux, tels que vous le jugerez à propos ; confervez-le dans une étuve modérée : le grillage eft au rang
des garnitures pour les fruits.

On peut encore faire du grillage avec du miel, en mettant
moitié miel, & moitié fucre.

GRILLE. Il y en a de différentes grandeurs ; elles font faites
ordinairement de fil de leton ; les grandes fervent pour le tirage
fur lefquelles on met les fruits que l'on tire, pour les égouter du
furplus de leur fucre. *Voyez* Plan. 1. Let. M. Les petites font celles
à candy, que l'on met l'une fur l'autre dans leur moule, & toujours les fruits que l'on veut candir entre deux : ces grilles empê-
pêchent que les fruits ne s'attachent, lorfqu'ils fe candiffent.
*Voyez* Plan. 1. Let. Z.

GRILLER, fe dit des poires de bon-chrétien, que l'on
met dans un fourneau ardent pour leur griller la peau. *Voyez*
COMPOTE GRILLÉE.

Griller fe dit de la fleur d'orange pralinée, que l'on étend fur
un plafond, à laquelle on donne une couleur grillée à un four
d'une chaleur modérée, en la remuant de tems-en-tems, pour
qu'elle prenne couleur par-tout.

GROSEILLE. Grofelier eft un petit arbriffeau, qui pouffe
des rameaux durs & tortus ; fes feüilles font prefque rondes, vertes, dentelées autour ; fes fleurs font difpofées en petites grapes,
dont les pédicules fortent des aifelles des feüilles ; chacune de ces
fleurs eft compofée de plufieurs feüilles difpofées en rofe, & attachées au parois du calice ; quand ces fleurs font tombées, il leur
fuccéde des bayes, groffes environ comme celles du geniévre,
rondes,

rondes, rouges ou blanches, molles, luisantes, remplies d'un suc rouge ou blanc, aigrelet & fort agréable au goût ; elles renferment aussi plusieurs sémences : ces bayes sont les groseilles.

Elles s'employent de différentes façons ; on les confit entiéres ; on en fait des gelées, des pâtes, des conserves, des sirops, des compotes, des eaux rafraichissantes & des neiges. *Voyez* l'un & l'autre article, où vous trouverez la maniére de les travailler. On en fait encore du jus, que l'on conserve pour l'Hyver. *Voyez* J u s.

### *Maniére de les confire entiéres.*

Prenez quatre livres de belles groseilles égrenées, & faites cuire cinq livres de sucre à la plume ; jettez vos groseilles dedans, & les faites cuire à grand feu sept à huit boüillons ; ôtez-les du feu, & les laissez reposer une demi-heure ; égoutez-les alors, & remettez votre sirop sur le feu, & y ajoutez une demie chopine de jus de cerises , que vous aurez passé à la chausse ; faites cuire votre sirop à gros perlé ; jettez-y ensuite vos groseilles, & leur donnez deux boüillons couverts ; ôtez-les de dessus le feu ; écumez-les bien, & les laissez ainsi presque réfroidir ; mettez-les alors dans des pots ; lorsqu'elles seront tout-à-fait froides, vous pouvez mettre dessus un peu de gelée de groseille ; bouchez vos pots au bout de vingt-quatre heures.

GROSEILLE verte. Les groseilles vertes sont des fruits ronds, ou ovales , moux, charnus, gros comme des gappes de raisin, rayés, verds au commencement , & empreints d'un suc acide , mais prenant à mesure qu'ils meurissent une couleur jaunâtre , & d'un goût doux & agréable. Ils renferment plusieurs sémences menuës ; ils croissent sur un arbrisseau que l'on cultive dans les jardins ; il est fort rameux, & garni de toutes parts d'épines fortes & aiguës ; ses feüilles ressemblent assez aux feüilles du groselier ordinaire.

On les emploïe en compotes, en les vuidant de leur sémence, avec une petite videlle, & les faisant blanchir. On en fait des pâtes, & des conserves : suivez les mêmes principes que pour la groseille.

Q

*Maniére de la confire.*

Prenez des groseilles lorsqu'elles sont encore vertes ; fendez-les par un côté avec un ganif ; ôtez leur toutes les sémences ; vous les mettrez alors dans de l'eau, que vous mettrez sur le feu, & que vous tiendrez bien modérée ; quand elles seront montées au-dessus de l'eau, vous les descendrez de dessus le feu, & les laisserez reposer dans leur même eau ; lorsqu'elles seront froides, vous les changerez d'eau pour les faire reverdir à petit feu, jusqu'à ce qu'elles soient bien mollettes ; alors vous les ôterez du feu, & les rafraichirez dans de l'eau fraiche ; égoutez-les bien, & les mettez dans un sucre clarifié ; vous leur ferez prendre sept à huit boüillons ; écumez-les bien, & les laissez ainsi jusqu'au lendemain, pour qu'elles prennent bien leur sucre ; alors vous les égouterez, & ferez cuire votre sirop à perlé, vous y glisserez votre fruit, & lui ferez prendre trois ou quatre boüillons couverts ; écumez-les proprement, & les empotez.

GRUMEAU, se dit d'une farine qui n'est pas bien délayée, soit dans les gauffres, ou dans les biscuits. Grumeau se dit des amandes, ou autres espèces semblables, lorsqu'elles ne sont pas bien pilées. Grumeau se dit encore des glaçons qui se trouvent dans les neiges, ou fruits glacés. *Voyez* GLAÇONS.

GUÉRIDON, est le nom d'un gobelet à tige, dont on ne se sert pas beaucoup à present ; car en mettant un drageoire, & un gobelet l'un sur l'autre, vous faites un guéridon. *Voyez* Plan. 1. Let. L.

GUIGNE, est une espèce de cerise noire, ressemblante au bigarreau, qui se sert de même, & que l'on peut confire comme les cerises.

## HYP HOU HUI

**H**YPOCRAS, eſt une liqueur compoſée avec du vin, des pommes & des épices.

### Maniére de le faire.

Prenez quatre bouteilles de bon vin du Rhin, une douzaine de pommes de remette coupées par tranches, quatre ou cinq cloux de girofle, un peu de canelle, une livre & demie de ſucre-royal, le zeſte d'un citron, un peu de coriandre ; mettez le tout infuſer du jour au lendemain ; paſſez-le à la chauſſe ; filtrez-le, & le mettez en bouteille. On peut y mettre un grain d'ambre-gris, que l'on met dans un petit ſachet de linge bien propre, pour lui donnner du goût, ( ſupoſé que l'on aime l'ambre ; ) il ne faut l'infuſer tout au plus.qu'une heure.

HOULETTE, eſt un utenſile d'Office, qui eſt fait de fer-blanc en forme de houlette, avec laquelle on travaille les neiges dans les ſarbotieres, pour les rendre plus délicates, & les mieux faire prendre. *Voyez* Fig. Plan. 1. Let Q.

HUILE, eſt une liqueur graſſe, dont les particules ſont accrochées les unes aux autres, & qui prennent aiſément feu ; on ne ſe ſert dans l'Office que d'huile d'olive, & d'amande douce. Le mot d'huile eſt encore attribué aux blancs d'œufs foüettés. *Voyez* BLANCHISSAGE.

HUILER, ſe dit d'un moule à caramel, ou des feüilles de cuivre que l'on frotte avec un pinceau huilé, pour empêcher que le ſucre, ou ce qui eſt mêlé avec du ſucre, ne s'attache après. Lorſque l'on huile des moules, il faut toujours les renverſer ſur du papier, pour travailler proprement.

### JAS JAT IMP INC. IND INF ING IRIS

JASMIN , eſt une fleur qui naît en maniére de petites ombelles aux ſommités des branches d'un arbriſſeau , qui pouſſe
beaucoup de rameaux fort longs, noüés , plians , verds, s'étendant
beaucoup, & tombant s'ils ne ſont ſoutenus par des perches , ou
par une muraille : elles ſont petites , mais agréables, blanches ,
d'une odeur douce & très-odorante ; chacune d'elles eſt un tuyau
évaſé par le haut, & découpé en étoile à cinq parties.

L'on met le jaſmin au candy ; on en fait des conſerves comme
de la violette ; on en fait du ſirop. *Voyez* SIROP.

JATTE , eſt un plat rond de porcelaine, ſur lequel on met
un plateau de même grandeur , & que l'on attache avec trois
boulettes de cire , pour empêcher que le plateau ne ſe dérange,
& ſur lequel on monte des cryſtaux & verres découpés. Il y en a
de différentes grandeurs ; conſultez le mot de ſervice, vous y
trouverez la quantité qu'il vous en faudra pour pluſieurs tables.

IMPRIMER , ſe dit d'une abaiſſe de paſtillage, que l'on
imprime dans un moule pour en tirer l'empreinte , comme pour
faire une figure, ou une fleur de paſtillage.

INCORPORER , terme d'Office : c'eſt de mettre une
choſe avec une autre.

INDIGO. *Voyez* COULEUR.

INFUSION. C'eſt une préparation d'épices , ou autres
choſes , qui ſe fait en les mettant dans de l'eau boüillante , ou
autre liquide , pour les empreindre de leur goût , & en extraire
le materiel.

INFUSION pour les glaces. *Voyez* FROMAGES GLACE'ES.

INGREDIENS. *Voyez* PASTILLES.

IRIS de Florence, eſt une racine blanche, groſſe comme le

## J U S

pouce, oblongue, laquelle on nous aporte de Florence, où elle croît sans culture ; sa tige est semblable à l'iris commun, mais ses feüilles sont plus étroites, & ses fleurs plus blanches. On doit la choisir bien nourrie, bien blanche, pesante, compacte, nette, ayant une odeur de violette douce & agréable : elle sert pour faire des pastilles de violettes, *Voyez* PASTILLES

J U S, est une substance liquide que l'on tire de plusieurs fruits, en les exprimant, ou en les faisant fondre sur le feu.

*Maniére de faire le jus de groseille & d'épine-vinete,*
*pour le conserver pendant l'Hyver.*

Prenez lequel vous voudrez de ces fruits ; égrenez-le bien ; mettez-le ensuite dans une terrine, & le foulez ; laissez-le ainsi fermenter pendant cinq ou six jours dans un endroit chaud, ou une étuve modérée ; exprimez alors votre jus dans une presse ; passez-le dans une chausse, & pour mieux faire, filtrez-le ; mettez-le tout-de-suite dans des bouteilles ; mettez par-dessus de l'huile d'amande douce à la hauteur de deux doigts ; bouchez bien vos bouteilles, fisselez-les, & les mettez debout à la cave. Vous pourrez vous en servir pour faire des conserves, des sirops, rougir & donner leur goût à des compotes, telles que vous le jugerez à propos.

*Maniére de faire le jus de limon & de citron, pour le*
*conserver pendant l'Hyver.*

Après que vous aurez levé les chairs de ces fruits, ( que vous pourrez cependant employer comme vous le jugerez à propos ; ) exprimez-en le jus dans une presse ; passez-le par une étamine double ; mettez votre jus dans un flacon ; bouchez-le légérement & l'exposez au soleil pendant une journée, ou mettez votre jus dans une étuve modérée pendant le même tems ; passez votre jus encore par une étamine, ou le filtrez ; mettez-le ensuite dans des bouteilles avec de l'huile d'amande douce à la hauteur de deux doigts ; bouchez bien la bouteille, & la fisselez ; mettez-la ensuite à la cave : j'en ai gardé moi-même pendant trois ans, & toujours bon.

## LAIT LAM

LAIT, eſt une liqueur blanche , filtrée par les glandesd es mammelles , ou tettes femelles, & n'eſt à proprement parler, qu'un chyle déja digeré , travaillé , & deſtiné à ſoutenir & à nourrir l'animal qui le ſuce. Celui que l'on employe dans l'Office eſt le lait de vache : le lait de vache eſt celui qu'on tire du pis d'une vache.

La bonté du lait ſe connoſt d'abord à ſa blancheur, & à ſon odeur ; on le connoît encore mieux, ſi en mettant une goutte ſur l'ongle, elle y demeure attachée comme une perle ſans couler ; le lait qui eſt d'une couleur bleuâtre n'eſt point gras : on s'en ſert pour faire des caillebottes. *Voyez* CAILLEBOTTES. Lorſque vous n'aurez point de crême , vous pouvez vous en ſervir pour faire des glaces.

LAITUE , eſt une plante connuë de tout le monde ; il y en a de trois eſpèces, dont on ſe ſert dans l'Office pour les ſalades.

Savoir la petite laituë , la laituë pommée & la laituë romaine.

La petite laituë eſt la laituë naiſſante , laquelle par la ſuite, devient pommée, par les ſoins des Jardiniers.

La laituë pommée a des feüilles grandes , repliſſées , tendres, blanchâtres , empreintes d'un ſuc laiteux, doux & agréable au goût.

La laituë romaine a la feüille longue , médiocrement large , légérement découpée ; cette laituë n'eſt bonne à manger, que quand elle eſt jaune , tendre , blanchâtre, pleine de ſuc, douce & de bon goût. La pommée & la romaine , ont chacune un chicon qui ont beaucoup de raport enſemble ; on cultive toutes ces laituës dans les jardins potagers : pour les mettre proprement en ſalade , conſultez le mot de SALADE.

LAMPROYE , eſt un poiſſon de Mer, cartilagineux, ayant le ventre blanc , le dos ſemé de taches bleuës & blanches. la peau liſſe, la chair molle & gluante ; il a la figure d'une anguille. Ce poiſſon n'a point d'os, il paſſe dans les rivieres au printems ;

lorſqu'ils ſont marinés, on en met dans les ſalades cuites.

LEVER. On dit lever un clarequet, une conſerve plate ou foufflée, un fruit glacé, &c. C'eſt les ſortir de leur moule. *Voyez* CLAREQUET, CONSERVE ET FRUIT GLACÉ.

On dit lever la chair & l'écorce d'un fruit d'odeur ; on dit encore lever les piéces d'un moule à caramel, pour en ſortir la figure.

LEVURE de biere, eſt une écume groſſiére, & viſqueuſe qui s'éleve aux bondons des tonneaux qu'on a remplis de biere nouvellement faite ; on l'apelle levure, ou levain de biere, parce que le levain eſt tout ce qui peut faire gonfler, & élever une matiére pour la mettre en fermentation : on ne s'en ſert que dans les gauffres à la Flamande.

LIME-DOUCE, eſt un petit fruit odorant, qui ne differe du limon que par ſa rondeur & ſa grandeur ; il croît ſur un arbre que l'on apelle Linconnier ; ce fruit s'apelle lime, parce qu'il ne parvient pas à la même groſſeur que le limon , étant cependant de la même eſpèce : on le confit comme le cédra.

LIMETTE, eſt un fruit odorant ſemblable à la lime-douce, & qui n'en differe que parce qu'il eſt aigre & amère ; la limette croît ſur un limonnier, ſur lequel on a enté des branches d'oranges amères : on le confit de même que le cédra.

LIMONS, ſont des fruits qui ne different des citrons, qu'en ce qu'ils ſont plus ronds , & en ce que leur écotee eſt moins épaiſſe ; il y en a des aigres & des doux ; ils ſont couverts d'une écorce jaune, ou citrine en dehors, blanche en dedans, odorante principalement en ſa ſuperficie , d'un goût aromatique ; leur ſubſtance eſt veſſiculeuſe , diviſée en célules remplies d'un ſuc doux ou aigre, fort agréable à l'odeur & au goût. Ce fruit contient des ſémences comme celles du citron, & croît ſur un arbre que l'on nomme Limonnier ; ſes feüilles & ſes fleurs ſont ſemblables à celles du Citronnier ordinaire, de ſorte que l'on ne le diſtin

gue que par son fruit : on les confit de même que les cédras,
après les avoir tourné comme les citrons.

LIMONADE, est une liqueur fraiche, faite avec le
jus, de l'eau & le zeste du citron.

## Maniére de la faire.

Prenez six bons citrons, que vous zesterez dans quatre pintes
d'eau fraiche ; exprimez-en le jus ; mettez-y du sucre à votre
goût ; battez bien le tout ensemble, & le laissez infuser un moment ;
passez le tout par une étamine, & le mettez dans des bouteilles.

LIMONADE portative. Je donne la méthode de la faire,
comme étant une chose d'un très-grand secours pour les Seigneurs
qui voyagent, d'autant plus que l'on ne trouve point des citrons
par-tout. Zestez vingt-quatre beaux citrons, qui ayent beaucoup
de jus, sur une feüille de papier ; exprimez-en leur jus ; passez-le
par une étamine. Pilez, & passez au tamis huit livres de sucre ;
alors ayez un pot de terre vernissé, ou marmite d'argent, qui
puisse contenir le tout ; rangez dans le fond de votre vase, à la
hauteur de trois doigts, des petites verges bien propres, que vous
tirerez d'un foüet, avec lequel on foüette le blanc d'œuf ; mettez
dessus une étamine ; alors mettez un lit de sucre, un lit de zeste,
jusqu'à ce que tout y soit ; jettez dessus le jus de vos citrons, avec
très-peu d'eau ; bouchez ainsi votre vase en le bien lutant, avec
du papier que vous colerez autour. Alors mettez votre vase dans
une grande poële, que vous remplirez d'eau ; faites-la boüillir
pendant dix heures consécutives ; alors tirez votre vase, & l'ouvrez
lorsqu'il est chaud ; passez le tout par une étamine, & le mettez dans
des pots, cela viendra comme du miel, ou comme une conserve
moëleuse. Lorsque vous voudrez vous en servir, délayez de cette
composition dans de l'eau fraiche, vous aurez une limonade parfaite.

LIQUEUR. Ce nom est attribué à toutes les compositions
liquides que l'on fait pour les glaces.

LISSE',

# LIS

L I S S E'. Cuisson du sucre. *Voyez* Cuisson.

L I S S E R, se dit de la dragée que l'on mene sur le tonneau, pour la rendre bien unie, en la remuant continuellement, & lui donnant des couches legeres. *Voyez* Drage'e.

---

# MAC

MACARON, est une espèce de four, fait avec des amandes douces ou pistaches, du sucre, & du blanc d'œuf. On fait encore des macarons de Carême, dans lesquels il n'y entre point d'œufs.

## Maniére de les faire.

Prenez une livre d'amandes douces ou pistaches, que vous aurez bien mondé, & laissez-les un moment à l'étuve pour leur ôter leur humidité ; pilez-les bien en pâte fine, avec quelques blancs d'œufs, de peur qu'elles ne se tournent en huile. Etant bien pilées, prenez une livre & demie de sucre en poudre, avec encore trois ou quatre blancs d'œufs, un peu de rapure de citron ; mêlez bien le tout ensemble, ( si vous voulez, foüettez vos blancs d'œufs en neige ; ) dressez vos macarons sur du papier en forme de langue ; faites-les cuire dans un four moderé ; lorsqu'ils seront cuits, & d'une belle couleur dorée, retirez-les du four : pour les lever, laissez-les réfroidir.

MACARONS liquides de fleurs d'orange, ou d'abricots. Dressez sur des feüilles de papier de la même pâte que ci-dessus ; faites un petit trou dans chaque macaron que vous aurez dressé ; emplissez-le de marmelade de fleur d'orange ou d'abricots, & le recouvrez avec la même pâte ; faites-les cuire au four, & les glacez comme le massepain à l'Allemande. *Voyez* Massepain.

MACARON de Carême. Prenez un demi quarteron de gomme-adraganthe ; mettez-la dans un petit pot de fayance ;

## MAC MAN MAR

mettez de l'eau avec, c'est-à-dire qu'elle furnage de l'épaisseur d'un doigt ; mettez votre pâte à l'étuve, & l'y laissez jusqu'au lendemain. Alors passez votre gomme par un tamis avec une spatule ; mettez-la dans un mortier, & la pilez bien, pour qu'elle se blanchisse ; vous pilerez à part vos amandes mondées, à la même quantité que ci-devant, avec un peu d'eau de fleur d'orange ; alors vous mettrez le tout ensemble, & le pilerez bien ; mettez-y ensuite cinq quarterons de sucre en poudre, & pilez le tout ensemble jusqu'à ce que vous voyiez que votre pâte soit comme la précédente : dressez-les sur du papier, & les faites cuire comme les autres.

M A C H E, est une plante dont les feüilles sont oblongues, vertes, pâles, oposées l'une à l'autre deux à deux ; molles, assez épaisses, les unes entiéres, les autres crenelées, & d'un goût douceâtre ; sa racine est petite, fibreuse & blanche. On la cultive dans les jardins : on en fait des salades, lorsqu'elle est jeune.

M A C I S, c'est la fleur de muscade. *Voyez* M U S C A D E.

M A N I E R , se dit du sucre, de la cire ; manier quelque chose comme il faut, c'est de le bien faire, & de réussir.

M A N I L L E. On apelle manille du papier à sucre, plié, que l'on prend pour ôter les poëles de dessus le feu, pour empêcher de se brûler.

M A R M E L A D E , est une pâte confite à demi liquide, faite de la chair des fruits qui ont quelque consistence, comme les abricots, les pêches, les prunes, les cedras, les oranges &c.
Observez que pour toutes les marmelades de fruits, il faut toujours une livre de sucre pour une livre de fruit.

M A R M E L A D E d'abricots verds. Prenez des abricots verds, avant que le noyau soit formé, passez-les au sel comme je l'ai déja marqué à l'article des abricots verds ; faites-les blanchir jusqu'à ce qu'ils s'écrasent sous vos doigts ; rafraichissez-les, & les faites égouter ; passez-les à travers d'un tamis avec une spatule, recevant ce qui passera dans une poële ; vous le ferez ensuite defsecher sur le feu, le remuant & retournant soigneusement avec une spatule, jusqu'à ce qu'il quitte son humidité. Alors faites cuire livre pour livre de sucre clarifié à la plume, que vous délayerez avec votre marmelade : faites-la un peu fremir, & l'empotez.

MARMELADE de cerises. Prenez de belles cerises des plus rouges, vous en ôterez les noyaux ; faites-les bien defsecher jusqu'à ce qu'elles soient reduites d'un tiers ; faites cuire du sucre clarifié à la grosse plume ; mettez-y votre fruit en le remuant bien avec une spatule, jusqu'à ce que vous voyiez que tout soit bien mêlé. Alors vous empoterez votre marmelade, & la laisserez réfroidir, en la poudrant de sucre avant que de la couvrir.

MARMELADE de groseilles. Prenez de belles groseilles égrenées ; faites-les fondre sur le feu avec un peu d'eau ; versez-les sur un tamis, & ne prenez que les groseilles qui seront restées sur le tamis ; passez-les avec une spatule au travers dudit tamis, dessus une terrine ; faites cuire du sucre clarifié à la plume ; mettez-y votre pâte, & la remuez bien ; donnez-lui douze ou quinze boüillons, en la remuant toujours : écumez-la, & l'empotez.

MARMELADE de framboises. Prenez des framboises bien épluchées, que vous passerez à travers d'un tamis ; defsechez-les sur le feu, jusqu'à ce qu'elles soient reduites à moitié ; faites cuire du sucre clarifié à la plume ; mettez-y votre fruit ; donnez-lui douze ou quinze boüillons, en remuant toujours votre marmelade avec une spatule : écumez-la, & la mettez dans des pots.

MARMELADE d'abricots meurs. Prenez des abricots bien meurs, ôtez leur la peau & le noyau ; jettez-les dans de l'eau boüillante ; couvrez-les, & les laissez un moment ; égoutez alors votre fruit, & le passez par un tamis ; pesez-le, & prenez autant de sucre clarifié, que vous ferez cuire à la grosse plume ; mettez-y votre fruit ; donnez-lui quatorze ou quinze boüillons, en le re-

muant toujours avec la spatule ; mettez-y alors les noyaux que
vous aurez mondé ; donnez-lui encore deux ou trois boüillons, &
le descendez du feu : laissez-le reposer un moment, & l'empotez.

### Autre manière.

On fait encore de la marmelade d'abricots, en les coupant par
morceaux. Il faut peser le fruit ; & faire cuire même quantité de
sucre à la grosse plume ; mettez-y votre fruit, & le remuez toujours avec une spatule ; faites cuire votre marmelade, jusqu'à ce
qu'elle fasse la nappe après la spatule ; ce qui se fait en sortant la
spatule, & la levant en l'air, comme je l'ai marqué pour la gelée.

MARMELADE de prunes. Prenez telle espèce de prunes
qu'il vous plaira ; faites-les blanchir jusqu'à ce qu'elles soient molles ;
jettez-les dans l'eau fraiche ; égoutez-les comme il faut, & les
passez à travers d'un tamis ; dessechez un peu votre marmelade sur
le feu ; faites cuire du sucre clarifié à la grosse plume ; mettez-y
votre fruit ; faites-le fremir un moment, en le remuant toujours
avec une spatule, & mettez votre marmelade dans des pots.

MARMELADE de poires de rousselets. Faites blanchir
vos poires jusqu'à ce qu'elles soient molles ; rafraichissez-les, &
leur ôtez la peau ; passez la chair à travers d'un tamis, après les
avoir bien égoutées ; faites cuire du sucre clarifié à la grande plume ; mettez-y votre fruit ; donnez-lui une douzaine de boüillons,
en le remuant toujours avec une spatule, & l'empotez.

MARMELADE de cedra, & des fruits d'odeur. Levez
les chairs & les écorces de vos fruits ; jettez les fait-à mesure dans
de l'eau fraiche ; faites-les blanchir de façon qu'ils s'écrasent sous
les doigts ; rafraichissez-les, & les passez par un tamis avec une
spatule, ou pilez-les dans un mortier, & les passez de même ; faites
cuire du sucre clarifié à la grande plume ; mettez-y votre fruit ;
donnez-lui une douzaine de boüillons, en le remuant toujours,
& l'empotez tout-de-suite.

MARMELADE de fleur d'orange. Prenez de la belle fleur d'orange bien épluchée ; faites-la blanchir, jufqu'à ce qu'elle foit bien molle, en y exprimant un jus de citron ; rafraichiffez-la en la paffant par plufieurs eaux ; égoutez-la, & la preffez le plus que vous pourrez dans un linge ; mettez-la enfuite dans un mortier bien propre, & la pilez comme il faut, en y ajoutant du jus de citron. Prenez alors trois livres de fucre royal pour livre de fleur, que vous ferez cuire à foufflé ; mettez enfuite votre fleur pilée dans un poëlon à part ; délayez petit-à-petit votre fleur avec votre fucre, fans la mettre fur le feu ; lorfqu'elle fera ainfi délayée, mettez-la dans des pots.

MARMELADE de pêches. Prenez des pêches bien meures ; ôtez leur la peau & le noyau ; mettez-les un moment dans de l'eau boüillante, fans les mettre fur le feu ; égoutez-les, & les paffez par un tamis ; faites cuire du fucre clarifié à la plume ; mettez-y votre marmelade ; donnez-lui une douzaine de boüillons, & la mettez dans des pots.

MARMELADE de verjus. Prenez de beau verjus, égrenez-le, & le jettez dans une poële d'eau boüillante pour le blanchir ; quand les grains feront montés fur l'eau, couvrez la poële avec des feüilles de cuivre ; ôtez-les du feu, & les mettez fur des cendres chaudes pour les faire reverdir l'efpace de deux heures ; laiffez-les réfroidir dans la même eau ; égoutez-les, & les paffez par un tamis ; deffechez un peu votre marmelade, & lorfqu'elle fera deffechée, ôtez-la tout-de-fuite de votre poële, de peur qu'elle ne prenne le goût de cuivre ; faites cuire du fucre clarifié à la groffe plume ; mettez-y votre fruit en le remuant toujours ; faites-le fremir un moment, & l'empotez.

MARMELADE d'épines-vinettes. Faites fondre avec une chopine d'eau quatre ou cinq livres d'épines-vinettes égrenées ; jettez-la fur un tamis pour l'égouter ; paffez ce qui eft fur le tamis par un tamis ; deffechez-le jufquà ce qu'il quitte la poële ; faites cuire du fucre clarifié à foufflé ; mettez-y votre fruit, en mélant bien le tout enſemble ; laiſſez-le fremir un moment, & l'empotez.

MARMELADE de roſes de provins, & de violettes. Prenez une livre de ces fleurs bien épluchées, pilez-les bien ; faites cuire deux livres & demie de ſucre clarifié à la plume ; mettez-y votre fleur, & la faites fremir un moment en la remuant toujours avec une ſpatule : mettez-la toute chaude dans des pots. D'autres les font blanchir dans une eau légere, & les achevent de même.

MARMELADE de coins. Prenez des coins qui ſoient beaux & jaunes ; coupez-les par quartiers ; ôtez-leur la peau & le cœur ; faites-les blanchir juſqu'à ce qu'ils ſoient bien tendres ; rafraichiſſez-les, & les égoutez ; paſſez-les alors par un tamis ; deſſechez un peu votre marmelade ; faites cuire du ſucre clarifié à la groſſe plume ; mettez-y votre fruit, & lui donnez une douzaine de boüillons, en le remuant-toujours avec une ſpatule : écumez-le, & l'empotez.

La connoiſſance de la cuiſſon de toutes les marmelades, eſt lorſqu'elles font la nappe. *Voyez* NAPPE.

J'ai donné la maniere de faire toutes ces marmelades, pour que l'on ſe precautionne de les faire dans les ſaiſons, attendu que dans l'Hyver on n'a point de ces fruits : elles ſont d'une très-grande reſſource pour faire des pâtes & des glaces.

MARRON, eſt une chataigne qui croît aux pays chauds, ſur le marronnier cultivé, que tout le monde connoît. On nous les aporte du Lyonnois, du Vivarez & de Limoges : on doit le choiſir gros, charnu, & bien nourri.

On les ſert de differentes maniéres, en glace, *Voyez* NEIGE & FRUITS GLACE'S, grillés, cuits à l'eau, glacés, en biſcuit. *Voyez* BISCUIT, en compote. *Voyez* COMPOTE.

MARRONS glacés. Prenez de beaux marrons ; choiſiſſez les plus plats ; ôtez-leur la premiere peau ; ayez de l'eau boüillante ſur le feu dans une poële, dans laquelle vous aurez délayé deux cuillerées de farine ; faites-les blanchir, ce que vous connoîtrez en les piquant avec une épingle ; ſi elle ne réſiſte point, c'eſt une mar-

que qu'ils le font ; ôtez-les de deſſus le feu ; tirez-les les uns après
les autres, pour leur ôter la peau qui leur reſte ; mettez-les à meſure dans de l'eau tiéde ; égoutez-les enſuite ; & les paſſez dans de
l'eau fraiche ; égoutez-les encore, & les mettez dans du ſucre
clarifié ; faites-les fremir un moment, & les mettez à l'étuve avec
un peu de jus de citron juſqu'au lendemain ; vous les égouterez
alors, & donnerez une douzaine de boüillons à votre ſucre ; vous
y mettrez vos marrons, lorſqu'il ſera tiéde, & les remettrez à
l'étuve pendant une journée : vous pourrez alors les égouter pour
les tirer au ſec. *Voyez* TIRAGE.

MARRONS au caramel. Prenez de beaux marrons ; ôtez-
leur la premiere peau ; faites-les cuire ſoit au four, ou ſous la
cloche ; envelopez-les un moment dans une ſerviette en les tirant
du four ; épluchez-les, & leur mettez à chacun une petite bro-
chette, pour les pouvoir tremper dans le caramel. ( Tous les autres
fruits qui ſe mettent au caramel, ſe tirent de même, à l'exception
des fruits à l'eau-de-vie, que l'on a ſoin d'égouter. ) Les marrons
au caramel ſervent de garnitures pour les fruits ; on peut encore
en faire des aſſietes, mêlées avec autre choſe : pour faire le caramel, *Voyez* CUISSON. Les marrons grillés, & cuits à l'eau, ſe
ſervent chaudement ſous une aſſiete.

MASSEPAIN, eſt une eſpèce de four, dont il y en a de
pluſieurs façons, comme le maſſepain commun, le maſſepain royal,
le maſſepain de piſtaches, le maſſepain ſeraingué, le maſſepain
fouré, & le maſſepain à l'Allemande.

MASSEPAIN commun. Prenez trois livres d'amandes
douces, que vous aurez bien mondées ; égoutez-les après les avoir
lavées, & eſſuyées ; pilez-les dans un mortier de marbre ; joi-
gnez-y de tems-en-tems du blanc d'œuf, afin qu'elles ne deviennent point en huile ; quand elles ſeront parfaitement pilées, faites
cuire une livre & demie de ſucre à la plume ; ôtez votre ſucre du
feu, mettez-y vos amandes, & incorporez le tout enſemble avec
une ſpatule ; alors vous tirerez votre pâte de la poële, & la mettrez

fur une planche, y poudrant du fucre deſſus & deſſous : laiſſez-la
ainſi réfroidir ; alors faites-en des abaiſſes d'une épaiſſeur raiſonnable ; découpez-la avec des découpoires , ou formez-en telle
figure qu'il vous plaira ; étendez-les fur des feüilles de papier, &
enſuite fur des planches, pour ne les faire cuire que d'un côté à la
fois à un four moderé : glacez-les alors ſi vous voulez , comme
vous verrez ci-après.

MASSEPAIN royal. Pilez bien vos ámandes ; après les
avoir bien mondées & eſſuyées, arroſez-les d'eau de fleur d'orange;
tirez enſuite cette pâte du mortier, & la deſſechez dans une poële
avec une demie livre de fucre en poudre pour une livre d'amandes,
& un peu de rapure de citron. Alors vous en prendrez un morceau
que vous roulerez de l'épaiſſeur d'un doigt ; coupez-la de la longueur, pour que vos morceaux puiſſent former un anneau ; paſſez
enſuite vos anneaux dans du blanc d'œuf , que vous aurez mélé
avec un peu de marmelade d'abricots ; roulez-les enſuite dans du
fucre en poudre ; foufflez-les en les tirant du fucre ; rangez-les fur
du papier pour les faire cuire au four ; il s'élevera deſſus des clo-
ches, qui feront un bon effet.

On peut encore les glacer tout-de-ſuite, avec une glace royale,
en les trempant dedans, & les laiſſant égouter un moment fur une
grille : arrangez-les fur du papier , & les faites cuire au four.

MASSEPAIN de piſtaches. Prenez une livre de piſtaches
que vous aurez bien mondées & eſſuyées ; pilez-les bien dans un
mortier de marbre , avec deux quartiers de cedra, & un blanc
d'œuf ; lorſque votre pâte ſera bien pilée , faites cuire une demie
livre de fucre à la plume ; retirez-le du feu , & y mettez vos piſtaches ; délayez bien le tout enſemble. Sortez alors votre pâte du
poëlon, & la mettez fur une planche , avec du fucre deſſus &
deſſous, & la laiſſez ainſi réfroidir ; alors roulez votre pâte de
l'épaiſſeur d'un doigt ; coupez-la de la longueur, pour que vos
morceaux puiſſent former un anneau ; lorſqu'ils feront tous faits,
trempez-les dans une glace royale, & les égoutez fur une grille ;
rangez-les fur du papier , & les faites cuire de belle couleur au four.

MASSEPAIN

**MASSEPAIN** seraingué. Prenez quelle espèce de pâte que vous voudrez, dont j'ai marqué la maniére de la faire ci-devant ; passez-la à la seraingue. *Voyez* SERAINGUE. Lorsqu'elle sera passée, mettez-la en long, en anneau, ou comme vous voudrez ; mettez-les sur du papier, & les faites cuire d'une belle couleur au four.

**MASSEPAIN** fouré. Prenez l'une ou l'autre de ces pâtes ; formez-en des abaisses un peu minces ; étendez dessus de la marmelade de quelle espèce que vous voudrez ; couvrez-la avec une autre abaisse ; coupez votre massepain par petits quarrés ; mettez-les sur des feüilles de papier, & de-là sur une planche, pour les faire cuire seulement d'un côté ; lorsqu'ils seront cuits d'un côté ; faites-les cuire de l'autre : alors glacez-les comme les autres, & les remettez un moment au four.

**MASSEPAIN** à l'Allemande. Prenez une livre d'amandes douces bien mondées, & que vous aurez un peu séchées à l'étuve ; pilez-les dans un mortier de marbre, avec trois ou quatre blancs d'œufs, jusqu'à ce que vous ne sentiez plus aucun grumeau ; laissez votre pâte dans le mortier, & y mêlez petit-à-petit deux livres de sucre passé au tambour ; pilez le tout ensemble pendant une heure, ( car plus la pâte est pilée, plus le massepain devient beau ; ) il faut que cette pâte soit maniable, quoique ferme, c'est pourquoi mettez-y des blancs d'œufs autant qu'il en faudra pour lier votre pâte. Formez-en des abaisses, & lui donnez telle figure qu'il vous plaira ; rangez-les sur du papier, de-là sur des feüilles de cuivre, & les faites cuire au four : cette pâte peut aussi se serainguer ; si vous les voulez glacer, glacez-les avec de la glace-royale ; lorsqu'ils seront cuits, vous les remettrez un moment au four : vous pourrez donner à cette pâte tel goût qu'il vous plaira.

**MATURITE'** des fruits. La connoissance de la maturité des fruits dépend plus de l'expérience que du raisonnement ; tous les fruits d'Eté ne sont jamais meilleurs à manger, que lorsqu'ils se détachent de l'arbre, excepté les poires qui sont sujettes à se coton-

## MEL

ner ; car pour celles-là, il faut les cueillir un peu avant leur maturité, pour qu'elles soient bonnes.

Les poires d'Automne , comme les beurrés , les mouille-bouches, les sucrés-verds, &c. & celles d'Hyver fondantes, quoiqu'elles se détachent facilement de l'arbre, ne sont-pas bonnes à manger, jusqu'à ce que leur fermentation les ait meuries ; (a) le toucher donne une juste connoissance de la maturité des poires fondantes, des pommes , des pêches, abricots , figues, &c. Cela se fait en mettant doucement le pouce sur chacune, de crainte de les meurtrir ; & si le fruit obéit sous le pouce, vous pouvez vous assurer qu'il est dans sa maturité. Il n'y a que le goût qui décide de la maturité des poires qui sont cassantes, comme le bon-chrétien d'Hyver, le messire-jean, & d'autres de cette qualité qui sont toujours fermes. L'on ne peut juger de la maturité des pavies , des pêches violettes hatives & tardives , des brugnons , &c. que quand ces fruits se détachent d'eux-mêmes de l'arbre.

L'œil vous fait encore juger de la maturité des fruits rouges & du raisin, &c. Il juge avec certitude qu'une cerise, une framboise, une grape de raisin rouge ou noir, sont meurs, quand les uns & les autres ont par-tout cette belle couleur qui leur est naturelle ; & au contraire, si quelqu'endroit en est dépourvu, l'œil juge par-là que c'est une marque infaillible que tout le reste n'est pas encore dans sa juste maturité.

Vous connoîtrez les differentes espèces des fruits suivant leur saison, aux articles poire , pomme, pêche & prune : pour les conserver, *Voyez* FRUITERIE.

MÉLIMELUM, est une confiture de coings ou de pommes , que les anciens faisoient avec le miel des abeilles. (b) L'on fait cette confiture de la même maniére que l'on confit le coing, à l'exception que l'on se sert de miel au lieu de sucre. *Voyez* COING.

MELIMELUM vient du mot latin de *mel* & de *malum* , qui veut dire miel & pomme.

(a) Les poires d'Automne & d'Hyver ne sont bonnes que lorsque leur fermentation les a fait meurir dans la fruiterie. *La Quint. tom.* 1. *pag.* 215. *& 216.*

(b) Mr. Lemery , en son Traité universel des Drogues simples, pag. 556.

MELON, est un gros fruit rond ou oval, cotté, de couleur verdâtre & jaunâtre, qui croît à une plante qui pousse des tiges longues, sarmanteuses, qui se couchent par terre ; ses feüilles & ses fleurs sont semblables à celles du concombre, mais elles sont plus petites ; cette plante est cultivée dans les jardins potagers. Le melon se sert pour hors-d'œuvre avec la cuisine : on en fait des glaces. *Voyez* NEIGE & FRUITS GLACÉS.

Pour choisir un bon melon, il faut qu'il ne soit ni trop verd, ni trop meur, qu'il soit bien nourri, ayant la queuë grosse & courte, qu'il provienne d'une plante vigoureuse, qu'il ne soit point hâté par la trop grande chaleur, qu'il soit pesant à la main, ferme en le prenant, & non mollasse, sec & vermeil par-dedans.

MELON d'eau. *Voyez* PASTEQUE.

MELLAROSE, est un petit fruit d'odeur semblable à une petite orange, & de la couleur du citron, quoiqu'un peu plus foncée ; ce fruit provient d'une branche de bergamotte entée sur un oranger : on le confit comme les autres fruits d'odeur.

MELLAROSE, est une boisson qui aproche beaucoup de la limonade.

### *Maniére de la faire.*

Vous mettrez quatre pintes d'eau fraiche dans une terrine, & y zesterez un cedra, deux oranges, une bergamotte, quatre citrons ; vous y exprimerez le jus de ces fruits, & ajouterez encore le jus de deux citrons ; au lieu de sucre, vous y mettrez du miel de Narbonne à votre goût ; battez bien le tout ensemble ; passez-le par une étamine, & le mettez dans des bouteilles. Lorsque l'on a des mellaroses, on ne met point de cedra ni de bergamotte.

MENER, se dit de la dragée. C'est de lui donner le mouvement pour la sauter, ou de la remuer avec les mains sur le tonneau, en la faisant sécher à mesure qu'on lui donne une couche.

MENTE domestique, ou baume, est une plante dont les

racines font traçantes & fibrées, enforte qu'elles s'étendent, & pouffent plufieurs tiges hautes d'un pied, quarrées, un peu veluës, & chargées de feüilles qui font arrondies, d'un verd foncé, opofées deux à deux, & d'une odeur forte ; cette plante eft cultivée dans les jardins potagers ; elle a une odeur de citron. On s'en fert pour garnir les falades : on peut en faire de la conferve à la maniére de de celle d'ache.

MERAINGUE, eft une efpèce de four, dont il y en a de deux efpèces, favoir les meraingues liquides ou jumelles, & les meraingues féches.

MERAINGUE jumelle. Prenez quatre blancs d'œufs frais ; foüettez-les jufqu'à ce qu'ils foient bien en neige ; mettez-y un peu de rapure de citron, ou fucre de fleur d'orange ; ajoutez-y pour chaque deux cuillerées de fucre paffé au tambour ; mêlez bien le tout enfemble ; enfuite avec une cuillier, formez vos meraingues rondes ou ovales fur du papier ; poudrez-les de fucre avec une poudrette ; mettez-les fur une planche, & les faites cuire au four d'une belle couleur. Lorfqu'elles feront cuites, vuidez-les avec une petite cuillier, & y mettez un peu de confiture ; joignez-en deux enfemble pour les rendre jumelles : elles fe fervent fur des affietes avec du papier deffous, & ne fe font qu'au moment du fervice.

MERAINGUE féche. Lorfqu'après avoir fait beaucoup de four, & que l'on defire avoir des meraingues féches, pour-lors le four fe trouve de la chaleur qu'il faut pour les cuire. Faites la même préparation que ci-devant ; dreffez-les le plus haut que vous pourrez fur des feüilles de papier, & les mettez dans votre four ; ( fupofé que votre four n'ait pour ainfi dire plus de chaleur, ) vous les y laifferez cuire.

On en dreffe des grandes, lefquelles ( lorfqu'elles font cuites ) on creufe, & on remplit de mouffes ou de neiges, de telle façon que l'on fouhaite.

M E R I S E, est une petite cerise douce & noire à longue queuë, qui croît sur le cerisier sauvage. On en fait du sirop. *Voyez* SIROP.

M E T T R E à la glace, c'est mettre la liqueur dans une sarbotiere, mettre la sarbotiere dans un baquet, & l'entourer de glace pilée & salée.

### *Maniére de mettre à la glace.*

Lorsque vos sarbotieres seront pleines de la liqueur que vous voudrez faire prendre, vous les mettrez dans des baquets faits exprès de la même hauteur & largeur que vos sarbotieres, pour qu'il y ait du jeu autour de vos sarbotieres de la largeur d'une main ; vous emplirez alors tout ce vuide avec de la glace pilée & mêlée avec du sel, jusqu'au couvercle ; alors vous commencerez à la travailler : consultez le mot de travailler.

M E T T R E au sucre, c'est commencer à confire un fruit lorsqu'il est blanchi, en le mettant dans un sucre leger.

M E T T R E au caramel, c'est tremper un fruit dedans. *Voyez* CUISSON.

M E T T R E ensemble, se dit d'une figure de pastillage, ou de caramel, à laquelle on attache les bras, les jambes & ses attributs. *Voyez* CUISSON A CARAMEL & PASTILLAGE.

M E U R E, est un fruit dont il y en a de deux espèces, qui sont la meure domestique, & la sauvage ; on ne se sert point de cette derniere. La meure domestique est un fruit que tout le monde connoît, ressemblante à une grosse framboise, de couleur noire, remplie d'un suc visqueux & doux, teignant en couleur de sang ; elle est remplie de semences presque rondes ; elle croît sur un arbre que l'on nomme meurier noir, qui a beaucoup de grandes racines fortes, & se repandant au large : on le cultive dans les jardins potagers.

## MIEL MIN MIR MIS

Les meures se servent pour hors-d'œuvre avec la cuisine; il faut les arranger comme il faut sur une assiete, avec des feüilles de vignes, & piquer dessus cinq ou six brochettes, pour donner l'aisance de les prendre sans se teindre les doigts. On les confit comme les framboises : on en fait du sirop. *Voyez* Sirop.

MIEL. Suivant Theophraste, on en distingue de trois façons, (*a*) comme je l'ai marqué à l'article confire. Sous le nom de miel, on entend ici le miel des abeilles ; c'est un amas que les abeilles font de la rosée, & de la plus pure substance des fleurs aromatiques ; ainsi il est de bonne ou mauvaise qualité, suivant les diverses plantes qu'elles paissent, parce qu'en suçant cette rosée, elles attirent encore une portion du suc de la fleur, ou des feüilles sur lesquelles elle est tombée. C'est pourquoi on ne doit employer dans les ouvrages d'Office que le miel de Narbonne, comme étant le plus blanc, le plus beau, le meilleur, & le plus agréable au goût.

Il doit être nouveau, épais, grenu, d'un blanc clair, d'une odeur douce, & un peu aromatique, d'un goût doux & piquant; ce qui rend ce miel distingué, est que les abeilles sucent en ce païs-là, particuliérement les fleurs de romarin, qui y sont abondantes, & qui y ont beaucoup de force. On employe le miel dans plusieurs choses, comme dans les grillages, le nogat, les pains-d'épices, la mellarose & le melimelum. *Voyez* l'un & l'autre article.

MINCER, se dit des concombres, des bettes-raves, lorsqu'on les coupe minces comme une feüille de papier, pour en faire des salades.

MIRABELLE. *Voyez* Prune.

MI-SUCRE. Les confitures à mi-sucre sont celles que l'on

(*a*) Pline & Theophraste ont donné différentes descriptions du miel. Ils en distinguent de plusieurs façons; ils nomment la troisiéme espèce de miel *sal-indicum*, ou cannamelle. Dioscoride & Galien, le nomment *saccharum*, qui étoit le miel avec lequel les anciens confisoient. *Traité universel des Drogues simples, pag. 763.* Cependant plusieurs se servoient du miel des abeilles : pour faire le *melimelum*, Voyez Melimelum.

## MOIS

a confit à plein sucre, que l'on égoute, & que l'on tire à l'étuve;
pour-lors, elles se trouvent à mi-sucre.

MOIS. Il est bon de prevenir que ce n'est principalement que
par raport au climat de Paris & des environs, que j'entre dans le
détail des fruits, des fleurs & des salades qui se trouvent dans chaque mois, puisque chacun fournit differemment des fruits, des
fleurs & des salades, comme vous verrez ci-après.

### JANVIER ET FEVRIER.

Outre les bonnes poires de l'échafferie , d'ambrette , d'épine-
d'hyver , de saint-germain , de martin-see, de virgoulé, de bon-
chrétien d'hyver , &c. on a les pommes de calville, les reinettes,
les apis, les courpendus, les fœnoüillets, & quelques raisins, savoir
les muscats ordinaires, les muscats longs, les chasselas, &c. on a
encore les bettes-raves, le celery, la chicorée blanche, des ma-
ches, & des reponses que l'on met dans des serres pendant les mois
de Novembre & de Décembre, la salade de petites laitues à couper
avec leurs fournitures de baume, d'estragon, de cresson alenois, &
de cerfeüil tendre.

### MARS.

Il se trouve souvent que lon a encore dans ce mois , tous les
fruits que j'ai mentionné dans Janvier & Février, & sur-tout des
bons-chrétiens, & reinettes. On a abondance de raves, de petites
salades , & de laitues pommées sous cloche, qui sont ordinairement des laitues ( que l'on nomme crêpe-blonde ;) elles se sement
en Novembre & Décembre, & que l'on replante sur d'autres
couches.

### AVRIL.

On a amplement des raves & des salades avec leurs fournitures,
& les fruits d'hyver que l'on a conservé dans la fruiterie ; ordinairement c'est le bon-chrétien qui fait la cloture des fruits.

MOIS
## MAY.

Dans le mois de May abondent toutes les verdures, soit en salades, en fournitures, & en raves. On a une infinité de toutes sortes de fleurs pour garnir les services, comme tulipes, giroflées de toutes les couleurs, les marguerites, les primes-verts, le bleu chargé, le bleu pâle, les chevrefeüiles, les printannières, les anémones simples, &c. On commence d'avoir de la violette, que l'on employe soit pour conserve, pour sirop, ou pour du candy ; des jonquilles, des narcisses, quelques pieds d'aloüettes, des juliennes, des ancolées, des véroniques, &c.

On commence d'avoir à la fin de ce mois des fraises, des cerises précoces, des amandes & des abricots verds pour confire.

## JUIN.

Les fraises qui commencent ordinairement à la fin de May, sont suivies de fort près par les cerises précoces ; & vers la fin de Juin abondent les groseilles, les framboises, les guignes & cerises hatives, & même les aigriottes. On a dans ce mois quelques poires, & sur tout celles du petit muscat, abondance de toutes sortes de salades, avec leurs fournitures, des cornichons & des laituës romaines. On a beaucoup de fleurs de toutes espèces, & quelques pommes de reinette précoce.

## JUILLET.

Le mois de Juillet est apellé vulgairement, & avec raison, le mois des fruits rouges ; de sorte que jusqu'au quinze ou vingt, on a amplement de toutes ces sortes, qui n'ont fait que commencer dans le mois précédent ; c'est dans ce mois que l'industrie des bons Officiers, fait de toutes sortes de fruits rouges, un merveilleux usage, sous differentes figures. On a dans ce mois des melons, qui se trouvent accompagnés vers le quinze d'une grande abondance de figues ; en même-tems beaucoup d'avant-pêches, de prunes jaunes, & d'abricots ordinaires ; des calvilles d'Eté ; beaucoup

## MOIS

coup de poires, fçavoir les petits muſcats, les cuiſſe-madame, les blanquets, le rouſſelet hatif, les muſcats-robert, les poires ſans peau, l'orange verte, &c. A l'égard des fleurs, on en a beaucoup pour garnir les ſervices, ſur-tout les capucines pour garnir les ſalades.

### A O U S T.

Le mois d'Août, eſt le mois où la plus grande partie des bons fruits abondent. C'eſt pourquoi dans les premiers jours de ce mois, on a autant que l'on veut de figues, de ceriſes tardives, de bigarreaux, & d'abricots. Les melons abondent encore juſqu'à la fin du mois ; de plus, dans la fin du même mois, on commence d'avoir des robines, des bons-chrétiens, des caſſolettes, des rouſſelets, &c. Des prunes, qui ſont les deux ſortes de perdrigon, le blanc & le violet, la prune royale, la drap-d'or, la prune d'abricot, la ſainte Catherine, les reines-claudes, les mirabelles, les imperiales, &c. Des pêches Madelaine, des mignonnes, &c. Des raiſins precoces, des concombres, de la chicorée blanche, & toutes ſortes de ſalades avec leur fourniture. On a beaucoup de fleurs d'orange.

### S E P T E M B R E.

Quelle abondance qu'il ait pû paroître en Août, l'on peut dire que celle de Septembre ne lui eſt nullement inferieure. C'eſt le veritable mois, & l'abondance des bonnes pêches : on a les madelaines blanches & rouges, & les mignonnes, qui n'ont fait que de commencer dans le mois précédent ; c'eſt particuliérement dans ce mois, qu'elles foiſonnent, & ſont ſuivies par un grand nombre d'autres pêches, comme les bourdines, les chevreuſes, les violettes hatives, les perſiques, les admirables, les brugnons & les pourprées, &c. Ce mois donne encore abondance de toutes ſortes de raiſins, de chicorée, de paſteques, quelques pieds de celery, quelques fleurs d'orange. Ce mois-ci ne finit point qu'il n'ait encore donné les prunes tardives, qui ſont les imperiales, les damas noirs, les petits perdrigons, &c. Quelques poires de beurée & de

T

bergamotte, &c. Des pommes, comme la calville d'Eté blanche,
le rambour.

## OCTOBRE.

Le mois d'Octobre ne possede pas veritablement un si grand
nombre de fruits à noyaux que son devancier, mais cependant il
ne laisse pas que d'en avoir. Toutes les pêches admirables, & les
pourprées tardives ne se consomment point en Septembre, & il y
en a encore suffisamment dans ce mois. Il donne des pêches ni-
vettes, en jaunes tardives, en violettes tardives, en jaunes lisses,
toutes pêches excellentes pour l'arriere saison ; des pavies, on a
abondance de raisins, soit le muscat ordinaire, soit le muscat long,
soit les gennetins, les chasselas, les malvoisies, &c. Des poires très-
exquises, comme les beurées gris, les bergamottes, les sucré-verd,
les vertes longues, les crasanes, les marquises, les petits-oins, les
bons-chrétiens, &c. Des chicorées & du celery ; des pommes,
comme la reinette grise & blanche, la calville d'Automne, le
fœnouillet, le courpendu, l'apis, la pomme violette, la cousi-
notte, &c. dont la plûpart vont presque jusqu'en Mars & Avril.

## NOVEMBRE.

Dans ce mois, les fruits n'acquierent leur merite, que dans la
fruiterie, & ne manquent pas de commencer en même-tems que
finissent les fruits à noyaux, dont la destinée se termine ordinairement à la fin d'Octobre ; il reste quelquefois encore beaucoup
de ces fruits que j'ai decris dans le mois d'Octobre ; joint que les
bons raisins peuvent encore durer quelque tems, si on a eu soin
de les cueillir devant les gelées, & de les conserver dans les frui-
teries, comme les chasselas, tant les blancs que les noirs ; ils ont
l'avantage d'être beaucoup plus faciles, soit à meurir, soit à conserver, que tous les muscats, qui finissent au commencement de
Novembre, & les chasselas à la fin ; & même qu'aux Avents, ce
mois est opulent & copieux en bonnes-poires. La fruiterie bien
garnie fournit une bonne partie de celles d'Octobre, au lieu que

## MOIS

bien d'autres meuriffent dans les mois de Novembre, de Décembre, de Janvier & de Février. Ces poires font les épines, les lefchafferies, les ambrettes, les faint-germains, les virgoulées, les bons-chrétiens, les martin-fecs, les colmars, les petits-oins, les doubles fleurs, &c. On a abondance de pommes, comme les calvilles rouges, & quelques blanches, les apis, les reinettes blanches & grifes, les courpendus, les fœnouillets, &c. dont la plupart fourniffent les mois de Décembre, Janvier, Février & Mars. On a de la chicorée, du celery, des bettes-raves, & quantité d'autres chofes confites pour des falades. C'eft dans ce mois qu'arrivent les fruits d'odeur, & les olives de Provence & d'Italie.

## DECEMBRE.

Je crois qu'il n'eft pas néceffaire de fpécifier plus en détail les fruits de Décembre, étant également ceux de Novembre & de Janvier, ainfi il poffede amplement les fruits de l'un & de l'autre; c'eft dans ce mois que la plupart des principaux fruits de l'arriere faifon fe preffent trop de meurir fur fa fin; il en mollit, & en pourrit une grande quantité, comme fi en effet leur deftinée ne permettoit pas qu'ils allaffent plus loin. C'eft pourquoi pour connoître le foin que l'on doit en avoir, *Voyez* FRUITERIE.

M O I S I S. *Voyez* CONFITURE.

M O N D E R, fe dit des amandes, des piftaches, des avelines, des noix, &c. lorfqu'après les avoir échaudées, on leur ôte la peau; on les paffe toujours à l'eau-fraiche pour les avoir plus propres.

M O N T E R. On dit monter une jatte, un carré de glace, un dormant, un fervice, un verre découpé, un gobelet; ils fe montent & fe collent avec la colle de poiffon préparée, de la maniére que je l'ai marqué à l'article colle.

**MONTER**, fe dit du fucre lorfqu'il eft fur le feu, qu'il forme fes boüillons, & qu'il veut paffer les bords de la poële.

### Moyen d'empêcher le fucre de monter.

Lorfque vous aurez du fucre qui montera, & dont vous ne pourrez point joüir, jettez dedans gros comme une lentille de beure frais, ( *a* ) vous ferez fûr dans le moment qu'il ne montera plus, & par ce moyen, vous ferez cuire votre fucre à la cuiffon à laquelle vous le deftinerez. Il y a plufieurs Officiers qui y mettent de la cire blanche, mais à mon avis je fuivrai toujours la méthode que j'enfeigne, comme ayant expérimenté l'un & l'autre.

**MOSCOUADE.** *Voyez* SUCRE.

**MOUDRE**, fe dit du caffé.

**MOULE**, c'eft dans quoi on met ce que l'on veut en le coulant pour l'empreindre de fa forme. Il y a differens moules dont on fait ufage dans l'Office ; il y en a de papier, de plomb, de fer-blanc & de plâtre.

**MOULES** de papier, font ceux que l'on fait pour couler les conferves & les gâteaux.

**MOULES** de plomb font ceux à caramel, à conferve, & à fruits glacés ; ils doivent être tous de dépouille ; les moules à fruits glacés doivent avoir des charnieres, & s'ouvrir en deux piéces, à l'exception de quelques-uns qui s'ouvrent en trois piéces. J'ai donné la méthode de les lever à l'un & à l'autre articele. *Voyez* leurs Fig. Planche 6.

**MOULES** de fer-blanc, font les moules à fromage, à cannelons, qui ne fervent uniquement que pour les glaces. *Voyez* Plan. 6me. 1. 2. 3. 4. Les moules à candy dans lefquels on fait les candys.

---

( *a* ) Mr. Lemery, Traité univerfel des Drogues fimples. pag. 763.

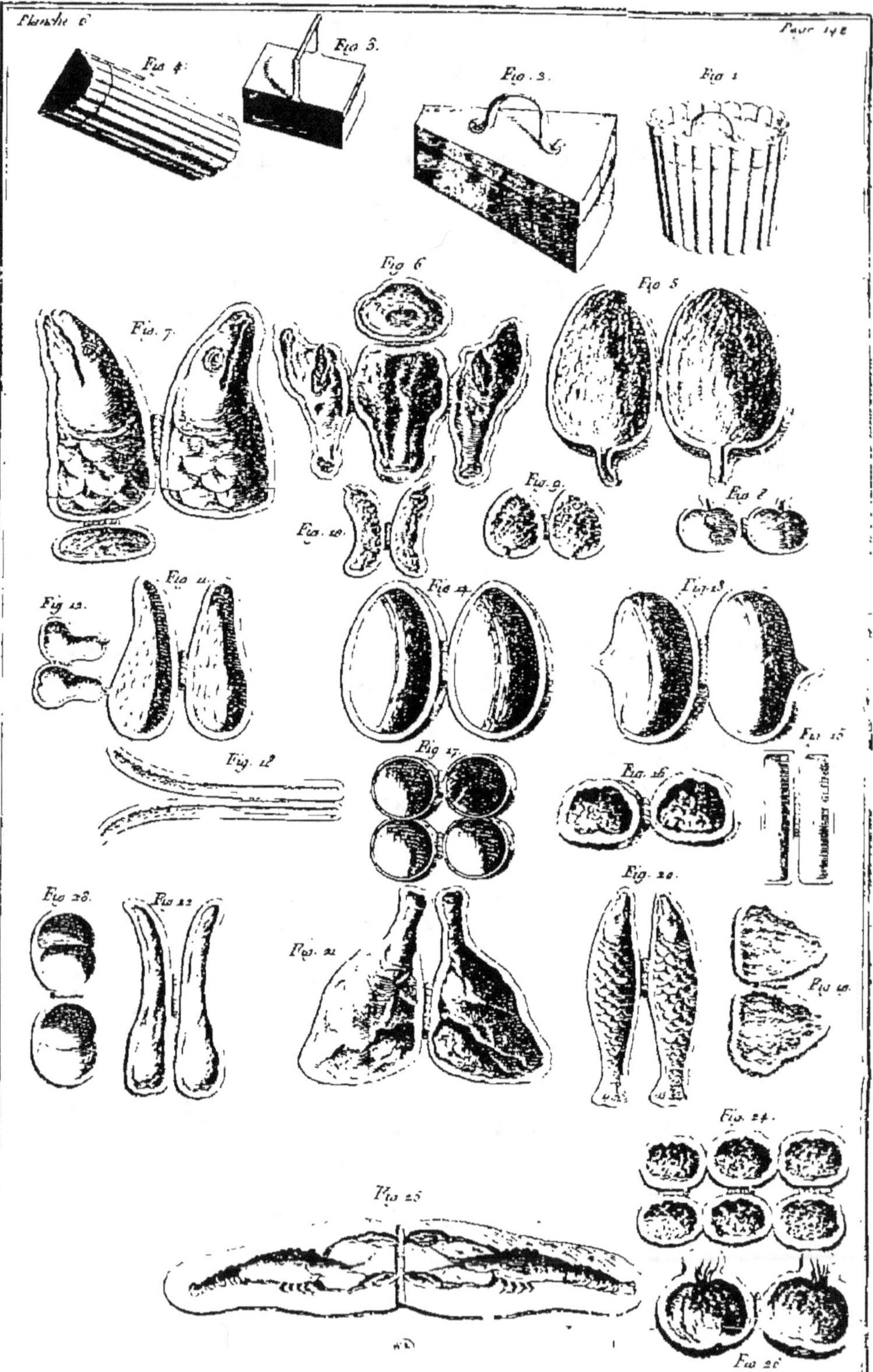

Planche 6
Pag. 142
Fig. 4.
Fig. 5.
Fig. 3.
Fig. 1
Fig. 6
Fig. 5
Fig. 7
Fig. 9.
Fig. 8.
Fig. 10.
Fig. 11.
Fig. 14.
Fig. 13.
Fig. 12.
Fig. 19.
Fig. 17.
Fig. 16.
Fig. 15.
Fig. 18.
Fig. 22.
Fig. 20.
Fig. 21.
Fig. 23.
Fig. 24.
Fig. 25.
Fig. 26.

## MOU

*Voyez* leurs Fig. Planche 1. Let. L. N. Et les moules à pâte. *Voyez* leurs Fig. Plan. 1. Let. V. pour les petites pâtes, & 6. 6. 6. pour les grosses pâtes.

MOULES de plâtre, sont des moules qui doivent être de dépoüille ; lorsqu'ils sont bien secs, ils servent pour y imprimer le pastillage ; vous trouverez la maniére de les lever, *Voyez* PASTILLAGE.

### *Maniére de les faire.*

Quand on a quelques figures telles qu'elles puissent être à jetter en moule, elles doivent être modelées en cire, ou en terre glaize.

Pour cet effet, vous leur couperez les bras & les jambes, pour avoir plus de facilité à les mouler.

Après que vous les aurez huilées, couchez-les sur de la terre à potier ; choisissez les piéces que vous jugerez pouvoir se dépoüiller, & y faites un bord avec cette terre.

Cela fait, jettez-y du plâtre bien recuit & bien detrempé, c'est-à-dire, qui ne soit ni trop clair, ni trop épais ; levez-le après par piéces, & le parez au bord avec un couteau ; ensuite faites-y des petites hoches, graissez les bords d'huile d'olive ; rejoignez-les ensemble bien juste, & faites un bord de terre à l'endroit de votre figure qui sera dépoüillée.

Après cela vous y jetterez du plâtre (*a*) comme je l'ai dit ci-dessus ; vous releverez la piéce pour la parer ; vous la remettrez en sa place, & continuerez ainsi jusqu'à ce que vous aurez formé toutes vos parties.

Quand elles feront sorties, il faudra dresser votre moule par dehors avec un couteau, & lorsque votre plâtre sera dur, vous ôterez les piéces les unes après les autres, & les laisserez sécher à loisir ; vous rejoindrez alors toutes vos piéces, & les lierez avec de la ficelle : de cette maniére, vous aurez un creux de plâtre.

On moule ordinairement les figures de trois, quatre, six, dix

(*a*) Il arrive souvent que l'on ne réussit point lorsque l'on se sert de plâtre éventé ; c'est pourquoi, lorsque vous vous en servirez, mêlez-y du sel en le gachant avec de l'eau tiéde, parce que le sel le fait rafermir.

ou douze piéces, selon qu'elles sont aisées ou difficiles, cela dépend du jugement de l'ouvrier.

### *Maniére de durcir les moules de plâtre.*

Lorsque vos moules seront bien secs, vous étendrez toutes leurs piéces sur un clayon, & les mettrez dans un four que vous aurez chauffé modérément pour cela ; lorsque vos piéces seront un peu chaudes, vous les frotterez avec un pinceau, de la composition suivante.

Prenez deux livres de poix-resine blanche, avec une chopine d'huile de lin cuite avec de la litarge ( vous la trouverez toute préparée chez les Peintres ou Droguistes ; ) mettez fondre doucement tout ensemble, & lorsque le tout sera fondu, vous le passerez par une étamine ; alors vous frotterez avec vos moules chauds, & les remettrez dans votre four ; vous continuerez d'en frotter vos moules, & les remettrez à chaque fois au four, jusqu'à ce que le plâtre en soit bien imbibé: Lorsque vous verrez que le plâtre ne boit plus, vous lui donnerez une derniere couche, & passerez dessus un pinceau sec pour unir le dedans de votre moule, pour enlever le surplus de votre composition ; remettez-les alors encore un moment au four, & achevez de les sécher à l'étuve, vous serez sûr que vous aurez des moules durs comme de la pierre.

MOULIN à caffé, est un utensile d'office dans lequel on fait moudre le caffé lorsqu'il est torrefié.

MOULINET. Ce nom est attribué au bâton qui est dans la chocolatiere, avec lequel on fait mousser le chocolat.

MOUSSE, est une crême douce foüettée en mousse, à laquelle on donne tel goût que l'on veut, & que l'on fait glacer.

### *Maniére de les faire.*

Ayez deux pintes de crême douce, que vous mettrez dans une

terrine ; ajoutez-y une bonne tasse de caffé fort , ou de chocolat
fait exprès mettez-y du sucre en poudre à votre goût ; mêlez bien
le tout ensemble ; passez-le par un tamis dans une autre terrine ;
ayez encore une autre terrine vuide , sur laquelle vous mettrez un
tamis ; alors fouettez votre crême , en frottant contre la terrine ;
fait-à-mesure que votre crême moussera , enlevez la mousse avec
une écumoire , & la mettez sur votre tamis ; continuez toujours de
même jusqu'à ce que vous en eussiez assez. pour remplir tous vos
gobelets ; ayez une cave , ou petite breziere que vous serrerez bien
de glace ; mettez-y vos gobelets , & les emplissez le plus que vous
pourrez ; laissez-les ainsi jusqu'au moment qu'on demandera pour
les servir.

On en fait de crême pure , en y laissant infuser quelques zestes
de citron , ou d'autres fruits d'odeur , ou des essences. Les gobelets
dans lesquels on les met doivent être beaux , & de belle grandeur.
*Voyez* leurs Fig. Plan. 4. Let. C.

MOUSSELINE, n'est autre chose qu'une pâte de pastillage , à laquelle on donne telle couleur que l'on veut , ou qu'une
pâte d'amandes ou de pistaches préparées comme pour le massepain,
que l'on passe à travers d'un tamis , pour former de la mousse, ou
le gazon d'un parterre. Mais à présent pour plus grande propreté,
on se sert de chenille. *Voyez* CHENILLE.

MUSCADE , est une espèce de noix, ( a ) ou le fruit d'un
arbre étranger, grand comme un poirier , dont les feüilles ressemblent à celles du pêcher , mais elles sont plus petites ; sa fleur est formée en rose, d'une odeur agréable : après qu'elle est tombée, il paroît
un fruit gros comme une noix verte , couvert de deux écorces ; la
première est fort grossière , & se fend à mesure que le fruit meurit,
& elle laisse paroître la seconde qui embrasse étroitement la noix ;
cette seconde écorce est tendre, rougeâtre, ou jaunâtre & odorante,
elle se separe de la muscade à mesure qu'elle se séche, & prend une
couleur jaune, c'est ce qu'on apelle macis, ou fleur de muscade.
Les muscades dont nous nous servons dans les alimens, croissent

(a) M. Lemery, Traité universel des Drogues simples. pag. 580.

fur le mufcadier cultivé ; elles nous font envoyées par les Hollandois, qui font les maîtres du Païs où les mufcadiers croiffent. On doit choifir les mufcades d'une groffeur raifonnable, bien nourries, pefantes, recentes, onctueufes, d'une odeur agréable & aromatique.

Le macis doit être choifi recent, entier, de couleur jaune, d'une odeur & d'un goût agréable ; l'un & l'autre fervent dans plufieurs chofes, où j'ai détaillé leur emploi.

MUSCAT. *Voyez* RAISIN.

## NAP NEF NEI

NAPPE. On entend par nappe la cuiffon des gelées, des marmelades, des compotes en gelées, & des pâtes ; c'eft pourquoi lorfque vous ferez l'une ou l'autre de ces efpèces, fait-à-mefure que vous verrez que ce que vous ferez s'épaiffira, trempez dedans une écumoire, ou une fpatule, & la reffortez tout-de-fuite en la foutenant un moment en l'air ; penchez-la alors, & fi vous voyez que ce qui fera après faffe une efpèce de nappe, votre confiture fera à cuiffon.

NEFLE. C'eft le fruit que produit le neflier ; il eft rougeâtre, & prefque rond ; il renferme quatre ou cinq offelets très-durs ; fa peau eft tendre ; fa chair eft dure, & d'un goût acerbe, mais elle s'amollit en meuriffant.

Le neflier eft un arbre de médiocre grandeur, & affez commun en france ; il reffemble fort à l'aubepin ; il eft fort épineux, & fes feüilles font découpées de même. Lorfqu'ils font bien meurs, mettez-les au caramel comme les marrons : fervez-les fur des affiétes, ou garniffez-en votre fruit.

NEIGE, fe dit des blancs d'œufs que l'on foüette en neige.

NEIGE. Ce nom eft apliqué à toutes les liqueurs, & compofitions de fruit que l'on fait, & que l'on met à la glace, pour les fervir en neige dans des gobelets, ou que l'on deftine pour en faire des fruits, ou des fromages glacés.　　　　C'eft

## NEI

C'eſt pourquoi je donne ici la méthode de les faire ; j'ai quatre choſes à recommander à ceux qui les font.

C'eſt premiérement de ne les point trop ſucrer ; cependant, pluſieurs ſe trompent ſouvent, par la fauſſe opinion qu'ont pluſieurs Officiers, qui prétendent que la glace emporte la douceur du ſucre. Je veux croire qu'une neige qui ne ſeroit point travaillée, diminuëroit de ſa douceur, parce que le ſucre comme étant un ſel, ſe précipite au fond ; mais en la travaillant comme elle doit l'être, le ſucre ne perd rien de ſa qualité, & conſerve toujours ſes parties ſalines. (a)

Secondement, c'eſt de leur donner un bon goût & une bonne odeur, parce que la glace (b) diminuë beaucoup le goût & l'odeur des liqueurs.

( a ) Voici ce que dit M. Dortous de Mairan dans ſa diſſertation ſur la glace, ſur le goût de la glace, *chap. 6. pag. 287.*

Je ne trouve ni par mon goût, ni par aucune experience certaine, que la congelation faſſe rien perdre à l'eau, ni qu'elle y ajoute quelque choſe. Je veux dire que l'eau me paroît avoir le même goût après avoir été gelée, qu'elle avoit avant de ſe geler. Il y a cependant des Phyſiciens * qui ont cru que l'eau de la mer devenoit douce en ſe gelant, & qui ſans trop s'embarraſſer de la certitude du phénomene, ne ſe ſont apliqués qu'à en chercher la cauſe, mais ce n'eſt rien moins qu'une erreur de fait. Ils n'avoient aparemment goûté que de la partie exterieure des glaces, ou de quelques glaces minces qui s'étoient formées auprès des côtes ; car il eſt vrai que celles-là ont le même goût que la glace des rivieres, & cela n'eſt pas étonnant, puiſque les rivieres qui ſe rendent à la mer fourniſſent une grande quantité d'eau douce auprès des côtes, laquelle par ſa legereté ſurnage quelquefois aſſez long-tems & aſſez loin ſur l'eau ſalée, avant que de ſe charger des mêmes ſels. Si ces Auteurs avoient pris de la partie de ces glaces qui eſt ſous l'eau, & du deſſous de ces glaçons épais qui flottent dans les Mers du Groenland, & de la nouvelle Zemble, ils auroient trouvé que la glace en étoit auſſi ſalée que la Mer même, &c.

Par la même raiſon, je n'attribue la diminution de la douceur du ſucre, qu'aux neiges qui ne ſont pas bien travaillées, ni bien mêlées ; c'eſt ce que l'on voit ordinairement lorſque l'on en goûte la ſuperficie, il ſemble véritablement que la douceur en eſt diminuée, parce que les parties ſalines du ſucre ſe précipitent au fond de votre neige, & que le piquant de la glace ou de la neige, produit en la goûtant une conſtraction ſubite ſur les fibres de la langue & du palais, c'eſt ce qui la fait paroître moins douce ; d'ailleurs laiſſez fondre & revenir votre liqueur dans ſon premier état, vous ne lui trouverez jamais moins de douceur.

* *Voyage de la Baye de Hudſon.* tom. 2. pag. 33.

( b ) M. Geoffroy a obſervé que l'eau de fleur d'orange qui ſent *l'empireume*, perd cette odeur par la gelée, parce que la glace cauſe de grands changemens au goût & à l'odeur des liqueurs ſpiritueuſes & odorantes, en deſuniſſant, ou en aſſemblant des parties heterogenes, qui étoient auparavant unies ou ſeparées, & en alterant ainſi toute leur contexture.

*Heterogene* eſt un terme de Phyſique, qui ſignifie une choſe qui eſt de differente nature & qualité, telles que peuvent être les liqueurs pour les fruits glacés, lorſqu'elles ſont compoſées de differente nature & qualité de fruit.

V

Troifiémement , lorfqu'elles font à la glace , & que la glace du baquet commence à fondre , ils doivent prendre garde que l'eau ne furnage la farbotiére , de peur qu'elle ne fale la liqueur.

Quatriémement, c'eft de les bien travailler , pour qu'elles fe trouvent moëlleufes , délicates , & qu'il ne s'y trouve point de glaçons : confultez les mots , mettre à la glace , travailler une glace , & ferrer de glace.

NEIGE de crême ordinaire. Prenez une douzaine d'œufs frais ; féparez les blancs d'avec les jaunes ; paffez vos jaunes par une étamine dans une poële ; délayez-les avec deux pintes de crême douce ; mettez-y un peu d'écorce de citrons ; faites cuire votre crême à petit feu , en la tournant toujours avec une fpatule , jufqu'à ce que vous voyiez qu'elle veüille monter ; ôtez-la du feu ; mettez-y du fucre en poudre à votre goût : lorfqu'il fera diffous, paffez votre crême dans une terrine par un tamis ; laiffez-la réfroidir , & la mettez dans une farbotiére : pour la finir , *Voyez* mettre à la glace , prendre ou faire prendre une glace , & travailler une glace. Toûtes les neiges demandent le même travail : la crême eft fujette à fe tourner en Eté ; pour la travailler d'une autre maniére , *Voyez* FROMAGE GLACÉ.

NEIGE de crême au caramel. Prenez une livre de fucre en poudre , que vous ferez fondre & rouffir fur le feu ; délayez-y deux pintes de crême , & la faites cuire comme ci-devant ; paffez-la par un tamis , & la mettez dans une farbotiére lorfqu'elle fera froide.

NEIGE de caffé & de chocolat. Lorfque vous voulez faire des neiges de crême de caffé & de chocolat , préparez votre crême de même que ci-deffus , à l'exception que vous n'y mettrez point de citron ; mettez avec du caffé , ou du chocolat bien fort que vous aurez fait exprès , du fucre en poudre à votre goût , & la paffez par un tamis.

NEIGE de canelle , girofle , vanille & fafran. Préparez de la crême comme pour les neiges ordinaires , à l'exception que vous n'y mettrez point de citron ; mettez-y de l'infufion de ces quatre efpèces de laquelle il vous plaira ; mettez-y du fucre en poudre à votre goût, & la paffez par un tamis. *Voyez* F ROMAGE GLACE', vous trouverez la maniére de faire les infufions.

N E I G E à l'Italienne. *Voyez* FROMAGE A L'ITALIENNE.

N E I G E de piftaches. *Voyez* FROMAGE DE PISTACHE.

N E I G E de piftaches fans crême. Lorfque vos piftaches feront mondées, pilez-les bien avec un ou deux quartiers de cedra, en y ajoutant un peu d'eau, lorfque vous les pilerez ; de peur qu'elles ne fe tournent en huile, paffez-les par un tamis avec une fpatule ; délayez vos piftaches avec du fucre clarifié & un peu d'eau, & les mettez dans une farbotiére.

N E I G E de citrons. Prenez une douzaine de beaux citrons ; mettez-les à l'eau fraiche, & les effuyez tout-de-fuite, pour leur ôter le goût d'ambalage. (*a*) Ayez un morceau de fucre en pain, & rapez-en une demie douzaine fur ce fucre qui vous fervira de rape ; emportez la fuperficie du fucre qui aura touché votre fruit avec un couteau ; mettez ce fucre dans une terrine avec une pinte d'eau ; exprimez-y le jus de vos citrons ; mettez-y du fucre clarifié à votre goût ; paffez le tout par une étamine, & le mettez dans une farbotiére. Obfervez que dans toutes les neiges de fruits d'odeur ou autres, il faut toujours y mettre une couple de verre de vin fin, & de prendre celui qui convient le mieux à la neige.

N E I G E de cedra. Prenez fept à huit cedras ; rapez-les de même que les citrons ; coupez-les par quartiers, & les faites blanchir jufqu'à ce qu'ils s'écrafent fous vos doigts ; rafraichiffez-les & les égoutez ; paffez-les par un tamis ; prenez cette marmelade que vous mêlerez avec ce que vous aurez rapé ; délayez le tout enfemble avec une pinte d'eau ; ajoutez-y le jus de douze citrons ; mettez-y du fucre clarifié à votre goût ; paffez-le tout par un tamis, & le mettez dans une farbotiére.

(*a*) Tous les autres fruits d'odeur qui fortent des caiffes où ils ont été embalés, demandent la même attention, non feulement pour les neiges, mais encore pour les boiffons.

NEIGE d'orange. Prenez une douzaine d'oranges ; rapez-les comme les citrons ; exprimez-en le jus que vous mettrez dans une terrine avec une chopine d'eau , & la rapure de votre sucre sur lequel vous aurez rapé vos oranges ; ajoutez-y le jus de quatre citrons ; mettez-y du sucre clarifié à votre goût ; passez le tout par une étamine ; mettez-le dans une sarbotiére. Lorsque les oranges seront en neige , mettez-y un verre de sirop de groseille, & mêlez le tout ensemble ; avec cette neige , de même qu'avec celle de citron, vous pouvez emplir des puits d'orange ou de citron. *Voyez* PUIT.

NEIGE de bergamotte. Prenez quatre bergamottes, que vous raperez sur du sucre comme les citrons ; mettez votre rapure dans une terrine avec deux pintes d'eau ; exprimez-y le jus de douze citrons; mettez-y du sucre clarifié à votre goût ; passez le tout par un tamis, & le mettez dans une sarbotiére.

NEIGE de fruits d'odeur. Vous pourrez faire des neiges d'autres fruits d'odeur, en les faisant de même que ci-devant, & y ajouterez plus ou moins de jus de citron ou d'orange, suivant la qualité de leur espèce.

NEIGE de citrons de Madere. Prenez une douzaine de citrons de Madere ; mettez-les en marmelade, en les pilant dans un mortier ; délayez-les avec une chopine d'eau ; ajoutez-y le jus de quatre citrons , & du sucre clarifié à votre goût ; passez le tout ensemble par un tamis, & le mettez dans une sarbotiére.

NEIGE de pommes. Prenez sept à huit pommes de reinette ou autres, suivant l'espèce des moules que vous aurez ; ôtez-leur la peau & le cœur ; mettez-les cuire avec une chopine d'eau jusqu'à ce qu'elles soient en marmelade ; passez-les par un tamis; délayez cette marmelade avec un peu d'eau ; mettez-y le jus de deux citrons, & du sucre clarifié à votre goût ; passez le tout par un tamis , & le mettez dans une sarbotiére.

NEIGE de poires. Prenez telle espèce de poires qu'il vous

plaira ; coupez-les en deux, & les faites bien blanchir ; tirez-les du feu & les faites rafraichir ; alors , parez-les , & leur ôtez le cœur ; passez-les par un tamis ; mettez-y une pinte d'eau, & y exprimez le jus de quatre citrons ; mettez-y du sucre clarifié à votre goût ; passez le tout par un tamis, & le mettez dans une sarbotiére.

N E I G E de pêches. Prenez une douzaine de pêches bien meures : ôtez-leur la peau & le noyau ; passez-les par un tamis ; délayez cette marmelade dans une chopine d'eau ; exprimez-y le jus de trois citrons ; mettez-y du sucre clarifié à votre goût ; passez le tout par un tamis, & le mettez dans une sarbotiére.

N E I G E d'abricots. Prenez deux douzaines d'abricots meures ; passez-les par un tamis ; délayez cette marmelade dans une chopine d'eau ; pilez bien cinq ou six noyaux d'abricots que vous mêlerez avec ; exprimez-y le jus de quatre citrons , & y mettez du sucre clarifié à votre goût ; passez le tout par un tamis, & le mettez dans une sarbotiére.

N É I G E de prunes. Prenez telle espèce de prunes qu'il vous plaira ; faites-les blanchir , & les rafraichissez ; égoutez-les & les passez par un tamis ; délayez cette marmelade avec de l'eau ; exprimez-y le jus de deux ou trois citrons ; mettez-y du sucre clarifié à votre goût ; passez le tout par un tamis, & le mettez dans une sarbotiére.

N E I G E de fraises, de framboises. Prenez environ deux ou trois livres de fraises, ou de framboises ; écrasez-les , & les passez par un tamis ; délayez-les avec une chopine de jus de groseille, que vous aurez fait fondre sur le feu ; ajoutez-y un peu d'eau, & du sucre clarifié à votre goût ; passez-les par un tamis , & les mettez dans une sarbotiére.

N E I G E de cerises. Prenez deux ou trois livres de cerises bien meures ; passez-les par un tamis ; délayez-les avec une demie chopine d'eau ; exprimez-y le jus de deux citrons ; mettez-y du sucre clarifié à votre goût ; paſſez-les par un tamis, & les mettez dans une ſarbotiére.

N E I G E de grenade. Prenez huit grenades, ſortez-en tous les grains, & les écraſez par un tamis pour en avoir le jus ; mettez-y une bouteille de vin de Bourgogne ; exprimez-y le jus de quatre oranges ; mettez-y du ſucre clarifié à votre goût ; paſſez le tout par un tamis, & le mettez dans une ſarbotiére.

N E I G E d'avelines, de noix. Prenez une livre de l'une ou de l'autre eſpèce ; mondez-les, & les eſſuyez ; concaſſez-les, & les met-tez ſur un plafond ; mettez-les à un four temperé pour leur donner une couleur grillée pâle ; laiſſez-les refroidir, & les pilez bien avec un peu de crême ; paſſez cette pâte par un tamis ; délayez-la avec une pinte de crême, cuite de la façon de la premiére neige que j'ai enſeigné ; mettez-y du ſucre en poudre à votre goût ; paſſez le tout par un tamis, & le mettez dans une ſarbotiére.

N E I G E de marrons. Enlevez la premiére peau à vingt-quatre marrons ; faites-les cuire au four, ou ſous la cloche ; mettez-les un moment dans une ſerviette, pour que la chaleur pénetre par tout ; épluchez-les bien, & prenez garde de n'en point mettre de mau-vais ; pilez-les avec de la crême ; délayez cette pâte avec une cho-pine de crême, cuite de la façon de la premiére neige que j'ai enſei-gné ; ajoutez-y du ſucre en poudre à votre goût ; paſſez le tout par un tamis, & le mettez dans une ſarbotiére.

N E I G E d'artichaux. Prenez trois ou quatre artichaux, dont vous ne prendrez que le cul ; faites-les blanchir juſqu'à ce qu'ils ſoient bien mollets ; pilez-les avec un quarteron de piſtaches bien mondées, & un quartier d'orange confite, & un peu de crême ; paſſez cette pâte par un tamis ; délayez-la avec une chopine de crême, cuite de la façon de la premiére que j'ai enſeigné ; ajoutez-y du ſucre en poudre à votre goût ; paſſez le tout par un tamis, & le mettez dans une ſarbotiére.

N E I G E de vin d'Efpagne. Ayez une farbotiére vuide mife à la glace ; mettez dedans deux bouteilles de vin d'Efpagne, deux verres de vin de Champagne , deux verres d'eau, deux verres de fucre clarifié : vous trouverez toujours votre vin égal, la raifon eft que le vin de Champagne lui redonne fa force, l'eau le fait prendre , & le fucre lui redonne fa douceur.

N E I G E de bifcuits d'amandes amères, de bifcuits à la cuillier & d'échaudés. Prenez l'une ou l'autre de ces efpèces, que vous ferez bien fécher à l'étuve ; pilez - la, & la paffez par un tamis. Préparez alors des mouffes de crême fans y mettre aucun goût ; mettez - les dans une farbotiére, & les faites prendre , en les travaillant légérement ; mettez-y ce que vous aurez fait paffer au tamis, & le mêlez légérement enfemble ; mettez - le tout - de - fuite dans vos moules, envelopez-les de papier, & les ferrez de glace, vous ferez fûr que ce que vous ferez fera auffi léger que le naturel.

Lorfque vous n'aurez point les fruits en nature pour faire toutes les neiges que je cite, il faut avoir recours aux marmelades ; fi vous. deftinez les neiges pour en faire des fruits glacés, & qu'il y en ait de refte , vous pourrez mettre le reftant de votre neige dans des. moules à canelons, ou autres moules de fer-blanc.

N E R V E R , fe dit des feüilles, des fleurs de paftillage , aufquelles on donne la figure naturelle, par le moyen d'un moule dans lequel on les imprime : le moule dans lequel on les imprime s'apelle nervoir. *Voyez* Fig. Planch. 7. Let. G.

N O G A T , eft un compofé d'amandes douces, ou pignons, de miel & de fucre.

### *Maniere de le faire.*

Prenez une livre de fucre, que vous ferez cuire à la plume, mettez - y alors une livre de miel de Narbonne ; mettez le tout dans. une poële fur un très-petit feu , & le remuez avec un rouleau continuellement pour le faire blanchir au moins pendant deux heures : vous connoîtrez fa cuiffon en mettant un couteau dedans, & le laissant filer, & lorsque le filet se casse net, il est cuit. Mettez-y des amandes, ou pignons en suffisance, que vous aurez pralinés au blanc; mêlez bien le tout ensemble, & le versez sur du pain à chanter, que vous aurez étendu exprès sur des feüilles de cuivre; couvrez-le de pain à chanter, & l'aplatissez comme le grillage avec un rouleau; coupez-le par morceaux, & le gardez dans un endroit qui ne soit point humide: on en garnit des assiettes, & même les jattes si l'on veut.

## NOISETTE. *Voyez* AVELINE.

NOIX, est un fruit assez connu de tout le monde; pour le confire, il le faut prendre verd, & que son bois ne soit pas encore formé.

### *Maniére de confire les noix blanches.*

Prenez de belles noix vertes; parez-les proprement jusqu'au blanc, & les jettez à mesure dans de l'eau fraiche, dans laquelle vous aurez mis un peu d'alun de glace en poudre; (a) faites boüillir de l'eau, & y mettez un peu d'alun; jettez vos noix dedans que vous aurez piquées, & tandis qu'elles boüilliront quelque tems, faites-en boüillir d'autres sur un autre fourneau, dans laquelle vous mettrez aussi de l'alun de glace, où vous changerez vos noix pour les achever de blanchir; piquez-les alors avec une épingle, comme les autres fruits que l'on fait blanchir: si elles quittent l'épingle, il faut les ôter, & les rafraichir; égoutez-les, & les remettez dans une autre eau fraiche, dans laquelle vous mettrez encore de l'alun de glace, pour les maintenir dans leur blancheur. Ayez du sucre clarifié froid dans une terrine, & prenez vos noix une à une; mettez-y un tailladin de citronade, & la jettez à mesure dans votre sucre: lorsque vous les aurez tous mis de cette maniére, vous les couvrirez avec un papier, & les laisserez ainsi reposer jusqu'au lendemain; égoutez alors votre fruit; donnez cinq ou six boüillons à votre sirop; laissez-le tiédir, jettez-le par dessus votre fruit, & le couvrez. Le lendemain égoutez votre fruit, & augmentez votre sucre s'il est besoin; faites-le cuire à perlé, & lorsqu'il sera tiéde, mettez-y votre

(a) L'alun les empêche de noircir.

fruit;

fruit ; laiſſez-le ainſi repoſer dans une terrine juſqu'au lendemain ; alors égoutez-le , & faites cuire votre ſirop à ſouflé, en augmentant toujours de ſucre s'il eſt beſoin , pour qu'il baigne dans le ſucre ; mettez-y vos noix, & leur donnez deux boüillons couverts ; mettez-les dans une terrine ; couvrez-les , & leur faites paſſer la nuit à l'étuve : enſuite vous les empoterez.

### Maniére de confire les noix noires.

Prenez des noix vertes ; parez-les légérement ; faites-les blanchir comme les blanches, ſans y mettre de l'alun ; faites-les rafraichir, & les laiſſez dans l'eau pendant vingt-quatre heures , les changeant d'eau deux ou trois fois ; mettez-les au ſucre comme les blanches , & les achevez de même ; mettez dans votre ſirop un petit ſachet garni d'épices ſuivant votre goût.

NOIX en façon de cerneau. *Voyez* CERNEAU.

NOYER de ſucre, ſe dit lorſque l'on fait, ou l'on dreſſe une compote, & que l'on y met trop de ſirop.

NOYER, ſe dit des fruits que l'on met au ſucre lorſqu'il y en a par trop ; ainſi on dit : vous noyez cette compote, vous noyez ces fruits, parce que vous mettez trop de ſucre.

NOMPAREILLE. *Voyez* DRAGE'E.

NOUVEAUTE', ſe dit de toutes ſortes de fruits , qui , par le ſoin & l'induſtrie des Jardiniers, viennent dans leur perfection ou dans leur maturité devant la ſaiſon ordinaire, ( a ) & ſur-tout en Hyver & au Printems ; ainſi ce ſont des nouveautés que d'avoir des fraiſes & des concombres au commencement d'Avril , des poires au commencement de May, des ceriſes précoces à la mi-May, des laituës pommées au mois de Mars , &c. Nouveauté eſt relatif au mot de précoce.

(a) La Quint. Tom. I. page 70.

X

## OEUF OEI

O E U F. On ne fe fert dans l'Office que des œufs de poule ; on clarifie le fucre avec le blanc. *Voyez* Sucre, vous trouverez la raifon pourquoi il fe clarifie. On employe encore les œufs que l'ou durcit pour garnir les falades.

### *Maniére de connoître les œufs frais.*

Aprochez-les un peu du feu, & s'ils jettent une petite humidité, c'eft marque qu'ils font frais.

OE U F. Petits œufs, ce font des œufs compofés, & que l'on met au caramel.

### *Maniére de les faire.*

Prenez les jaunes de douze œufs frais ; paffez-les par une étamine dans un poëlon ; mettez-y un peu de fucre en poudre ; faites-les cuire fur un feu doux, jufqu'à ce qu'ils foient en pâte ; fortez votre pâte du poëlon, & la maniez avec du fucre en poudre, & un peu de rapure de citrons ; formez-en des petits ronds, grands comme des groffes cerifes ; mettez-y des brochettes, & les tirez au caramel comme les marrons : on les fert fur des affiettes avec du papier deffous.

OE I L. On dit, cela a de l'œil, pour dire une chofe bien faite, ou d'un fruit, dont la décoration flatte la vuë.

OE I L de melon , c'eft l'endroit d'où fortent les bras : on le nomme auffi maille.

OE I L d'une poire , d'une pomme , c'eft l'extrémité opofée à la queuë : cet œil eft fait comme une petite couronne, qui eft enfoncée aux unes, & non aux autres.

OE I L L E T , eft une fleur qui vient fur une plante, dont les feüilles qui fortent de fa racine, font longues, étroites, dures, de couleur d'un beau verd ; du milieu de ſes feüilles, elle pouſſe des tiges de differentes hauteurs, qui portent à leurs ſommités de belles fleurs à pluſieurs feüilles, diſpoſées en rond : leur odeur eſt aromatique, tirant beaucoup ſur le girofle.

On s'en ſert pour faire des ſirops, des conſerves & des candys, qui ſe font de même que la fleur d'orange. *Voyez* l'un & l'autre article.

**OFFICE**, eſt le lieu où l'on prépare les fruits & les ouvrages de ſucre. L'Office eſt encore l'art de ſavoir faire toutes ſes differentes eſpèces, qui ſont, le four, le fourneau, l'étuve, le paſtillage, les glaces, & la décoration. *Voyez* chaque mot ſéparément. Il eſt de l'Officier de faire les ſalades ; d'avoir ſoin de l'argenterie ; de tenir le pain ; & de le diſtribuer ; de faire blanchir le ſel, & d'en garnir les ſaliéres ; de garnir les ſucriers, les huiliers, d'avoir ſoin du linge de table, & autre qu'on lui met entre les mains, & de faire mettre proprement le couvert des Maîtres : il y a cependant des Maiſons où l'on diſpenſe les Officiers de ces dernieres choſes.

**OIGNON**, eſt une plante aſſez connuë de tout le monde ; il y en a de deux eſpèces, le blanc & le rouge : ils ſe ſervent tous les deux pour des ſalades cuites. *Voyez* SALADE.

**OLIVE**, eſt un petit fruit oval, gros comme une mirabelle, qui croît ſur l'olivier cultivé, dont les feüilles ſont longuettes, pointuës, groſſes, vertes par-deſſus, & blanches par-deſſous ; ſes fleurs ſont comme celles du ſaule, mais plus petites : les olives viennent enſuite, qui ſont d'abord vertes, & enfin noires quand elles meuriſſent ; elles viennent dans les Païs chauds, comme dans la Provence & le Languedoc, où on les confit avec du ſel & de l'eau, ou dans une leſſive forte de chaux, ou de ſarmens, pour les rendre bonnes à manger, car au ſortir de l'arbre, elles ont un goût inſuportable ; on les envoye dans des petits barils ; elles ſervent pour des ſalades.

**ORANGE**, eſt une eſpèce de pomme ronde, belle, jaune & odorante, qui croît à un arbre que l'on nomme oranger. (*a*) Ses

(*a*) La Quint. *Traité des Orangers.*

feüilles ont la figure de celles du laurier, mais elles font plus grandes, toujours vertes ; fa fleur eft belle, blanche, & fort odorante, compofée ordinairement de cinq feüilles, difpofées en rond, & foutenuës par un calice : on cultive cet arbre dans tous les jardins, mais principalement dans les Païs chauds.

On les confit de même que les citrons, foit par quartiers, foit entieres tournées, foit par quartiers à jus, foit en marmelade, foit en conferve comme les citrons, &c.

### *Maniére de confire la fleur d'orange.*

Epluchez bien votre fleur, & choififfez la plus blanche ; blanchiffez-la de même que je le marque pour la marmelade de fleur d'orange ; paffez-la dans plufieurs eaux fraiches, & y exprimez le jus de deux citrons ; laiffez-la ainfi repofer dans l'eau jufqu'au lendemain ; égoutez-la, & la mettez dans un fucre froid clarifié ; couvrez-la avec du papier, & la laiffez ainfi jufqu'au lendemain ; égoutez votre fleur, & donnez une vingtaine de boüillons à votre firop ; attendez qu'il foit froid pour le mettre fur vos fleurs, continuez ainfi pendant deux jours ; alors égoutez votre fleur, & cuifez votre firop à gros perlé ; mettez-y vos fleurs, & les tirez du feu ; remuez votre poële, pour que le tout fe mêle, & les mettez dans des pots : pour empêcher que la fleur ne candiffe dans les pots. *Voyez* CONFITURE.

La fleur d'orange fe praline & fe grille. *Voyez* PRALINER & GRILLER.

ORANGE amère. *Voyez* BIGARRADE.

ORANGEAT. *Voyez* DRAGE'E.

ORANGEAT, eft une boiffon que l'on fait comme la limonade, à l'exception que l'on prend des oranges en place de citrons.

ORD D'OEUVRE. Ceux de l'Office, font les melons, les figues, les meures, le beure frais, les raves, & les petits artichaux nouveaux crus, qui fe fervent avec le fervice de cuifine.

ORGEAT, est une boisson fraiche, faite avec des amandes douces, du sucre, de l'eau de fleur d'orange, & de l'eau.

## Maniére de la faire.

Mondez une demi-livre d'amandes douces, avec une douzaine d'amères ; pilez-les bien, & les délayez avec deux pintes d'eau, suivant la force que vous y voudrez donner ; ajoutez-y du sucre & de l'eau de fleur d'orange à votre goût ; battez bien le tout ensemble ; passez-le par une étamine, & le mettez dans des bouteilles.

On fait encore de la pâte & du sirop d'orgeat, que l'on délaye avec de l'eau. Vous trouverez la maniére de les faire, *Voyez* PATE & SIROP.

---

## PAIN

PAIN. Le mot de pain a differentes significations dans l'Office pour le distinguer, comme les pains-d'épices, les pains à chanter & les pains de sucre.

PAIN-d'épice. Mettez dans une terrine trois livres de belle farine, & deux livres de sucre en poudre, avec du cloux de girofle, de la canelle, de la coriandre & de la muscade, de chaque espèce un quart d'once, que vous reduirez en poudre, & passerez par un tamis ; ajoutez-y une once de rapure de citron, & une once de citron verd confit, que vous couperez par petits morceaux, avec une livre & demie d'amandes douces pralinées au blanc. Quand vous aurez ainsi tout ceci préparé, faites boüillir une pinte de miel de Narbonne, dans lequel vous jetterez une goutte d'esprit-de-vin ; sitôt que vous le verrez boüillir, ôtez-le tout-de-suite du feu, & versez-le sur votre farine, où vous aurez mis tout ce que j'ai marqué ci-devant ; délayez le tout ensemble avec une spatule pendant l'espace d'une heure ; mettez votre pâte sur une table, & donnez à vos pains-d'épices, telle figure qu'il vous plaira ; dressez-les sur des feüilles de papier, lesquelles vous poudrerez auparavant de farine ; faites-les cuire à un four doux ; pour les lever, laissez-les réfroidir ; brossez-les, & les glacez de même que les bifcuits à l'Allemande apellés *Liftlen*. Comme les pains-d'épices, pour être bons, dépendent des goûts, l'on peut modérer les épices, & l'on peut fe fervir de toutes fortes d'écorces confites, & même y mettre des dragées.

PAIN à chanter, eft une chofe affez commune, & que l'on trouve par-tout ; il fert à mettre deffus & deffous le nogat : on en fait auffi des rubans. *Voyez* l'un & l'autre.

PAIN, fe dit encore du fucre, lorfqu'il eft en confiftence de pain de figure pyramidale.

PAPIER. Le papier eft une chofe très-néceffaire, & même une propreté dans les Offices ; on l'employe de differentes maniéres, foit pour couvrir, ou pour mettre deffus & deffous les confitures, foit pour mettre fur des affiettes ; il doit être proprement découpé par le fer, pour garnir les verres découpés.

### *Maniére de découper le papier.*

Prenez de beau papier, vous le frotterez légérement avec du favon blanc, qui foit bien fec ; pliez-le alors en trois doubles, de la même longueur que votre feüille ; ayez un bloc dans lequel il y aura une maffe d'une vingtaine de livre de plomb bien unie ; mettez votre fer fur votre papier, & le frapez avec un maillet de bois ; lorfque le fer aura coupé le papier, détachez-le légérement l'un de l'autre ; remettez-le bien jufte à côté, & continuez de même.

Pour préparer le papier découpé, & le coler après vos verres ; dépoüillez-le de tout ce qui fera inutile après ; mettez votre bande entre deux feüilles de papier, & le frottez avec quelque chofe d'unie pour unir votre papier découpé ; levez alors votre bande de papier découpé feüille à feüille, & en garniffez vos verres découpés, en attachant votre papier avec de la colle de farine.

PAPILLOTTE, fe dit de toutes fortes de petites garnitu-

res pour les fruits, que l'on envelope de papier en façon de papillotte, comme les diablotins, les piſtaches au chocolat, &c. pour
donner aiſance de les empocher proprement.

PARER, ſe dit des fruits, d'une poire, d'une pomme, &c.
C'eſt lorſqu'on leur enleve la peau proprement, en leur faiſant des
côtes avec le couteau. Parer, ſe dit encore d'un fruit que l'on nettoye
proprement ſans lui ôter la peau. Parer, ſe dit d'une figure de paſtillage que l'on lime & que l'on grate avec un ganif.

PASTEQUE, (*a*) ou melon d'eau, eſt un gros fruit rond,
charnu, couvert d'une écorce aſſez dure, mais unie & liſſe, de
couleur verte obſcure, marbrée, ou parſemée de tâches fort vertes
ou blanches ; ſa chair eſt ſemblable à celle du concombre, ferme,
rougeâtre, d'un goût doux & agréable ; elle renferme une pulpe,
ou une ſubſtance moëlleuſe, dans laquelle on trouve des ſemences
oblongues, larges, aplaties, ridées, noires ou rouſſes ; leur écorce
eſt dure ; en la caſſant l'on trouve dedans une petite amande
blanche & moëlleuſe ; cette amande peut ſervir dans le ſirop d'orgeat,
comme les quatre ſemences froides. Ce fruit croît ſur une plante qui
pouſſe pluſieurs tiges ſarmenteuſes, foibles, tendres, rampantes à
terre, veluës, revetuës de feüilles grandes, aſſez reſſemblantes à
celles des autres melons : l'on peut confire ce fruit, de même que le
cedra ; il ſert comme les autres melons pour hors-d'œuvre : on cultive ces fruits dans les potagers, mais les meilleurs ſont ceux qui
croiſſent dans les Païs chauds.

PASTILLAGE, eſt le nom d'une pâte de ſucre, laquelle,
lorſqu'elle eſt employée, on fait ſécher à l'étuve : on en fait differentes choſes, comme des figures, des fleurs, des ornemens, du
bâtonage, des paſtilles, &c.

(*a*) Paſteque vient du mot Italien *Paſteca* ; c'eſt ainſi que les Italiens le nomment : c'eſt
d'eux qu'on les tient en France.

PAS

*Maniére de faire la pâte de paſtillage.*

Prenez un quarteron de belle gomme adragante bien blanche ; mettez - la dans un pot de fayence ; jettez deſſus une première eau pour la laver ; égoutez - la, & la remettez ; mettez-y de l'eau tiéde de deux doigts plus haut que la gomme ; couvrez - la, & la laiſſez paſſer la nuit à l'étuve ; paſſez-la alors dans une étamine, ou ſerviette blanche qui ſoit neuve ; mettez votre gomme dans un mortier de marbre, avec un jus de citron ; pilez-la juſqu'à ce qu'elle blanchiſſe ; mettez - y petit-à-petit du ſucre paſſé au tambour, & environ trois onces de farine de ris, *Voyez* FARINE ; continuez à y mettre du ſucre en pilant votre pâte continuellement, juſqu'à ce que vous voyiez qu'elle ſoit bien blanche, & un peu maniable ; tirez - la du mortier, & la mettez ſur une table bien unie & bien propre ; maniez - la avec du ſucre royal, juſqu'à ce qu'elle ſoit ferme ; mettez votre pâte dans une terrine, & la couvrez avec une ſerviette légérement moüillée, pour l'empêcher de gerſer : ſi vous jugez à propos, vous y pouvez mettre de l'eſſence de quelle eſpèce il vous plaira, pour lui donner du goût.

Vous pouvez colorer cette pâte ſi vous voulez, c'eſt pourquoi conſultez le mot de couleur, vous trouverez toutes celles qui conviennent pour le paſtillage.

*Maniére de tirer une Figure de paſtillage.*

Tous les moules ſont bons pour le paſtillage, ſoit de plomb, de plâtre ou de bois. Lorſque vos moules ſeront propres, bien eſſuyés & bien ſecs, prenez toutes les piéces de votre moule, & les poudrez légérement avec une poudrette, dans laquelle vous aurez mis de l'amidon. Alors, ayez une pierre de marbre, vous formerez une abaiſſe de votre pâte de la grandeur du morceau que vous voudrez faire, & de l'épaiſſeur de deux écus de ſix francs ; imprimez votre pâte dans le morceau de votre moule ; ôtez le ſurplus de la pâte en la rognant avec un canif ; levez le morceau de pâte pour voir s'il eſt bien imprimé, repoudrez votre moule, & remettez votre pâte ; rognez bien la pâte qui debordera du moule ; continuez de faire les

autres

## PAS

autres morceaux qui se mettent ensemble, comme ceux d'un bras, d'une jambe & d'un corps ; alors, joignez-les ensemble, en mettant dans les jointures une petite abaisse de pâte de la largeur d'un demi doigt, que l'on moüille avec de l'eau , & que l'on pose proprement pour attacher les piéces ensemble. Lorsque votre bras , votre jambe, ou votre corps seront ainsi mis ensemble, ficelez votre moule, & le mettez à l'étuve avec un feu modéré, pour laisser sécher votre pâte dans le moule pendant sept à huit heures ; levez alors les morceaux de votre moule piéce par piéce, & mettez votre bras , votre jambe, ou votre corps sur un tamis à l'étuve , pour les achever de sécher comme il faut. Alors, prenez ce que vous aurez fait ; emplissez proprement avec la même pâte tous les vuides que vous trouverez ; remettez-les sécher encore jusqu'au lendemain ; alors, parez ce que vous aurez fait avec des limes ou ganifs, & les mettez ensemble avec la même pâte à l'étuve pour achever de les secher. Alors , vous y pourrez mettre le vernis. *Voyez* VERNIS. Observez que lorsque c'est une grande Figure, il faut la laisser plus long-tems à l'étuve, que l'on doit emplir de farine pour soutenir la pâte , & que l'on vuide lorsqu'elle est seche.

### *Maniére de faire les fleurs de pastillage.*

Il faut avant tout, avoir du fil-d'archal, recuit de la grosseur, & le coupez de la longueur que peut être la tige de la fleur que vous voulez faire ; il faut les garnir de soïe platte de la couleur qu'ils doivent être ; alors , garnissez les bouts de votre fil-d'archal avec du gros fil ciré, pour former un petit bouton qui puisse tenir la fleur, & pour qu'elle ne puisse pas échaper ; formez ensuite avec votre pâte , le mieux que vous pourrez , le cœur, la graine, ou le calice de la fleur que vous voulez faire ; laissez-les ainsi sécher , & lorsqu'ils seront secs, donnez-leur la couleur ; formez des petites abaisses de votre pâte, le plus mince que vous pourrez, sur une pierre de marbre, & les découpez avec un découpoir de fleur. Nervez-les dans un moule de bois, que vous aurez fait faire exprès ; donnez le mieux que vous pourrez le pli à vos feüilles , pour qu'elles imitent la na-

Y

ture ; laiffez-les ainfi fecher à l'étuve fur des tamis ; lorfqu'elles feront feches, maniez un peu de votre pâte avec un peu d'eau, pour la rendre plus maniable. Alors colez avec cette pâte vos feuilles contre la graine ou le cœur de votre fleur ; n'y mettez qu'un feul rang à la fois, & les laiffez fecher à mefure ; continuez ainfi jufqu'à ce que votre fleur foit de la groffeur que vous voudrez ; lorfqu'elles feront feches, donnez leur la couleur. ( *Voyez* COULEUR pour le paftillage. ) fi ce font des fleurs d'une feule couleur, comme les rofes, les jonquilles, les violettes, &c. il faut avant que de faire les feuilles, donner la couleur à votre pâte, en lui en donnant plus ou moins, fuivant la couleur pâle ou foncée que pourront avoir les feuilles de la fleur ; pour mieux imitèr les nuances, mettez alors vos fleurs de fucre dans des vafes de fucre, & les garniffez de feuilles vertes fuivant leur nature avec du velin que vous découperez. *Voyez* Planche 7.

### *Explication de la Planche 7.*

A. Table où l'on travaille les fleurs.
K. Pierre de marbre fur-quoi on les découpe.
C. Nervoir.
D. Découpoir à fleur.
E. E. E. Morceaux de bois dans lefquels on met les fleurs pour les finir.

PASTILLES, ou Ingrediens. Les paftilles font faites avec de la pâte de paftillage, & elles ne font paftilles, que lorfque la pâte de paftillage eft employée pour les paftilles que l'on veut faire.

Il y a des paftilles de toutes fortes de façons, de cachoux, de fafran, de parfait amour, de caffé, de chocolat, de fleur d'orange, de violette , de cédra , de bergamotte, d'ambre, d'orange, de canelle , de girofle, &c. Elles fe trouvent différentes des unes des autres, tant par le goût, que par la figure qu'on leur donne. Il faut avoir foin lorfqu'elles font faites, de les faire fecher à l'étuve fur des tamis, & de les conferver dans un endroit fec.

PASTILLE de cachoux. Prenez un quarteron de cachoux brut ; concaffez-le , & le mettez dans une poele à caffé ; faites-le brûler

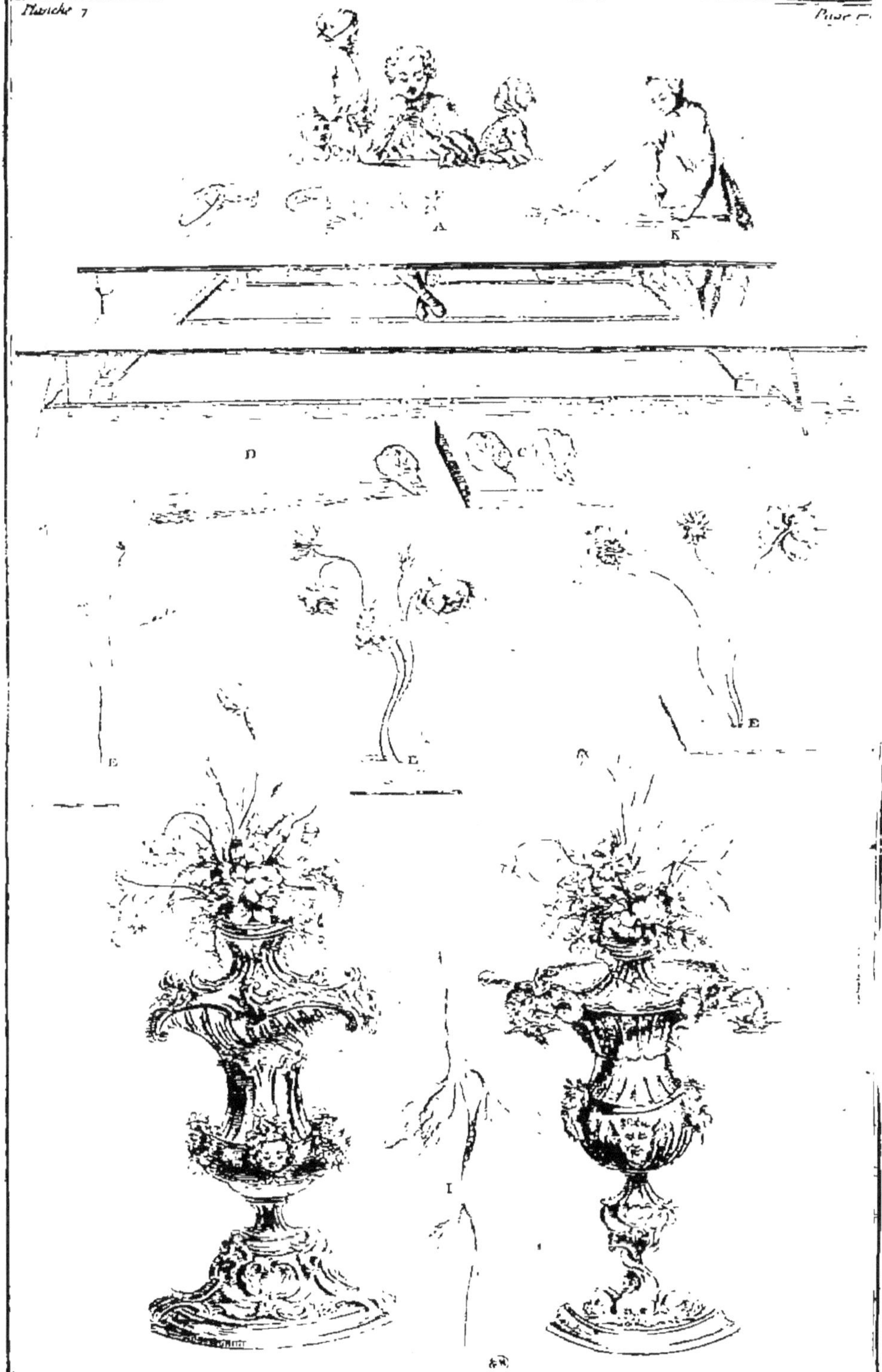
A
B
Y
D
C
E
E
I
E

comme le caffé, jufqu'à ce qu'il foit d'une couleur noire ; laiffez-le refroidir ; alors pilez-le bien , & le paffez au tambour ; prenez un quarteron de fleur d'orange pralinée, que vous ferez bien fecher à l'étuve ;
pilez-la bien , & la paffez au tambour ; prenez une livre & demie
de pâte de paftillage, ou faites-en d'autre avec du fucre commun ;
incorporez votre cachoux & votre fleur d'orange avec la pâte dans
un mortier , & la mettez en confiftence maniable ; faites de cette pâte
des paftilles de la figure d'un grain d'épine-vinette, & les faites bien
fecher à l'étuve.

PASTILLE de fafran. Prenez une demie once de fafran ;
faites-le fecher, & le broyez à fec fur un marbre, pour le mettre en
poudre très-fine ; prenez deux livres de pâte de paftillage ; incorpo-
rez-y votre fafran ; maniez tellement votre pâte, pour que le fafran
fe communique par-tout ; formez de cette pâte , des paftilles de la
figure d'un grain de bled.

PASTILLE de parfait-amour. Prenez une livre de pâte de
paftillage ; mettez-y de l'effence de cédra à votre goût ; mêlez dans
cette pâte du carmin pour lui donner une couleur de rofe ; formez-
en des abaiffes minces , & les découpez avec un découpoir de la figure d'un cœur.

PASTILLE de caffé. Prenez une demi-livre de bon caffé
torréfié , & paffé au tambour ; incorporez votre caffé avec deux
livres de pâte de paftillage ; formez avec cette pâte, des paftilles de
la figure d'un grain de caffé.

PASTILLE de violettes. Prenez une once de racine d'Iris
de Florence, que vous aurez paffé au tambour ; incorporez-la avec
une livre & demie de pâte de paftillage dans un mortier ; broyez bien
fur un marbre un peu d'indigo avec du jus de citron ; mettez-le
dans votre pâte pour lui donner de la couleur ; maniez bien le tout
enfemble , pour que la couleur fe trouve égale ; formez des abaiffes
avec votre pâte, & lui donnez telle figure qu'il vous plaira.

PASTILLE de chocolat fe fait de même que le caffé ; donnez une autre figure à la pâte.                    Y ij

PAS TILLE de fleur d'orange. Prenez une demie livre de fleur
d'orange pralinée bien seche ; pilez-la bien, & la passez au tambour ;
incorporez-la avec trois livres de pâte de pastillage ; formez-en des
abaisses, & donnez aux pastilles, telle figure qu'il vous plaira.

PASTILLE de cédra, de bergamotte, d'orange, d'ambre,
de canelle, de girofle, &c. Pour faire toutes ces pastilles, il faut
avoir des essences, & en mettre ce qu'il en faut pour donner le
goût à votre pâte. Alors, formez-en des abaisses ; découpez-les avec
des découpoirs, ou donnez-leur telle figure qu'il vous plaira, comme au girofle ; imitez la figure du cloux.

Lorsque vous aurez de toutes ces pastilles, il faut les servir dans
des très-petites caisses de papier que vous ferez exprès, soit sur des
assiettes, ou sur votre fruit : les pastilles sont comprises dans les garnitures des fruits.

PASTE, n'est autre chose qu'une marmelade que l'on tire au
sec, & que l'on met dans des petits moules de fer-blanc pour leur
en donner la figure : elles servent de garnitures dans les fruits.

Pour les faire, il faut avant tout, ranger vos moules de distance
en distance sur des feüilles de cuivre, *Voyez* Planche 1. Let. V. &
de-là, dressez votre marmelade dedans les moules avec une cuillier,
& les mettez tout-de-suite à l'étuve, jusqu'à ce que vous voyiez que
vous puissiez lever vos moules sans corrompre vos pâtes. Alors, enlevez vos moules, & remettez vos pâtes à l'étuve jusqu'au lendemain, avec un feu toujours égal & modéré ; lorsque vous verrez
que vos pâtes ne poisseront plus, & qu'elles seront revêtuës d'un
petit candy, (sinon laissez-les à l'étuve,) vous pourrez les lever avec
un couteau à pâte, que vous tremperez fait-à-mesure dans de l'eau
chaude, & les mettrez sur des tamis, ou lorsque vos pâtes ont un
fort candy, chauffez vos feüilles sur lesquelles seront vos pâtes sur
un fourneau, & les enlevez avec la main, ou avec un couteau à
pâte.

J'ai décris plusieurs façons de faire des marmelades, pour que
l'on puisse avoir l'aisance de faire des pâtes dans toutes les saisons,
quoiqu'il soit fort inutile de s'en servir lorsque l'on a les fruits en.

nature. C'eſt pourquoi préparez les marmelades de chaque fruit
telles que je les enſeigne à l'article des marmelades, & les deſſechez
de même ; alors faites cuire du ſucre clarifié à la plume, & le délayez petit-à-petit, & légérement avec votre marmelade, & à telle
quantité, juſqu'à ce que vous voyiez qu'en trempant le doigt dedans, le ſerrant contre le pouce, & le portant à l'oreille en les ſepa-
rant, vous l'entendiez faire du bruit ; alors, votre marmelade eſt
bien, & vous la pouvez dreſſer dans vos moules, en obſervant tout
le travail que j'ai marqué ci-deſſus.

Lorſque vous êtes obligé de vous ſervir de marmelades faites &
confites, il eſt bon de mêler avec un peu de marmelade de pommes
ſans ſucre, pour leur donner du corps, en les travaillant de même.

Vous pourrez de cette maniére faire des pâtes

| | |
|---|---|
| D'Abricots verds. | De Framboiſes. |
| De Ceriſes. | D'Abricots meurs. |
| De Groſeilles. | De Prunes. |
| De Poires. | De Verjus. |
| De Cédra, & d'autres fruits d'odeur. | D'Epines-vinettes. |
| De fleur d'orange. | De Coings. |
| De Pêches. | De Pommes. |

PASTE à la Naſſau. Préparez vos moules comme ci-devant ;
prenez ſix beaux coings ; ôtez-leur la peau & le cœur ; coupez-les
en petits morceaux ; faites-les blanchir dans une chopine d'eau ;
lorſqu'ils ſeront blanchis, mettez-y autant de pommes de reinette
coupées de même ; ajoutez-y près d'une livre de ſucre en pain ;
laiſſez cuire le tout enſemble, juſqu'à ce qu'il n'y ait preſque point
de jus, en les remuant légérement avec une petite ſpatule ; dreſſez-
les dans vos moules avec des fourchettes ; ſitôt qu'elles ſeront toutes
dreſſées, levez les moules, & mettez vos pâtes à l'étuve. Si vous les
voulez rougir, mettez-y de la cochenille préparée : ces ſortes de pâtes
peuvent ſervir au bout de quatre heures, en les mettant deſſus des
cartes comme les clarequets.

PASTE à l'Italienne. Faites des moules avec de bon papier,

ronds, & de la grandeur d'un petit écu ; vous les formerez fur un calibre de bois que vous aurez fait faire exprès ; alors faites une marmelade d'une douzaine de pommes, que vous deſſecherez bien, & rougirez avec de la cochenille préparée ; vous y mettrez du ſucre cuit à la plume, comme aux autres pâtes, & quelque peu de plus, pour les rendre bien liquides.

Alors, verſez-la dans vos moules de l'épaiſſeur de trois écus de ſix francs ; mettez-les tout-de-ſuite à l'étuve ; lorſque vous verrez qu'elles ſeront candies, ou croutées deſſus, mettez-les ſans-deſſus-deſſous, & les laiſſez ainſi à l'étuve, juſqu'à ce qu'elles vous paroiſſent croutées par-tout. Pour les lever, trempez vos moules dans de l'eau bouillante ; mettez-les ſur une table, & un moment après vous pourrez ôter le papier facilement ; rangez vos pâtes ſur des tamis, & les remettez un moment à l'étuve. Toutes les pâtes ſont compriſes dans les garnitures des fruits : toutes les pâtes qui n'ont plus d'œil, quoique toujous bonnes, ſe mettent au candy. *Voyez* CANDY.

**PASTE** au ſucre en poudre, ou groſſe pâte. Prenez telle eſpèce de fruit qu'il vous plaira ; faites-en de la marmelade, & la deſſechez bien ; prenez alors une livre de ſucre en poudre ſur une livre de fruit ; délayez-le dans votre marmelade ; laiſſez-la fremir un moment, & la mettez dans des grands moules de fer-blanc de la même figure que les petits, *Voyez* Planche 1. Let. X. 6. 6. 6. mettez-les à l'étuve, & lorſque vous les verrez un peu fermes, levez les moules ; remettez-les à l'étuve juſqu'à ce qu'elles ſoient bien ſeches ; levez-les de vos feüilles, & les gardez dans des coffrets : lorſque l'on veut ſervir ces pâtes, on les coupe de la grandeur des petites pâtes.

**PASTE** d'orgeat. Mondez quatre livres d'amandes douces, un quarteron d'amères ; pilez-les bien en conſiſtence de pâte fine avec de l'eau de fleur d'orange, & une livre des quatre ſemences froides ; mettez-y huit livres de ſucre en poudre ; battez-bien le tout enſemble dans le mortier pendant une heure, & la ſerrez dans des pots. Lorſque vous voudrez vous en ſervir, délayez cette pâte avec de l'eau fraiche ; paſſez le tout par une étamine, & votre orgeat ſera fait.

**P A S T E**, se dit des massepains, du pastillage, du biscuit de toutes façons, & de toutes autres choses d'Office, où il y entre de la farine.

**P A S T E'** d'hermite. On apelle pâté d'hermite une figue seche, dans laquelle on a mis une amande douce ; on aplatit pour-lors cette figue , & on la coupe en deux ; on met ces morceaux au caramel comme les marrons : on n'en fait ordinairement qu'en Carême, cela sert de garniture.

**P A V I É**, est une espèce de pêche qui ne quitte point le noyau. (a) Le nom de pavie, dans la plûpart des Provinces, est le terme général qui signifie, tant les pavies qui ne quittent pas le noyau, que les pêches qui le quittent ; l'un & l'autre sont connus par leur grosseur, couleur, figure, goût, chair, eau, peau, noyau, &c. L'arbre qui les produit se nomme Pêcher.

On le confit de même que les pêches, & on l'employe de même dans toutes les maniéres du travail de la pêche. On en met à l'ambre, en mettant un peu d'ambre dans un petit sachet, & que l'on met dans le sirop pour leur en donner le goût : lorsque le pavie est bien meur, on le sert cru.

**P E A U** des fruits, c'est la superficie qui envelope la chair des fruits ; les uns l'ont plus douce, les autres l'ont plus rude ; les uns l'ont lisse & rase comme les cerises, les prunes, les pêches violettes, les brugnons, & les autres l'ont un peu veluë comme toutes les autres pêches & les coings ; les uns l'ont plus moëlleuse & douce au toucher, comme les pêches meures ; les autres l'ont plus ferme, comme les pêches qui ne sont pas encore meures, & les pavies, &c.

**P E S C H E**, est un fruit qui a un goût délicieux ; il est charnu, & contient un suc vineux fort agréable au goût. Il renferme un noyau composé de deux tables, qui sont creusés en dehors, & des fosses assez profondes. Il croît sur un arbre assez petit, dont les feüil-

(a), La Quint. tom. 1. Part. I. pag. 41.

les & les fleurs reſſemblent à l'Amandier, à la réſerve que les fleurs du Pêcher ſont rouges ; ſon bois eſt léger & fragile, & ſa racine peu profonde : cet arbre eſt cultivé dans les jardins.

Il y a des pêches de pluſieurs eſpèces, & qui ne viennent que par l'artifice des Jardiniers, & de l'induſtrie de les enter, comme

| | |
|---|---|
| La Pêche admirable. | La Pêche perſique. |
| La Pêche mignone. | La Pêche violette. |
| La Pêche chévreuſe. | La Pêche d'Italie. |
| La Pêche nivette. | La Pêche roſſane. |
| La Pêche pourprée. | La Pêche Madelaine. |

### *Le mérite & les bonnes qualités des Pêches.*

Le mérite des pêches conſiſte aux bonnes qualités qu'elles doi-vent avoir.

La première, eſt d'avoir la chair ſi peu que rien ferme, cependant fine, ce qui doit paroître quand on leur ôte la peau, laquelle doit être fine, luiſante & jaunâtre, ſans aucun endroit de verd, & doit ſe déprendre fort aiſément, ſans quoi la pêche n'eſt pas meure : ce mérite paroît encore quand on coupe la pêche avec le couteau, qui eſt ce me ſemble, la première choſe à faire à qui la veut agréable-ment manger, & pour-lors on voit tout le long de la taille du couteau comme une infinité de petites ſources, qui ſont les plus agréables du monde à voir. Ceux qui ouvrent autrement les pêches, perdent ſouvent la moitié de ce jus, qui les fait eſtimer de tout le monde.

La ſeconde qualité de la pêche, eſt que cette chair fonde dès qu'elle eſt dans la bouche : & en effet, la chair des pêches n'eſt proprement qu'une eau congelée qui ſe reduit en eau liquide pour peu qu'elle ſoit preſſée ſous la dent, ou d'autre choſe.

Troiſiémement, il faut que cette eau en fondant ſe trouve douce & ſucrée, que le goût en ſoit relevé & vineux, & même en quel-ques-unes, muſqué. Il faut que le noyau ſoit fort petit, & que les pêches qui ne ſont pas liſſes, ne ſoient que médiocrement veluës ; le duvet eſt une marque aſſez certaine du peu de bonté de la pêche:

ce

ce duvet tombe presque tout-à-fait aux bonnes, & particuliérement à celles qui sont venuës en plein air.

Je compterois enfin pour une des principales qualités de la pêche d'être grosses, si nous n'en avions pas de petites qui sont meilleures, comme les pêches mignones, les pêches violettes, &c. Mais au moins est-il vrai que si les pêches, qui doivent être assez grosses, n'aprochent pas de la grosseur qui leur convient, ou qu'elles la passent de beaucoup, elles sont constamment mauvaises.

Il n'y a véritablement, comme j'ai dit ci-dessus, que les pêches de plein-vent qui ayent toutes ces bonnes qualités au souverain degré, avec un je ne sçais quoi de relevé, qu'on ne sçaurois décrire ; les pêches des paliers en ont bien quelque chose, mais elles ne l'ont pas au point que je viens de dire pour les pêches de plein-vent.

### *Les mauvaises qualités des Pêches.*

Elles consistent premiérement à avoir la chair molle, & presque en bouillie : les blanches d'Andilly sont fort sujettes à ce défaut.

En second lieu, à avoir la chair pâteuse & séche, comme la plûpart des pêches jaunes, & la plûpart des autres pêches qu'on a trop laissé meurir sur l'arbre.

En troisiéme lieu, à la voir grossiére comme les druselles, & les pêches bette-raves.

En quatriéme lieu, à avoir l'eau fade & insipide, avec un goût de verd & d'amer : telles sont d'ordinaire les pêches communes, autrement pêches de corbeil & de vigne.

En cinquiéme lieu, c'est un défaut d'avoir la peau dure, & d'être quelquefois si vineuses, qu'elles en tirent sur l'aigre.

Il ne doit pas être difficile après ces explications de juger des bonnes pêches, & parmi les bonnes de juger des meilleures ; non plus que de juger des mauvaises, & parmi ces mauvaises, de juger de celles qui le sont le plus. Il est certain qu'on ne trouve pas toujours parfaites toutes les pêches d'une certaine espèce qui le devroient être, ni même toutes les pêches d'un même arbre ne sont pas d'une égale bonté.

Z

J'ai déja dit que c'est un grand defaut à la pêche d'être ou trop grosse, ou trop petite ; c'en est un d'être trop meure, ou trop peu.
Les pêches, pour avoir leur juste maturité, doivent tenir si peu que rien à la queuë ; celles qui y tiennent trop, & qui quelquefois emportent la queuë avec elles, ne font pas assez meures ; celles qui y tiennent trop peu, ou point du tout, & qui peut-être étoient déja détachées d'elles-mêmes, & tombées à terre, font trop meures, elles font passées ; il n'y a que les pêches lisses, tous les brugnons, & tous les pavies, qui ne sauroient presque avoir trop de maturité ; ainsi à leur égard, ce n'est pas un defaut d'être tombés d'eux-mêmes.

*L'Admirable.* Elle a presque toutes les bonnes qualités qu'on peut souhaiter, & n'en a point de mauvaises. Elle est une des plus grosses & des plus rondes ; elle a le coloris beau, la chair ferme, fine & bien fondante, l'eau douce & sucrée, le goût vineux & relevé ; elle a le noyau petit, & n'est point sujette à être pâteuse : elle meurit à la mi-Septembre.

La *Mignone*, est une des plus belles pêches que l'on puisse voir ; elle est assez grosse, très-rouge & ronde, elle meurit des premières de la saison ; elle a la chair fine, & bien fondante, & le noyau très-petit ; véritablement son goût n'est pas toujours des plus relevé, il y a quelquefois quelque chose de fade, mais cela n'empêche pas qu'elle ne soit belle & bonne : elle meurit à la mi-Août.

La *Chevreuse*, est une pêche qui ne céde à aucune par sa grosseur & par la beauté de son coloris : elle a une belle figure qui est un tant soit peu longuette, la chair fine & fondante ; elle abonde en eaux sucrées, & de bon goût : elle meurit au commencement de Septembre.

La *Nivette*, autrement la *Velouté*, est une très-belle & très-grosse pêche ; elle a un beau coloris en dedans & en dehors, qui rend le fruit agréable à voir ; elle a toutes les bonnes qualités intérieures, soit de la chair & de l'eau, soit du goût & du noyau : elle meurit en Octobre.

La *Pourprée*, elle marque son coloris par un de ses noms, & les qualités de son goût par l'autre ; elle est d'un rouge brun, enfoncé, dont la chair est pénétrée ; elle est ronde & assez grosse ; sa chair est assez fine, & son goût relevé : elle meurit à la mi-Septembre.

La *Persique* est d'un meilleur goût ; elle est longuette, & a toutes les bonnes qualités de la pêche ; son noyau est un peu longuet : la chair qui lui est voisine, n'a qu'un tant soit peu de couleur : elle meurit à la mi-Septembre.

La *Violette* est d'un goût agréable & vineux, laquelle, lorsqu'elle est bien meure, se colore, & passe toutes les autres : son defaut est de ne point meurir, & de crevasser par-tout quand la fin de l'Eté & de l'Automne sont trop humides ou trop froides : elle meurit en Octobre.

Celle d'*Italie*, est une espèce de persique hative, & ressemble en tout à la persique ordinaire par sa grosseur, par sa figure, qui est longuette, avec une tête au bout, par son coloris, qui est d'un bel-incarnat, un peu enfoncé, par son goût, sa bonne chair, & son noyau : celle-ci meurit à la mi-Août.

La *Rossane* ressemble en grosseur & figure à la *Mignone*, & lui est differente en couleur de peau & de chair, celle-ci l'ayant jaune ; l'une & l'autre prennent au Soleil une teinture très-forte, c'est-à-dire un rouge fort obscur : celle-ci est d'un fort bon goût, & n'a d'autre defaut que d'avoir un peu de penchant au pateu ; il faut pour en éviter le dégoût, ne l'a pas tant laisser meurir, & la cueillir au mois de Septembre.

La *Madelaine* ; il y en a de deux espèces, la blanche & la rouge ; elles sont rondes, plates, camuses, extrêmement colorées en dehors, & assez en dedans, sur-tout la rouge ; elles sont médiocrement grosses, & sujettes à devenir jumelles ; leur chair est assez fine, & assez de bon goût : l'une & l'autre meurissent à la mi-Août.

Lorsque ces pêches sont d'une bonne maturité, on les sert crues

fur des gobelets, en mettant deſſous une petite feüille de vigne : on
en fait des compotes, des marmelades, des neiges, des fruits glacés :
on les met à l'eau-de-vie comme les abricots, en les faiſant un peu
blanchir pour leur enlever la peau. *Voyez* l'un & l'autre, & lorſqu'elles ne ſont pas tout-à-fait meures, on les confit.

### *Maniére de les confire.*

Prenez vos pêches proprement, & leur ôtez le noyau pour les
mettre par quartier ; ayez de l'eau boüillante ſur le feu ; jettez-y vos
pêches pour les blanchir ; à meſure qu'elles monteront au-deſſus de
l'eau, vous les tirerez, & les mettrez rafraichir dans de l'eau ; égoutez vos pêches ; mettez du ſucre clarifié ſur le feu ; donnez-lui un
boüillon, & y mettez vos pêches ; donnez-leur deux ou trois boüillons, & les écumez bien ; mettez-les dans une terrine, & les couvrez ; laiſſez-les ainſi juſqu'au lendemain ; égoutez-les, & faites cuire
votre ſirop à liſſe, en l'augmentant de ſucre s'il eſt beſoin ; mettez-y
votre fruit, & lui faites prendre un boüillon ; ôtez-les du feu, &
les remettez dans votre terrine juſqu'au lendemain à l'étuve : dès-
lors vous pouvez les tirer à l'étuve, & les mettre à oreille comme
les abricots.

Si vous voulez les mettre dans des pots, égoutez-les encore, &
donnez quelques boüillons de plus à votre ſirop ; mettez-y votre
fruit, & lui donnez un boüillon couvert ; écumez-le bien, &
l'empotez.

PEPIN. *Voyez* FRUIT.

PERCE-PIERRE. *Voyez* CRITTE-MARINE.

PERLE'. Cuiſſon du ſucre. *Voyez* CUISSON.

PERLER, ſe dit des dragées. *Voyez* DRAGE'E.

PERLOIR, eſt un entonnoir de fer-blanc, dont le trou
eſt fort petit, & dans lequel on met du ſucre cuit à perlé, qu'on
laiſſe filer doucement ſur les dragées pour les perler. *Voyez* Pl. 2. L. O.

**PIERRE** de marbre, est une pierre sur laquelle on fait des abaisses de pastillage ; la pierre de marbre est plus commode que les planches unies, parce que par sa fraicheur elle empêche que la pâte ne se gerse.

**PIERRE** safranée, est une pierre friable, facile à couper comme le talc, se separant en parties droites & fermes, de couleur safranée, & luisante : on en trouve en Espagne, & en Boheme. Cette pierre lorsqu'elle est bien broyée avec de l'eau sur un porphyre, sert à colorer les oranges glacées, dont elle imite la couleur.

**PIERREUX**, est un terme apliqué aux fruits qui sont pierreux.

**PIGNON**, est une espèce de petites amandes longuettes & à demie rondes, qui se trouvent dans les pommes de pin, où elles sont formées dans plusieurs célules ou cavités. La coque des pignons est ligneuse & fort dure, mais le fruit qu'elle renferme est tendre, d'un goût très-doux, & assez agréable : ce fruit vient en Provence & dans le Levant. On employe le pignon de toute maniére, comme les amandes douces, soit pour du grillage, du nogat, des pralines, ou pour faire des petits macarons.

**PILASTRE**, est le nom d'un verre à tige qui sert à soutenir les verres découpés : il y en a de differente hauteur. *Voyez* leur Fig. Planche 3. Let. C. H.

**PIMPRENELLE**, ou pimpinelle, est une plante qui produit de sa racine trois ou quatre tiges menuës, garnies de quantité de petites feüilles rondes, & la plus grande partie sort dès le bas de la tige : elle sert de fourniture dans les salades.

**PIQUER.** Ce terme à differentes significations : on dit piquer un diablotin, c'est d'y mettre du canelas lorsque le chocolat est encore mou ; piquer un abricot, c'est d'y mettre du bâtonage coupé également. On dit encore piquer un fruit avec la pointe d'un couteau, ou une épingle, pour empêcher que la peau ne creve lorfqu'on les fait cuire, ou pour que l'eau pénetre mieux dans fa chair.

PYRAMIDE fe dit dans l'Office de plufieurs fruits de même efpèce mis les uns fur les autres, comme des cerifes, des prunes de toute efpèce, & d'autres petits fruits, lefquels fe dreffent fur des drageoires.

Pyramide fe dit de la canelle, & de l'angelique au candy, du chocolat en diablotins piqués de canelas, des abricots, des pêches piques de bâtonage au candy, lorfqu'étant mis artiftement les uns fur les autres, on leur donne une figure pyramidale.

Pyramide fe dit encore du bâtonage que l'on met l'un fur l'autre, & que l'on cole avec de l'eau. Je joins ici plufieurs deffeins de pyramides de bâtonage. *Voyez* Planche 8. C'eft au Chef à montrer aux Aprentifs la façon de s'y prendre, pour qu'ils puiffent réuffir; en leur faifant faire du bâtonage qui foit plat, & d'autre quarré, pour qu'ils ayent plus d'aifance à former les differens contours des deffeins, & de leur faire faire les morceaux d'ornemens détachés, en leur donnant pour les guider des papiers détachés, coupés fuivant le deffein de la pyramide qu'ils doivent faire, & que l'on cole derriere un verre. *Voyez* Planche 8. Let. A. Cela leur donne une facilité de fuivre les contours; d'ailleurs ceux qui ont envie de faire des pyramides de bâtonage, c'eft a eux de fe confulter s'ils ont du deffein, de la patience & de l'adreffe. Pour faire le bâtonage. *Voyez* BATONAGE.

PISTACHE, eft une amande de couleur verte mêlée de rouge en dehors, verte en dedans, d'un goût doux & agréable. Les piftaches ont deux écorces; la premiére eft tendre de couleur verdâtre mêlée de rouge. La feconde eft dure comme du bois, blanche & caffante. La piftache croît fur un arbre qui porte des feuilles faites comme celles du Terebinthe ordinaire, mais plus grandes, plus netveufes, quelquefois arrondies par le bout, quelquefois pointues, rangées plufieurs fur une longue côte terminée par une feule feuille, les fruits naiffent par grappe fur des pieds qui ne portent point de fleurs. On nous les aporte feches de Perfe, des Indes, & des Ifles : on employe les piftaches en bifcuits, en conferves, en neiges, dans les

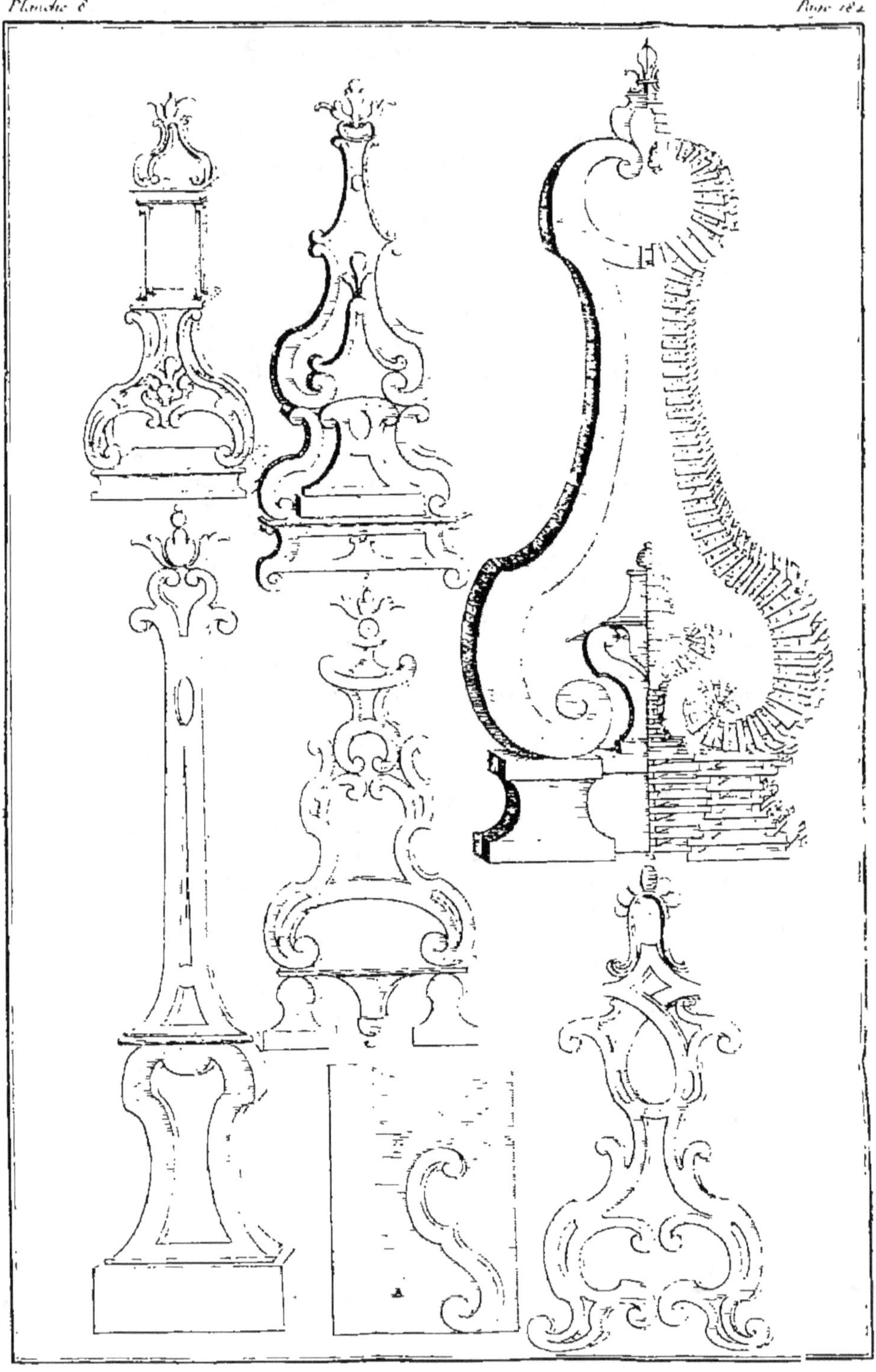

ointues,
feule feüille;
ent point de
des Iſles : on
es, dans-les

fromages glacés, en dragées, en pralines. *Voyez* l'un & l'autre, vous trouverez leur employ.

PISTACHE au chocolat. Ayez des piftaches bien mondées ; faites diffoudre du chocolat comme pour les diablotins ; prenez une piftache , & la couvrez de chocolat ; mettez-la dans de la nompareille fi vous le jugez à propos.

PLAFOND, utenfile d'Office, eft une efpèce de feüille de cuivre, ronde, qui a un petit rebord. *Voyez* Planche 2. Let. L. Elle fert à differens ufages.

PLATEAU, eft une glace, ou un verre fondu tout uni, de la grandeur de la jatte fur laquelle vous le mettez pour monter vos verres découpés & vos gobelets. Les plateaux doivent toujours être de la grandeur des jattes : lorfqu'il y a du rifque, & que l'on craint que le plateau ne fe caffe par la charge que l'on doit mettre deffus, il en faut faire faire de bois.

On apelle encore plateau des planches aufquelles on donne differentes figures, aufquelles on met des cadres , & que l'on fait faire exprés pour des dormans dans les grandes tables, & qui fe joignent les uns avec les autres. *Voyez* Planche 10. A. A. A. coupe des dormans.

PLEIN-VENT. Fruits à plein-vent font ceux qui naiffent fur des arbres, qui s'élevent naturellement fort haut, & que l'on ne rabaiffe pas.

PLEIN-SUCRE, terme d'Office. C'eft une livre de fucre pour une livre de fruit : cependant ce n'eft point une régle, car lorfqu'il faut confire de gros fruits comme cédra, orange, &c. il en faut davantage ; c'eft pourquoi plein-fucre veut dire nager dans le fucre.

PLUME. Cuiffon du fucre. *Voyez* CUISSON.

P O E L E S, font des utenfiles d'Office. Les poëles doivent être de diverſes grandeurs, les unes plattes, les autres creuſes, pour qu'elles puiſſent fervir à differens uſages. *Voyez* Planche 1. Let E.

P O E L E branlante, eft celle dans laquelle on fait la dragée, & qui eſt fufpenduë en l'air avec des cordes  La même fert fur le tonneau, comme je l'ai expliqué. *Voyez* D R A G E'E. Vous verrez ſa Fig. Planche 2. Let F. H. ſon foyer. I. la poële fur le tonneau. K. le tonneau.

P O E L O N, eſt une eſpèce de petite poële à queuë, les uns font grands, plats, & d'autres creux ; il y en a qui ne font deſtinés que pour le caramel. *Voyez* Planche 1. Let. F.

P O I R E, eſt un fruit connu de tout le monde, dont il y a des eſpèces fort differentes, que l'on diſtingue par la groſſeur, par la couleur, par la figure, par l'odeur & par le nom. Ce fruit croît fur le Poirier cultivé ; il a le tronc aſſez gros ; ſon bois eſt de couleur jaũnâtre ; ſes feüilles font vertes, mais blanchâtres à leur extrémité inferieure ; elles font arrondies, oblongues, & ſe terminent en pointes ; ſa fleur eſt à cinq feüilles blanches diſpoſée en roſe ; à cette fleur ſuccede un fruit charnu, gros par un bout, & plus menu du côté où il eſt attaché à la queuë.

Les poires ont differentes ſaiſons pour être employées ou pour être mangées. C'eſt pourquoi après avoir marqué les bonnes & mauvaiſes qualités des poires, je ferai leurs deſcriptions & les détaillerai ſuivant leurs ſaiſons.

## *Bonnes & mauvaiſes qualités des Poires.*

Il faut que les poires cruës ayent en premier lieu la chair beurée, ou tout-au-moins tendre & délicate, ſucrée, de bon goût, & ſurtout quand il s'y rencontre un peu de parfum, telles font les poires de bergamotte, de verte-longue, de beurée, de l'echaſſerie, d'ambrette, de rouſſelet, de virgoulée, de ſaint-germain, de craſane, de petit muſcat, de cuiſſe-madame, &c.

En

En second lieu , au défaut de ces premiéres , les poires doivent avoir la chair cassante , avec une eau douce & sucrée , & quelquefois un peu parfumée , comme le bon-chrétien d'Hyver, le bon-chrétien d'Eté musqué, le martin-sec , & même quelquefois le portail , le messire-jean, &c.

En troisiéme lieu, celles qui ont un assez grand parfum, ne doivent point avoir leur odeur renfermée dans une chair extrêmement dure , pierreuse & pleine de mare , comme l'amadote, la grosse queuë, le citron, le gros musqué d'Hyver, &c. Cette dureté & cette pierre font un grand défaut dans toutes sortes de poires.

Après avoir expliqué ce qui plaît dans les poires, il n'est pas difficile de deviner ce qui y peut particuliérement déplaire, & sans doute, c'est premiérement une chair qui, au lieu d'être ou beurée, ou tendre, ou agréablement cassante, se trouve pâteuse comme celle de la bellissime, du beuré musqué, du beuré blanc, de la plûpart des doyennés, &c. ou aigre comme celle de la vallée ordinaire, &c. ou dure & coriasse comme celle de la bernardiere , &c. ou pleine de mare & de pierre comme celle du pernan musqué, &c. ou d'un goût sauvage comme les poires de fosse, & une infinité d'autres.

A l'égard des poires à cuire, il faut les choisir grosses, ayant la chair douce & un peu ferme, & sur-tout celles qui se gardent assez avant dans l'Hyver, comme le bon-chrétien, la colmar, &c.

Celles que l'on confit, que l'on garde avec leur sirop, soit pour les tirer à l'étuve, ou pour les mettre au tirage, font les grands & petits rousselets, & les blanquets.

### Poires d'Eté des mois de Juillet & d'Août.

Les Poires d'Eté font le petit muscat, la cuisse-madame, le rousselet d'Eté, la blanquette, la poire à la reine, la bellissime, le rousselet de Rheims, la cassolette, la bergamotte, l'inconnu cheneau, la robine & la poire sans peau.

Le *Petit muscat* , est une des premiéres poires que l'on mange ; elle est fort petite ; elle a une odeur de musc, & le goût très-relevé : elle est demie beurée.

La *Cuisse-Madame* est longuette & menuë, rouge & jaune : elle a la chair ferme, l'eau fort douce & sucrée : elle est demie beurée.

Le *Rousselet* d'Eté ressemble assez au rousselet ordinaire pour la figure & pour le goût ; il est en maturité vers la fin de Juillet : il est demi beuré.

La *Blanquette* est plus longue que ronde ; sa peau est lissée ; elle a l'eau relevée & sucrée, & la chair cassante : on la confit comme le rousselet.

La *Poire à la Reine* a plusieurs noms ; elle se nomme le muscat-robert, & la poire d'ambre ; elle est plus grosse que le petit muscat, plus jaune, & d'un goût très-relevé : elle a la chair tendre, c'est-à-dire qu'elle n'est ni beurée ni cassante.

La *Bellissime* est une poire qui a la figure d'une grosse figue ; sa couleur est un jaune fouetté de rouge : elle a le goût très-relevé, & la chair demie beurée : il la faut cüeillir un peu verte, parce qu'elle est sujette à cotonner.

Le *Rousselet de Rheims* est connu pour être une des meilleures poires qu'il y ait ; il est beuré & musqué ; il vient plus gros en espalier qu'en plein-vent, mais il n'a pas un si grand goût que celui qui vient sur les hautes tiges. Il y a encore une autre poire de rousselet qui est plus petite ; elle a un goût plus relevé, & n'est pas si sujette à mollir ; elle se garde plus long-tems, & est excellente pour confire : la poire blanquette se confit de même.

### *Manière de confire le Rousselet.*

Prenez lesquelles vous voudrez de ces poires ; piquez-les à l'œil avec votre couteau ; faites-les blanchir, & empêchez que l'eau ne boüille ; lorsque vos poires seront un peu mollettes, rafraichissez-les dans une autre eau, & les parez proprement : observez de leur laisser la queuë, & les parez. Jettez-les fait-à-mesure dans de l'eau fraiche ;

égoutez-les alors, & les mettez dans un sucre clarifié, & leur donnez une vingtaine de boüillons ; laissez-les ainsi reposer jusqu'au lendemain ; égoutez-les alors, & faites cuire votre sirop à lissé ; mettez
votre fruit dedans ; donnez-lui deux ou trois boüillons. Le jour suivant vous ferez cuire votre sirop à perlé , après avoir égouté votre
fruit ; mettez-y votre fruit, & lui donnez un boüillon ; mettez-le
dans une terrine que vous couvrirez avec du papier jusqu'au lendemain ; alors vous égouterez votre fruit pour l'achever, en faisant
cuire votre sirop à soufflé ; mettez-y votre fruit, & lui donnez un
boüillon couvert ; écumez-le bien, & attendez qu'il soit un peu froid
pour l'empoter, ou tirez-le à l'étuve.

La *Cassolette* est une poire qui a la figure d'une cassolette, ce qui
lui en a fait donner le nom. Elle est verdâtre ; son eau est très-mus-
quée & sucrée ; elle a la chair tendre & cassante ; elle se garde assez
long-tems, ce qui n'est pas ordinaire aux fruits.

La *Bergamotte d'Eté* ressemble assez à la bergamotte d'Automne ;
elle a l'eau sucrée, & la chair demie beurée.

*L'inconnu cheneau* est une poire qui est cassante, plus longue que
ronde , qui a du rouge & du jaune , point pierreuse : son eau est
sucrée & relevée.

La *Robine* se nomme aussi la Royale d'Eté ; elle est petite, très-
musquée , & a la chair cassante.

La *Poire sans peau* est longue, elle a la peau très-fine, & c'est ce
qui lui a fait donner le nom de poire sans peau : elle est demie beurée ; son eau est sucrée, & elle mérite d'être mise au nombre des
excellentes poires d'Eté.

### Poires du mois de Septembre.

Les poires du mois de Septembre sont le bon-chrétien d'Eté, le
bon-chrétien musqué, l'orange rouge, l'orange musquée, le salviati,

la verte longue, le beuré rouge, le beuré gris, la belliffime, l'épine
d'Eté, & la crafane.

Le *Bon-chrétien d'Eté* eſt connu de tout le monde ; il eſt jaune,
liſſé, long, plein d'une eau ſucrée, & la chair demie caſſante. Quoiqu'il ne ſoit pas eſtimé des curieux, il a néanmoins ſon mérite lorſqu'il vient dans les terres chaudes.

Le *Bon-chrétien muſqué* eſt une poire longue, d'une groſſeur
raiſonnable ; ſa peau eſt jaune, liſſée, foüettée de rouge lorſqu'on a
ſoin d'ôter les feüilles qui la cachent au Soleil ; ſa chair eſt caſſante,
d'un goût parfumé, & ſon eau très-ſucrée.

L'*Orange rouge* eſt une poire de la couleur d'un rouge de corail ;
elle a l'eau ſucrée, & la chair caſſante : il faut la cüeillir un peu verte,
afin qu'elle ne ſoit point cotonneuſe.

L'*Orange muſquée* eſt une poire qui donne au commencement
d'Août, & continuë pendant le mois de Septembre ; elle eſt médiocrement groſſe, plate, aſſez colorée, ayant la queüe longuette, la
peau aſſez ſouvent tiétée de petites marques noires, & la chair
aſſez agréable, mais ayant un peu de mare.

Le *Salviati* reſſemble entiérement par ſa figure à un beſidery,
mais non pas par ſa couleur. C'eſt une poire aſſez groſſe, ronde,
ayant la queüe longue, aſſez menüe, un peu enfoncée ; l'œil pareillement un peu enfoncé & petit ; le coloris d'un jaune rouſſâtre,
blanchâtre ; celles où il y a de grands placards roux, ont la peau
aſſez rude ; les autres où le roux n'eſt pas, l'ont aſſez douce ; la chair
en eſt tendre, mais peu fine ; l'eau en eſt ſucrée & parfumée, tirant
au goût de robine, plûtôt qu'à celui d'orange, mais cette eau y eſt
en petite quantité.

La *Verte-longue*, autrement *Moüille-bouche*, eſt une poire an-
cienne que tout le monde connoît, & on peut dire que des deux
noms qu'elle porte, le premier fait la véritable deſcription de ſes

déhors , & que l'autre marque sa bonté intérieure ; elle est longue & verte , même quand elle est meure : elle a la chair fondante , & l'eau très-relevée.

Le *Beuré rouge* , dit d'Anjou , est une grosse poire agréable à la vuë, qui est fort colorée : son beuré est si fondant qu'il en porte le nom ; il a de l'eau très-sucrée , & en abondance.

Le *Beuré gris* n'est pas si haut en couleur que le rouge, mais son beuré est plus fin, à cause d'un parfum qu'il a, & que le rouge n'a pas : sa chair n'est pas seulement beurée, mais elle est très-fondante.

La *Bellissime* est une poire qui est rouge comme le vermillon ; elle a la figure de la cuisse-madame, & son goût en aproche, mais elle est plus grosse ; elle a l'eau sucrée , & la chair cassante : pour l'avoir dans sa parfaite bonté, il faut qu'elle se détache de l'arbre.

L'*Epine d'Eté* , est une poire qui ressemble assez à l'épine d'Hyver ; sa chair est fondante, & son eau est très-sucrée & musquée.

La *Crasane* est une poire que bien des gens nomment bergamotte crasane ; bergamotte à cause de sa chair , & crasane à cause de sa figure qui paroît comme écrasée. Elle est assez de la nature & de la couleur du beuré , cependant elle en est differente par sa figure plate : elle est à-peu-près de la forme des messire-jean ; il y en a de très-grosses, de médiocres, & de fort petites ; le fond de son coloris est verdâtre, jaunissant en maturité, & presque tout chargé de rousseurs ; la queuë est longue, médiocrement grosse, courbée & enfoncée comme celles des pommes ; la peau en est rude, la chair extrêmement tendre & beurée, quoiqu'elle ne soit pas toujours fort fine.

### *Poires du mois d'Octobre.*

Les poires du mois d'Octobre sont le messire-jean doré, le messire-jean gris , la bergamotte d'Automne, la verte-longue panachée, la dauphine , le sucré verd , & le doyenné.

Le *Messire-jean doré* est une belle poire assez grosse, de couleur dorée ; sa figure est plate, & sa peau un peu rude ; elle a la chair cassante, & son eau très-sucrée.

Le *Messire-jean gris* ressemble par la figure au messire-jean doré, il se garde plus long-tems ; sa chair est plus ferme, & plus cassante.

La *Bergamotte d'Automne* est une grosse poire, lissée, plate, beurée & fondante ; & quoiqu'elle soit verte quand on la cuëille, elle ne laisse pas de devenir un peu jaune en meurissant ; son eau est douce & sucrée, accompagnée d'un petit parfum : elle se garde jusqu'au mois de Décembre.

La *Verte-longue panachée*, est rayée de verd & de jaune ; sa chair est fondante, & son eau très-sucrée : elle a la même bonté que la verte-longue ordinaire.

La *Dauphine*, ou *Lansac*. Sa grosseur ordinaire est comme celle des bergamottes, & il n'y en a de bonnes que les petites : sa figure est entre ronde & plate par la tête, & un peu allongée vers la queuë ; sa couleur est d'un jaunâtre pâle ; son eau est sucrée & un peu parfumée ; elle a la peau lisse, sa chair jaunâtre, tendre & fondante ; son œil gros & à fleur ; sa queuë droite & longue, assez grosse & charnuë.

Le *Sucré-verd*. Le nom composé que porte le sucré-verd, fait en même-tems connoître & son eau , & son coloris ; si la poire étoit un peu plus grosse, on la prendroit pour l'épine d'Hyver, tant elle lui ressemble dans sa figure ; elle a la chair fort beurée, l'eau sucrée, le goût agréable, n'ayant guéres d'autres défauts que d'être un peu pierreuse dans le cœur.

Le *Doyenné*, autrement *Beuré blanc d'Automne*, est de la grosseur & de la figure d'un beau beuré gris ; il a la queuë grosse & courte ; la peau fort unie, le coloris verdâtre, jaunissant beaucoup en meurissant ; sa chair est fondante, & l'eau en est douce ;

mais d'ordinaire cette douceur est peu relevée, quoiqu'elle soit accompagnée d'un petit parfum.

### *Poires du mois de Novembre.*

Les poires du mois de Novembre sont la marquise, la bergamotte de crasane, la jalousie, la virgoulée, l'épine d'hyver, l'ambrette, le saint-germain & le martin-sec.

La *Marquise* est une grosse poire, qui ressemble par sa figure à un moyen bon-chrétien d'Hyver ; elle est bien faite, & a la tête plate ; l'œil petit & enfoncé ; le ventre assez gros & allongé vers la queuë, qui est longue, passablement grosse, courbée, & un peu enfoncée ; la peau en est assez rude ; le coloris est d'un fond verd, avec quelques taches de rousleur comme on en voit au beuré ; elle devient jaunâtre en meurissant ; sa chair est tendre & fine, le goût agréable, l'eau assez abondante, & autant sucrée qu'il est à souhaiter pour une bonne poire.

La *Bergamotte de Crasane* est grosse & ronde, d'un gris verdâtre qui jaunit en meurissant ; sa chair est fondante, & a l'eau sucrée ; elle a une acreté agréable au goût, & qui lui donne une bonne qualité ; son sucre est fin, & elle est très-estimée.

La *Jalousie*, ou *Petit beuré d'Hyver*, est une poire qui est assez grosse, un peu pointuë vers la queuë, & d'une couleur grisâtre, qui tire sur celle du martin-sec ; elle a beaucoup d'eau ; sa chair est fondante : elle a le défaut de mollir, si on ne la cuëille pas un peu verte.

La *Virgoulée* est une poire d'une figure assez longue, & assez grosse, ayant environ trois ou quatre pouces de haut sur deux à trois de large ; la queuë en est courte, charnuë & panchée, l'œil médiocrement grand, & un peu enfoncé ; la peau lisse & unie, & quelquefois colorée, & qui, enfin de verte qu'elle étoit sur l'arbre, jaunit à mesure qu'elle aproche de sa maturité ; & en meu-

tiſſant devient tendre &' fondante ; elle a beaucoup d'eau douce
& ſucrée, & le goût fin & très-relevé.

L'*Epine d'Hyver* eſt une fort belle poire, qui aproche un peu
plus de la figure pyramidale que de la ronde, quoique cependant
elle n'ait preſque rien de menu dans ſa taille , ſi ce n'eſt qu'elle
finit ſi peu que rien en pointe groſſiére vers la queuë ; cette queuë
eſt aſſez courte & aſſez menuë, excepté l'endroit de ſa ſortie, où
elle eſt un peu charnuë, du reſte la poire eſt groſſe par-tout, &
cela d'environ deux ou trois pouces du côté de la tête ; elle a la
peau ſatinée , & le coloris entre verd & blanc ; elle eſt tendre &
beurée, ayant d'ordinaire la chair très-fine & très-délicate, le goût
agréable, l'eau douce, & aſſaiſonnée d'un petit parfum merveilleux.

L'*Ambrette* eſt eſtimée pour ſa bonté ; elle eſt ronde, & reſſemble beaucoup à l'échaſſerie par ſa groſſeur qui eſt médiocre, par
ſon coloris qui ſur l'arbre eſt verdâtre, tiĉé, quoique l'ambrette
ſoit d'ordinaire plus couverte, & plus rouſſâtre ; ſa chair eſt fine,
beurée & fondante ; ſon eau eſt ſucrée, & un peu parfumée.

Le *Saint-Germain* eſt une poire groſſe & longue ; ſon coloris
eſt verd & un peu tiĉé , quelquefois un peu roux, & jauniſſant
lorſqu'elle parvient à ſa maturité ; elle a la queuë courbée, aſſez
groſſe & panchée ; elle a la chair fort tendre , beurée & fondante, grand goût & beaucoup d'eau , mais cette eau a ſouvent
quelques pointes d'aigreur de citron qui plaît aux uns, & déplaît
aux autres.

Le *Martin ſec* eſt de la groſſeur d'un gros rouſſelet ; ſon coloris
eſt d'un roux d'iſabelle d'un côté , & plus foncé de l'autre ; ſa
chair eſt caſſante , & aſſez fine ; ſon eau eſt ſucrée, & un peu
parfumée : cette poire ſe met ordinairement en compote.

### Poires d'Hyver.

Les poires d'Hyver ſont le colmar, le bezy de Caiſſay, le bezy
de

de Chaffery, le bon-chrétien d'Hyver, l'angelique de Bordeaux, le petit-oin, & la double fleur.

La *Colmar* a la figure aprochant celle du bon-chrétien ; la tête en eft plate, l'œil affez grand, & fort enfoncé, le ventre un tant foit peu plus gros que la tête, s'allongeant médiocrement & fort groffiérement pour parvenir à la queuë, qui eft courte, affez groffe & panchée ; le coloris eft verd, ticté comme les bergamottes, & quelquefois un peu teint du côté du Soleil. Cette poire jaunit en meuriffant, ce qui arrive en Décembre & Janvier, & va quelquefois jufqu'aux mois de Février & de Mars ; la peau en eft douce & unie, la chair tendre, & l'eau fort douce & fort fucrée.

Le *Bezy de Caiffay*, autrement *Rouffette d'Anjou*, eft une petite poire de la groffeur à-peu-près d'un blanquet ; le fond du coloris eft jaunâtre, chargé par-tout de rouffeurs ; elle a la peau peu unie, la chair tendre, mais pâteufe, beaucoup de pierres ; l'eau un peu fucrée, & tirant au goût des cormes.

Le *Bezy de Chaffery* eft une poire qui eft raifonnablement groffe ; elle eft d'un rond oval, beurée & fondante ; fon eau eft fucrée & mufquée : c'eft la plus excellente poire ( *a* ) que nous ayons pour l'Hyver.

Le *Bon-chrétien d'Hyver* eft une poire connuë de tout le monde, pour fon efpèce & fa qualité ; fa chair eft caffante, & fon eau eft fucrée : elle dure jufqu'au Printems.

L'*Angelique de Bordeaux* eft une poire dont la figure aproche beaucoup de celle du bon-chrétien d'Hyver, mais elle eft plus plate, & moins groffe ; fa chair eft caffante ; fon eau eft auffi fucrée que celle du bon-chrétien d'Hyver : elle fe garde long-tems.

Le *Petit-oin* eft une poire qui eft à-peu-près de la groffeur &

______

(*a*) M. Merlet, dans fon Abregé des bons fruits.

Bb

figure des ambrettes ; son coloris est d'un verd clair qui est un peu tiqueté, & jaunit si peu que rien lorsqu'elle meurit ; elle est fort ronde ; l'œil est grand en dedans & en dehors, la queuë menuë, médiocrement longue, un peu courbée, & point enfoncée ; la peau un peu rude, le corps un peu raboteux, & pour ainsi dire plein de bosses ; la chair extrêmement fine & fondante, sans pierre ; l'eau très-douce, très-sucrée, & agréablement musquée

La *Double fleur* est une grosse poire plate, qui a la queuë longue & droite, la peau lisse, colorée d'un côté & jaune de l'autre ; elle a la chair moëlleuse, & l'eau fort sucrée.

Cette poire se sert plusieurs fois sur des gobelets tant qu'elle conserve sa beauté, mais lorsqu'elle commence à la perdre, ou à noircir, elle vous sert pour-lors à faire des compotes : il en est de même de toutes les poires d'Hyver.

Voilà en peu la description des meilleures poires qui sont à ma connoissance, quoiqu'il y en ait d'autres espèces dans differens climats : pour connoître leur maturité, & la maniére de les conserver dans la fruiterie, *Voyez* MATURITÉ & FRUITERIE.

Toutes les poires en général se mettent en compote de toute façon, en marmelade, en neige, & fruit glacé. *Voyez* l'un & l'autre.

POIRES tapées, ou poires de Carême. Prenez des beaux rousselets ou autres, que vous piquerez à l'œil avec un couteau ; faites-les blanchir jusqu'à ce qu'elles deviennent molettes ; rafraichissez-les dans une autre eau, & les parez proprement ; jettez-les fait-à-mesure dans de l'eau fraiche ; égoutez-les alors, & les mettez dans du sucre clarifié, suivant la quantité que vous en aurez, que vous ferez cuire au grand lissé ; donnez-leur une vingtaine de boüillons, & les laissez ainsi reposer jusqu'au lendemain ; égoutez-les alors, & les arrangez l'une contre l'autre sur des clayons pour les faire sécher à un four très-moderé ; vous aurez soin de les tourner de tems-en-tems pour qu'elles séchent également ; alors, vous les prendrez l'une après l'autre, les roulerez dans un peu de sucre en poudre, les aplatirez un peu entre vos mains, & les serrerez tout-de-suite dans des coffrets.

## P.O M

P O M M E, eſt un fruit qui croît ſur le Pommier cultivé, qui eſt un arbre qui s'étend également en hauteur & en largeur ; ſon écorce eſt épaiſſe, & garnie de mouſſe blanche ou cendrée en dehors, jaune en dedans ; ſes feüilles ſont de médiocre grandeur, dentelées légérement tout-au-tour ; ſes fleurs ſont blanches, & quelques-unes incarnates. Elles ſont à cinq feüilles diſpoſées en roſe ; à ces fleurs ſuccéde ce fruit qui eſt charnu, auquel on a donné le nom de pomme, & dont il y a une grande quantité d'eſpèces differentes, ſoit par leur goût, ſoit par leur groſſeur, ſoit par leur grandeur, ſoit par leur nom.

Les pommes ſont une partie des fruits à pepin aſſez conſiderable, tant par leur bonté & leur durée, que par la commodité que l'on a d'en avoir. Parmi les pommes qui ſont bonnes à manger, ſoit cruës, ſoit cuites, il y en a ſept principales, ſçavoir, la reinette griſe, la reinette blanche, ou franche, la calville d'Automne, le fœnoüillet, la courpendu, l'api & la violette. Il y en a d'autres qui ſont moins bonnes, comme les rambours, les calvilles d'Eté, les couſinottes, les jeruſalem, les druë-permeins, les pommes de glace, les francatus, les hautes-boutés, les rouvezeaux, les chataigniers, les pommes-figues, ou pommes ſans fleurir.

Toutes les pommes ſe reſſemblent aſſez par leur figure plate & leur queuë courte, & preſque toutes par leur groſſeur, & même par leur chair caſſante, mais elles ſont toutes fort differentes par leur coloris ; il n'y en a que deux ou trois plus groſſes que les autres, ſçavoir, les rambours, les calvilles & les pommes de glace, & trois ou quatre qui ſont plus longues que plates, ſçavoir, les calvilles, les violettes, les Jeruſalem & les glacées, & celles-la ſont plus groſſes vers la queuë que vers la tête ; ainſi il faut les concevoir preſque toutes plates, ſans en faire d'autre deſcription.

Les *Reinettes* ſont diſtinguées par les deux noms de griſe & de blanche qu'elles portent, à cela près preſque auſſi bonnes les unes que les autres. La reinette blanche a la chair tendre, & n'a pas l'eau ſi relevée que la griſe, & ne dure pas ſi long-tems. La reinette griſe a la chair plus ferme que la blanche ; elle a l'eau plus ſucrée & plus relevée, & dure plus long-tems. On s'en ſert utile-

ment toute l'année ; elles ont devant le mois de Janvier une petite
pointe d'aigreur qui déplaît à de certaines gens ; mais dès qu'elles
commencent à la perdre entiérement , elles se chargent d'une
odeur qui déplaît encore davantage , qui est l'odeur de la paille
sur laquelle on les a mises pour meurir.

Les *Calvilles* d'Eté & d'Automne se ressemblent assez par leur
figure longue , & par leur coloris, qui est un rouge de sang ; cependant la calville d'Eté est un peu plus plate , étant aussi moins
colorée en dehors , & nullement en dedans , au lieu que celles
d'Automne le sont beaucoup ; celles ci sont les meilleures, & ont
toujours la chair plus tendre que celle des autres ; on en conserve
assez souvent depuis le mois d'Octobre qu'elles commencent, jusqu'en Janvier & Février. Il y en a de deux sortes, sçavoir la blanche & la rouge ; elles sont toutes les deux d'une chair fort tendre,
& d'une peau très-délicate & unie ; la calville blanche est plus
estimée que la rouge par son goût relevé ; elle est à côte de melon ;
elle prend une petite couleur vermeille du côté qu'elle a été exposée au Soleil.

Le *Fœnouillet* , ou pomme d'anis , est d'une couleur qu'on ne
sauroit bien expliquer ; il est gris, roussâtre par-tout , tirant à la
couleur de ventre de biche , ne prenant guéres jamais aucune couleur vive ; il ne vient pas fort gros , & paroît aprocher de la
figure longuette : la chair est très-fine , & l'eau fort sucrée , avec
un petit parfum de ces plantes dont il porte le nom ; la pomme
commence d'être bonne depuis le commencement de Décembre ;
elle se garde jusqu'en Février & Mars : cette pomme est très-jolie ,
& le seroit encore davantage si elle ne se fanoit point.

Le *Courpendu* est tout-à-fait de figure de pomme, & d'une grosseur raisonnable ; il est gris-roussâtre d'un côté , & assez chargé
de vermillon de l'autre ; la chair en est très-fine, & l'eau très-
douce & fort agréable ; elle dure jusqu'en Mars , mais il ne lui
faut pas donner le tems de devenir trop ridée, parce que dans ce
tems-là elle devient insipide.

## POM

L'*Api* est une pomme assez connuë de tout le monde par la couleur qu'elle a extraordinairement vive & perçante ; elle commence à être bonne du moment qu'elle n'a plus rien de verd, ni auprès de la queuë, ni auprès de l'œil, ce qui arrive assez souvent dès le mois de Décembre. Parmi les autres pommes, il n'y en a point qui ait la peau si fine, & si délicate que celle-ci : elle dure depuis le mois de Décembre jusqu'en Mars & Avril.

La *Violette* a le fond du coloris blanchâtre , un peu tiétée aux endroits où le Soleil n'a pas donné, mais chargée ou plûtôt rayée & foüettée d'une assez belle couleur de rouge enfoncé aux endroits qui sont en vuë ; la couleur de la chair est fort blanche, la chair en est fort fine & délicate , l'eau extrêmement douce & sucrée : on commence d'en manger dès qu'on la cuëille jusqu'à Noël , & ne passe pas outre.

Le *Rambour* est une belle & grosse pomme ; elle est verte d'un côté, foüettée de rouge de l'autre ; il y en a de toutes blanches , & d'autres plus rouges ; elles ne sont bonnes proprement que pour être mangées en compote : elles commencent dès le mois d'Août, & durent très-peu.

Les *Cousinottes* sont une espèce de calville, qui se gardent jusqu'en Février : elles ont l'eau fort aigre , & la queuë longue & menuë.

Les *Jerusalem* sont presque rondes par-tout ; elles ont la chair ferme & de peu de goût, quoiqu'assez sucrées, n'ayant rien de la mauvaise odeur qui suit la plûpart des pommes : elles se gardent long-tems.

Les *Druë-permeins d'Angleterre* sont de la couleur des jerusalem, mais elles sont plus plates , plus douces & plus sucrées. Les Anglois en font plus de cas que de la plûpart de nos pommes de France : ils font encore grande estime d'une autre qu'ils nomment *Guolden-peppius* , qui a tout-à-fait l'air d'une pomme de paradis , ou de quelqu'autre pomme sauvage : elle est fort jaune & ronde ; elle a peu d'eau, cependant assez relevée.

## POM PON

Les *Pommes de glace* font ainfi nommées, parce qu'en meuriffant il femble qu'elles deviennent comme tranfparentes, fans
cependant l'être ; elles font tout-à-fait verdâtres & blanchâtres ;
leur chair eft très-ferme, & leur eau très-fucrée.

Les *Francatus* font rouges d'un côté, & jaunâtres de l'autre ;
elles fe confervent long-tems, c'eft ce qui en fait le principal mérite.

Les *Hautes-bontés* font blanches, cornuës & longuettes, &
durent long-tems ; elles ont la chair affez douce, avec fi peu
que rien d'aigrelet.

Les *Rouvezeaux* font blanchâtres & colorées.

Les *Chataigniers*, qu'on apelle marttrange en Anjou, font blanches, rouffes, avec un coloris affez fale & obfcur.

La *Pomme fans fleurir* eft verte, & fort de l'arbre tout de même que les figues fortent du Figuier ; elles fe gardent long-tems :
on la nomme quelquefois pomme-figue.
Voilà à-peu-près toutes les pommes que je connois, après en
avoir fait une éxacte recherche ; & comme il y a très-peu de difference de bonté parmi elles, je donnerois toujours la préférence
aux fept premiéres que j'ai marqué ci-deffus.
Les Pommes s'employent en compotes de toutes efpèces, en gelée,
en marmelades & fruits glacés. *Voyez* l'un & l'autre. Pour connoître leur maturité, & la maniére de les conferver, *Voyez* MA-
TURITE' & FRUITERIE.

PONCHE, eft le nom d'une boiffon angloife.

### *Maniére de le faire.*

Prenez du meilleur vin que vous pourrez trouver ; mettez-en
deux bouteilles dans une terrine avec quelques zeftes de citron ;
exprimez-y le jus de dix ; ajoutez-y un peu de canelle, un peu de

girofle & une pinte d'eau ; mettez-y du fucre à votre goût, avec une demie bouteille de crême des Barbades, ou du Rack (a) fi vous l'avez ; faites griller une croute de pain fur laquelle vous raperez un peu de mufcade ; fecoüez votre pain, & le mettez dedans ; laiffez ainfi le tout un moment, & le paffez par une étamine ; fervez-le dans des feaux de porcelaine, ou dans des bouteilles.

PORCELAINE. On donne le nom de porcelaine à tous les meubles d'Office qui en font faits, comme aux jattes, aux faladiers, aux compotiers & aux affiettes.

POSER, fe dit des fleurs : c'eft de les attacher fur les fervices avec de la cire verte, & de les mettre avec grace.

POUDRETTE, eft un morceau d'étamine dans lequel on met du fucre ou de l'amidon, fuivant l'ufage que l'on veut en faire, & que l'on lie par le haut avec une fiffelle pour qu'elle ne s'ouvre point. Elle fert à poudrer de fucre les fruits que l'on tire à l'étuve, ou à poudrer les moules dans lefquels on imprime du paftillage.

POURPIER, eft une plante qui pouffe des tiges à la hauteur d'environ un pied, groffes, rondes, droites, tendres, fucculentes, liffes, rougeâtres, luifantes, fe divifant en quelques rameaux, portant fes feüilles rangées alternativement, oblongues, affez larges, graffes, charnuës, polies, de couleur blanchâtre ou jaunâtre, d'un goût vifqueux, & tirant un peu fur l'acide : le pourpier eft employé dans les fournitures des falades.

POUSSER, terme d'Office, fe dit d'une confiture lorfqu'elle vient en écume par-deffus. Ce terme s'aplique encore à un fourneau qui eft bien allumé, & qui donne beaucoup de chaleur. Pour remédier aux confitures qui pouffent. *Voyez* CONFITURE.

___

( a ) Le Rack eft une liqueur forte compofée avec des Cannes à fucre, que les Anglois tirent des Indes. M. *Dampiere Anglois, dans fon voyage autour du Monde.* tom. 2. pag. 52.

**PRALINER.** C'eſt conſerver des fleurs, ôter l'humidité à des amandes, à des piſtaches, à des pignons, &c. En les paſſant au ſucre, pour que l'on puiſſe s'en ſervir à differens uſages. On praline ordinairement de deux façons, c'eſt-à-dire en blanc & en rouge.

### Maniére de praliner en blanc.

Faites cuire du ſucre à la plume, & y mettez votre fruit, ſoit amandes, piſtaches ou pignons, &c. Conduiſez ainſi votre ſucre à caſſé ; alors, tirez-le du feu, & le travaillez avec une ſpatule juſqu'à ce que votre ſucre devienne en poudre ; jettez le tout ſur un tamis pour ôter le ſurplus du ſucre ; alors, ſervez-vous de vos amandes, piſtaches ou pignons, &c. pour l'uſage auquel vous les aurez deſtiné.

### Maniére de praliner en rouge.

Prenez une livre de ſucre pour une livre d'amandes ou autres ; faites-le fondre avec un peu d'eau ; jettez-y vos amandes, que vous aurez bien treyées & bien frottées dans un linge propre pour en ôter la pouſſiére ; faites-les boüillir juſqu'à ce le ſucre ſoit cuit à la groſſe plume, ou juſqu'à ce que les amandes petillent ; ( a ) ayez ſoin de les remuer de tems-en-tems, afin qu'elles ne s'attachent point à la poële ; retirez-les alors du feu , & les remuez avec une ſpatule juſqu'à ce qu'elles ayent pris tout le ſucre qu'elles pourront prendre ; remettez-les enſuite ſur un feu qui ne ſoit point apre, ( c'eſt-à-dire un côté de la poële ſeulement ; ) remuez-les légérement avec le reſtant du ſucre, fait-à-meſure qu'il fondera, juſqu'à ce qu'elles ſoient d'une belle couleur ; mettez-les alors dans une boëte, & les mettez à l'étuve.

### Maniére de praliner les fleurs.

Mettez du ſucre dans une poële ; cuiſez-le à la groſſe plume ; jettez-y vos fleurs ; laiſſez-les cuire, & revenir votre ſucre à mé-

_____________________________________________

( a ) Il y a de certains Officiers qui y mettent de la cochenille préparée , pour rendre les pralines de couleur d'écarlate.

me cuisson. Alors, ôtez-les du feu, & les travaillez avec une spatule jusqu'à ce que votre sucre devienne en poudre ; jettez alors vos fleurs sur un tamis pour ôter le surplus du sucre ; mettez vos fleurs pendant la nuit dans une étuve pour les achever de sécher, & de-là, serrez-les dans des coffrets, & les gardez en lieux secs.

P R A L I N E S , se dit des amandes, pignons, avelines, pistaches, des tailladins de fruit d'odeur, des fleurs, &c. que l'on a pralinés de la maniére que j'ai marqué ci-dessus.

P R E' C O C E. On apelle précoce tous les fruits qui font hatives, comme les cerises, les fraises, les framboises, &c.

P R E N D R E , ou faire prendre, se dit des liqueurs pour les neiges, ou fruits glacés. C'est lorsqu'elles font mises à la glace dans des sarbotiéres , que l'on tourne & remuë pour les faire prendre en neige.

P R E N D R E  S U C R E , se dit des fruits que l'on a mis dans le sucre pour les confire. On dit ordinairement : ces fruits n'ont point encore assez pris de sucre, ou ils en ont pris assez.

P R E' P A R E R , se dit de toutes choses que l'on dispose pour être employées.

P R O V I S I O N , se dit de toutes les confitures en général, que l'on fait pendant la saison des fruits, pour employer pendant l'Hyver.

P R U N E. La prune croît sur un arbre médiocre , ayant les feüilles ovales & dentelées ; son fruit est aussi oval, charnu, ayant un noyau longuet & dure en dedans : l'arbre & le fruit font assez connus. La prune est un très-bon fruit , que l'on sert de differentes maniéres.

On les sert cruës, en pyramides sur des drageoires que l'on pose sur des gobelets ; on les confit ; on en fait des compotes, des mar-

melades, des pâtes, des neiges & fruits glacés. *Voyez* l'un &
l'autre.

Après avoir détaillé les bonnes & mauvaifes qualités des prunes,
je ferai la defcription de celles que l'on eftime le plus, avec la
maniére de les confire ; toutes les prunes font bonnes à confire,
mais il faut les prendre avant leur maturité.

### Bonnes qualités des Prunes.

Les bonnes qualités des prunes font d'avoir la chair fine, tendre & bien fondante, l'eau fort douce & fort fucrée, le goût relevé, & en quelques-unes parfumées.

La bonne prune eft le feul fruit qui, pour être mangé cru, n'a
que faire de fucre, comme les perdrigons, les faintes-catherines,
les prunes d'abricots, les imperatrices, les reines-claudes, les mirabelles, &c.

### Mauvaifes qualités des Prunes.

Les mauvaifes qualités des prunes font d'avoir la peau dure,
mais il n'y a point de prune, telle qu'elle foit, qui n'ait ce défaut,
il ne s'y faut pas arrêter ; mais les principaux défauts des prunes,
font qu'elles ayent la chair coriaffe, farineufe, pâteufe, véreufe
& aigre.

Les qualités indifferentes des prunes regardent la figure, la groffeur, la couleur, la raye, &c. & même d'être attachées au noyau,
eft une qualité indifferente, quoique d'ailleurs la prune foit bonne.

Le *Gros Damas* de Tours, eft une bonne prune qui quitte le
noyau ; elle a la chair jaunâtre, & fon eau fort fucrée ; fa figure
eft longuette ; fa couleur eft violette tirant au noir.

La prune *de Monfieur*, eft groffe, ronde, violette ; elle quitte
le noyau, & n'eft pas d'un goût fort relevé, mais elle ne laiffe pas
que d'avoir fon mérite.

Le *Damas rouge* eft une prune qui quitte le noyau, & qui a l'eau
fort fucrée ; fa figure eft ronde.

Le *Damas blanc* quitte le noyau, & est fort relevé ; sa figure
est ronde, & sa couleur tire sur le jaune pâle.

Le *Damas violet* quitte le noyau ; sa chair est fondante, & son
eau fort sucrée ; sa figure est longuette.

La *Mirabelle* est une petite prune qui est de couleur d'ambre
quand elle est meure ; sa figure est ovale, sa chair fine & fondante,
son eau très-sucrée, elle quitte le noyau ; il y en a de deux sortes,
la grosse & la petite : elles sont toutes les deux d'une égale bonté.

### Manière de la confire.

Prenez de grosses mirabelles qui ne soient pas bien meures ; ôtez-
leur le noyau, ou piquez-les avec une épingle ; jettez-les fait-à-mesure dans de l'eau fraiche ; ayez une poële d'eau boüillante sur le
feu, dans laquelle vous mettrez un peu d'alun en poudre ; (*a*)
mettez-y vos mirabelles, & lorsque vous verrez qu'elles monteront sur l'eau, vous les prendrez fait-à-mesure avec une écumoire,
& les jetterez dans de l'eau fraiche pour les rafraichir ; vous
les égouterez alors, & les mettrez dans du sucre clarifié qui sera
plus que tiéde, que vous aurez mis auparavant dans une terrine ;
vous la couvrirez d'une feüille de papier, & les laisserez ainsi reposer jusqu'au lendemain dans une étuve ; alors, vous les égouterez,
& donnerez une vingtaine de boüillons à votre sirop, & le retirerez du feu ; vous attendrez que votre sirop soit tiéde pour le remettre sur vos mirabelles ; vous les couvrirez encore de même,
& les laisserez reposer jusqu'au lendemain ; vous les mettrez alors
dans une poële avec leur sirop, & les ferez fremir pendant un
demi quart-d'heure ; vous les remettrez encore dans votre terrine
jusqu'au lendemain ; alors vous les égouterez, & ferez cuire votre
sirop au grand perlé ; vous y mettrez vos mirabelles, & leur donnerez quatre boüillons couverts ; vous les écumerez bien, & les
emporterez.

(*a*) L'alun de glace en poudre mis de cette maniére, empêché que les mirabelles se noir-
cissent.

## PRU

On peut les mettre à oreille comme les cerifes quand on leur a ôté le noyau. *Voyez* CERISES. Les tirer à l'étuve. *Voyez* TIRER A L'ETUVE. On les met encore à l'eau-de-vie. *Voyez* EAU-DE-VIE.

Le *Damas d'Italie*, eft une prune prefque ronde, & d'un violet brun ; elle eft beaucoup fleurie lorfqu'on la cueille ; elle a la chair très-ferme, fon eau très-fucrée : elle quitte le noyau.

La *Reine-Claude* eft une prune verdâtre, femblable au damas blanc ; elle eft ronde, un peu plate ; elle a la chair ferme & épaiffe, fon eau eft très-fucrée ; elle s'ouvre facilement lorfqu'elle eft bien meure : cette prune eft fort belle , & fort bonne étant confite.

### *Maniére de la confire.*

Prenez des reines-claudes avant qu'elles foient bien meures ; piquez-les avec une épingle ; jettez-les fait-à-mefure dans de l'eau fraiche ; égoutez-les, & les mettez dans de l'eau boüillante que vous aurez fur le feu ; faites-y blanchir vos fruits, & empêchez que l'eau ne boüille, & qu'elle ne faffe que fremir ; lorfqu'elles feront un peu mollettes, ôtez-les du feu, & les laiffez refroidir dans leur même eau jufqu'au lendemain ; vous les ferez reverdir dans la même eau, en les mettant fur un feu bien doux, & prenant garde fur-tout que votre eau ne faffe que fremir ; lorfque vous les trouverez affez mollettes, vous les mettrez fait-à-mefure dans de l'eau fraiche ; lorfqu'elles feront bien rafraichies, vous les égouterez , & les mettrez dans du fucre clarifié qui fera tiéde ; vous les laifferez repofer jufqu'au lendemain. Alors, vous égouterez vos fruits , & donnerez une vingtaine de boüillons à votre firop, que vous remettrez fur vos fruits lorfqu'il fera tiéde, & les laifferez ainfi pendant vingt-quatre heures ; alors, vous égouterez vos fruits , & ferez cuire votre firop à liffé ; attendez qu'il foit tiéde pour le mettre fur vos fruits. Le lendemain vous les égouterez encore, & ferez cuire votre firop au grand perlé ; vous y mettrez vos reines-claudes, & leur donnerez quatre boüillons couverts ; vous les écumerez très-foigneufement , & les empoterez ; vous pourrez tout-de-suite les tirer à l'étuve. *Voyez* TIRER A L'E'TUVE.

La *Diaprée*. On l'apelle *Kwatche* dans ces païs-ci. Cette prune. est oblongue, violette & très-fleurie ; elle quitte le noyau ; son goût est relevé , l'eau en est douce & sucrée ; elle est sujette à devenir véreuse. On n'en fait ordinairement que des compotes, des marmelades & des pruneaux.

L'*Ile-verte*, est une prune qui est longue & menuë ; son eau est douce & sucrée ; elle quitte le noyau , & elle est très-belle en confitures : pour la confire, il la faut prendre avant qu'elle soit tout-à-fait meure : elle se confit de même que la reine-claude.

La *Royale* est grosse & ronde ; son rouge est clair ; elle est bien fleurie ; elle a un goût fort relevé, qui ne cede en rien à celui du *Perdrigon* : elle quitte le noyau.

La *Sainte-Catherine* est une prune qui a la chair fine & fort sucrée ; elle est longuette, assez grosse ; sa couleur est d'un blanc jaunâtre , elle quitte le noyau ; pour la manger bonne, il faut qu'elle soit un peu ridée proche la queuë : elle fait de très-bons pruneaux.

Le *Drap-d'or*, est une espèce de damas ; il n'est pas bien gros ; sa peau est d'un jaune marqueté de rouge : il est d'un goût très-fin, & sucré.

Le *Perdrigon violet* est une prune assez grosse, longue & bien fleurie sur la peau, d'une certaine blancheur pâle, qui tâche de découvrir son coloris violet, tirant sur le rouge ; elle a la chair très-fine , l'eau sucrée, & le goût relevé.

Le *Perdrigon blanc* a presque les mêmes qualités que le violet ; il a la chair fine, tendre & bien fondante , & l'eau fort sucrée : il quitte le noyau.

L'*Abricotée* est une prune qui est blanche d'un côté, & un peu rouge de l'autre ; elle eſt groſſe comme la ſainte-catherine ; elle quitte le noyau ; ſon eau eſt très-ſucrée, & ſon goût fort relevé ; elle ſe nomme prune de Tours, parce qu'elle y croît abondamment.

L'*Impériale*, eſt une eſpèce de perdrigon violet, & fort tardive ; elle a la chair fine, tendre & bien fondante ; l'eau en eſt douce & ſucrée ; elle a le goût très-relevé.

La *Dauphine* eſt verdâtre & ronde, d'une bonne groſſeur ; elle eſt très-ſucrée, & très-excellente, mais elle ne quitte point le noyau.

*Maniére de conſerver les Prunes bien fleuries.*

Lorſque vous cuëillerez vos prunes, mettez-les dans une corbeille avec des feüilles d'orties par-deſſous & deſſus ; gardez-les dans votre fruiterie, pour que les prunes ſe rafraîchiſſent ; elles ſeront d'un meilleur goût que celles que l'on cuëille ſur le champ.

PRUNEAUX, ſont des prunes que l'on fait ſécher dans un four d'une chaleur modérée, ou au Soleil ; pour cela faire, on les étend ſur des clayons. On en fait des compotes en Carême ; on les fait revenir en les jettant dans l'eau boüillante ; pour-lors, on les y laiſſe pendant une heure, & on les égoute pour les mettre en compote ; on les met dans du vin de Bourgogne, ou de l'eau, ( ſuivant le goût de ceux à qui on doit les ſervir ) avec du ſucre, & un peu de canelle, & on les laiſſe cuire tout doucement.

PUIT, eſt un ouvrage d'Office, qui ſe fait avec des citrons, ou des oranges que l'on vuide, & que l'on emplit de neige d'orange, ou de citron.

*Maniére de les faire.*

Prenez de belles oranges, ou de beaux citrons ; ouvrez-les par un bout, de la grandeur qu'il y puiſſe entrer une cuillier ; vuidez-les proprement, & les lavez ; mettez-les égouter juſqu'à ce que vous foyez prêt à fervir ; mettez fur le morceau que vous aurez ôté une branche d'oranger ; empliffez-les de neige de citrons, ou d'oranges ( fuivant l'efpéce, ) & les couvrez ; fervez-les fur des petits gobelets que vous aurez colé fur un plateau, qui fera pofé fur une petite jatte ou affiette. Vous ferez vos neiges avec ce que vous fortirez du dedans de vos fruits, de la même maniére comme je l'enfeigne à l'article Neige.

## QUA QUI

**Q**UATRE-MENDIANS, font des avelines, des amandes en coque, des figues, & des raifins féches. On les tire de Provence, ou d'Italie : on fert fur des affiettes les quatre efpéces à la fois, en caffant les coques des avelines & des amandes.

QUITTER, en fait de prunes & de pêches, eft un terme fort ordinaire ; car on dit : une telle prune ne quitte pas le noyau, une telle le quitte ; les pêches quittent le noyau, les brugnons & les pavies ne le quittent pas, c'eft-à-dire, que quand le noyau fe détache net de la chair du fruit, cela s'apelle quitter, & quand il ne s'en peut détacher, cela s'apelle ne pas quitter.

## RAC RAF

**R**ACORNIR, terme d'Office, qui fe dit des fruits & des fleurs que l'on confit, qui fe rident & durciffent dans le fucre ; ce défaut provient de ce que l'on ne les a pas bien blanchis, ou mis dans un fucre trop chaud, ou que l'on les mene trop vite, n'ayant point en pour-lors le tems de bien prendre fucre.

RAFRAICHIR, fe dit des fruits, lefquels après les avoir blanchis, on met dans de l'eau fraiche pour les rafraichir.

RAFRAICHIR, fe dit encore des vins, des boiffons

d'Office, comme orgeat, limonade, eau de groseilles, de fraises, &c. que l'on met dans de l'eau, ou de la glace.

RAISIN, est une baye ronde ou ovale, qui est le fruit de la vigne, ramassé en grapes ; elles sont vertes & aigres dans leur commencement, mais quand elles viennent à meurir, elles prennent diverses couleurs, & renferment un suc doux & agréable : on donne le nom de raisin à ce fruit.

Il y en a du blanc, du rouge & du noir ; on y trouve aussi quelques pepins : on cultive la vigne dans les Païs chauds, & tempérés.

On sert les raisins, lorsqu'ils sont bien meurs, sur des assiettes, avec des feüilles de vigne, en ôtant avec des ciseaux ce qu'il y a de mauvais dans la grape : on en fait du blanchissage, comme des cerises. *Voyez* BLANCHISSAGE.

Il y a quantité de raisins qui croissent dans nos climats, & qui sont bons à manger, c'est pourquoi je décrirai les meilleurs entre toutes les differentes espèces de raisins que la nature nous fournit.

Le *Raisin précoce*, est une espèce de morillon noir, qui prend couleur de très-bonne heure, ce qui le fait paroître meur long-tems devant qu'il le soit ; la peau en est fort dure, & quand il est meur il est fort doux : on en voit d'ordinaire dès le commencement d'Août.

Le *Chasselas blanc*, est un raisin fort doux, qui fait de belles grapes, & le grain gros & croquant : il se garde plus long-tems qu'aucun autre raisin.

Le *Chasselas noir* est plus rare & plus curieux que le blanc, de même que le rouge, dont les grapes sont plus grosses : ce dernier prend peu de couleur.

Le *Muscat*, se tire principalement de Frontignan en Languedoc, d'où on nous les aporte dans des petites boëtes de sapin ; on l'apelle muscat, parce qu'il a un goût de musc fort agréable. Pour l'employer, il faut choisir les grapes les plus grosses, & dont les grains soient bien nourris ; il y en a de differentes espèces, des blancs, des

rouges

rouges & des noirs : on en met à l'eau-de-vie. *Voyez* EAU-DE-VIE.

On confit encore les muscats après les avoir égrenés ; travaillez-les de même que les cerises, en ajoutant dans votre sirop un peu de jus des mêmes muscats dès que vous les aurez mis au sucre.

Ils peuvent vous servir pour compotes ; on en peut faire des glaces, en y incorporant du vin muscat, si on le juge à propos.

Le *Damas*, il y en a de deux sortes, le blanc & le rouge ; la grape en est fort grosse & longue, le grain très-gros, long, ambré, & n'a qu'un pepin.

Le raisin *d'Abricot* est ainsi apellé, parce que son fruit est jaune & doré comme l'abricot ; la grape en est belle & très-grosse.

Le *Bourdelais*, est une espèce de gros raisin blanc, & longuet qui fait de très-grandes & grosses grapes ; il ne meurit presque jamais, & par conséquent il n'est propre qu'à en faire des confitures : vous le confirez de même que le verjus.

### *Maniére de garder, & conserver le raisin.*

Préparez du sable de riviere, & le faites bien sécher au grenier ; alors faites cueillir le raisin lorsque le Soleil donne dessus ; car il faut qu'il soit sec ; faites un lit de sable dans une caisse d'un pouce d'épais, & y rangez votre raisin ; coulez proprement du sable dessus, afin qu'il entre par-tout ; vous continuerez alors à les mettre de lit en lit. Lorsque votre caisse sera pleine, vous la fermerez bien, de peur qu'il n'y entre aucun air ; mettez votre caisse en lieu sec, sans la beaucoup remuer.

Il faut que le raisin ne soit pas trop meur, mais tant soit peu verd, comme de huit jours avant sa maturité : le raisin de cette maniére se garde jusqu'au nouveau.

RAREFIER. Ce terme est apliqué au jus des fruits que l'on destine pour en faire des sirops, comme le jus de groseille, &c.

Ce qui se fait en les exposant au Soleil qui acheve leur fermenta-tion.

D d

R A V E , eft une plante dont il y a plufieurs efpèces, qui pouffent de leurs racines des feüilles grandes , oblongues , amples , fe
repandant fur la terre, découpées profondément, rudes au toucher,
de couleur verte brune , d'un goût d'herbe potagere ; fa racine eft
quelquefois blanche, rouge, ou noirâtre en dehors.

On fert les raves pour hors-d'œuvre ; pour cet effet , on les ra-
tiffe , on les dégarnit des plus groffes feüilles , & on les lave proprement.

R E P O N S E , eft une plante qui pouffe une ou plufieurs tiges
à la hauteur d'un pied , grêles , anguleufes , canelées , veluës , revêtuës de feüilles étroites , pointuës , empreintes d'un fuc laiteux.

On cultive cette plante dans les jardins , & on la cueille étant
encore jeune & tendre , avec fa racine pour en faire des falades.

R E S S U E R , eft un terme d'Office, qui fe dit du bifcuit, &
de tous les fours en général , lefquels après être cuits, on laiffe refroidir fur les mêmes feüilles fur lefquelles on les a fait cuire, avant
que de les lever.

R E V E R D I R , fe dit de certains fruits qui font naturellement
verds, qui ont perdus leur couleur lorfqu'ils font blanchis , comme
la reine-claude, &c. On les laiffe ainfi refroidir dans la même eau ,
& lorfque vos fruits font froids , vous les mettez avec la même eau
fur un petit feu pendant quelque tems pour les reverdir : faites attention que l'eau ne bouille point , & même ne faffe tout-au-plus
que fremir.

R I S , eft une plante qui a la feüille comme le rofeau , & épaiffe
comme le porreau ; fa tige eft fort haute, noüée & plus groffe que
celle du froment ; l'épi qui croît à la fommité de la tige produit fes
grains inégalement de côté & d'autre ; fes gouffes font jaunes , rudes,
canelées, de figure ovale ; le grain qui eft contenu dedans eft le ris :
on en fait de la farine pour mettre dans le paftillage. *Voyez* FARINE.

R O C A I L L E. On apelle rocaille toutes fortes de morceaux de conferves foufflées de differentes couleurs, que l'on arrange enfemble pour former des petits rochers, ou pour garnir des fujets d'eau.

R O S E, eft une fleur qui a plufieurs feüilles grandes, belles & odorantes ; elle croît fur le Rofier, dont les branches font dures & armées d'épines fortes ; fes feüilles font en forme de main, attachées cinq ou fept fur une même pédicule.

Les rofes dont on fe fert le plus, font les rofes de Provins ; elles fe confifent de même que la fleur d'orange, à l'exception que vous devez vous fervir de l'eau dans laquelle vous l'aurez fait blanchir, pour moüiller votre fucre : vous vous fervirez toujours de fucre royal pour la confire.

R O S S A N E ; eft le nom qui fe donne à toutes les pêches & pavies qui font de couleur jaune ; ( a ) il y en a de differentes groffeurs, & auffi de tardives, & d'autres plus hatives. Il en eft d'autres qu'on apelle mâles, & ce font des pavies ; & d'autres qu'on apelle femelles, & ce font celles qui quittent le noyau. Les Jardiniers gafcons, & la plûpart de leurs voifins, apellent du feul nom de roffane, les fruits qui font également jaunes dedans & dehors, fans aucun rouge proche du noyau, & donnent cependant le nom de mirlicoton aux groffes roffanes tardives : ils apellent pavies ce qui, quoique jaune dedans & dehors, a du rouge près le noyau : ils apellent pêches-pavies ce qui a du rouge & du jaune dedans & dehors : ils apellent perfets le fruit qui a la chair ou toute blanche, comme les pavies-madelaines, ou blanche ou rouge comme d'autres pavies, de quelle maniére qu'en foit la peau, foit toute rouge, foit rouge ou blanche. Ils apellent d'un nom général brugnons, toutes les pêches qui ont la peau liffe, & donnent le nom général de pêches, fans diftinction, ni difference d'épitete, à toutes les autres pêches, au lieu que nous les apellons l'une chevreufe, l'autre bourdine, l'une pourprée, l'autre admirable, &c.

R O T I E. Ce nom eft attribué au pain que l'on coupe par

(a) La Quint. Tom. 1. pag. 81.

tranche, & que l'on fait griller fur une grille à un feu modéré, feulement pour lui faire prendre une couleur dorée, & maintenir par ce moyen, tendre l'interieur du pain.

On s'en fert pour prendre le chocolat, ou pour manger avec du beure frais : on en met dans les falades cuites. *Voyez* SALADE.

ROTIE à l'huile. Faites griller des tranches de pain comme ci-devant ; trempez-les dans de l'huile fine pour les bien imbiber ; mettez deſſus du Parmefan rapé, un peu de poivre concaſſe ; preſſez-y un jus de citron, & les arrofez encore d'un peu d'huile : lorſque vous les fervirez, vous les mettrez fur une autre affiette.

ROULEAU, eſt un morceau de buis, ou d'yvoire fait en forme de bougie, avec lequel on fait les abaiſſes de paſtillage : on en a encore des plus forts, qui font de bois dur, pour faire les abaiſſes de maſſepain.

RUBAN. On apelle ruban pluſieurs caramels de differentes couleurs que l'on met enfemble, & dont on forme des rubans que l'on plie comme on le juge à propos.

### *Maniére de les faire.*

Faites cuire du fucre clarifié au caramel dans pluſieurs poëlons, c'eſt-à-dire dans autant que vous voudrez avoir de differentes couleurs ; ayez des feüilles de cuivre bien propres & huilées ; coulez deſſus féparément de vos caramels de couleur, à la même quantité de l'un comme de l'autre ; vous les leverez féparément avec la pointe du couteau, pour en former des morceaux, jufqu'à ce qu'ils foient maniables. (*a*) Alors, vous étendrez les caramels de couleur comme des bâtons de cire d'Efpagne ; vous les joindrez enfemble, les allongerez, & les rendrez minces autant que vous voudrez.

_________________

(*a*) Ces fortes de caramel doivent être toujours agités légérement fur la feüille de cuivre avec la pointe du couteau, jufqu'à ce que vous les puiſſiez manier avec les mains ; pour-lors, vous les mettez enfemble ; car il arrive très-fouvent ( faute d'expérience ) que ceux qui ont l'envie d'en faire, laiſſent fouvent trop refroidir leur fucre, ce qui fait qu'ils ne peuvent point réuſſir.

Lorſque votre ruban eſt ainſi fait, vous le préſenterez au feu pour l'amolir, & pour le mettre de la figure dont vous le voûdrez avoir. Pour cuire votre ſucre *Voyez* CUISSON, & pour faire les couleurs, *Voyez* COULEUR pour le caramel.

RUBAN. Ce nom ſe donne à du pain à chanter que l'on garnit de glace royale, & que l'on coupe de la largeur d'un ruban.

### *Maniére de les faire.*

Faites de la glace royale, *Voyez* GLACE ROYALE. Separez-la en quatre parties égales ſur des aſſiettes ; dans l'une mettez-y du ſirop de groſeille, dans l'autre du jus de citrons & un peu de rapure ; dans l'une du jus d'orange & rapure, dans l'autre un peu de jus de citron, & du ſafran en poudre. Ayez du pain à chanter ſur lequel vous étendrez légérement de l'une ou de l'autre glace ; coupez-les tout-de-ſuite de la largeur de deux doigts ; mettez-les ſur des tamis, & les faites ſécher à l'étuve : ſervez-les ſur des aſſiettes. Cela porte encore le nom de coupau.

---



SABLE, ſe dit du ſucre que l'on met en ſable pour imiter le ſable naturel pour garnir des parterres, ou les fonds des plateaux.

### *Maniere de le faire.*

Lorſque vous avez des conſerves ſoufflées, il ne tient qu'à vous de les piler légérement, & de les paſſer au tamis. Si vous en voulez faire exprès, faites cuire du ſucre à la groſſe plume ; mettez-y votre couleur, comme pour les conſerves ſoufflées ; faites-le revenir à même cuiſſon. Alors, ôtez-le du feu, & le travaillez, en le remuant avec une ſpatule juſqu'à ce qu'il devienne en ſable : paſſez-le par un tamis.

*Autre maniére.*

Lorſque vous êtes preſſé, & que vous n'avez pas le tems de cuire du ſucre pour faire du ſable, préparez vite votre couleur ; mettez du ſucre en poudre dans une poële ; échauffez-le un peu ſur un petit feu en le remuant avec la main ; mettez-y de votre couleur qui doit être un peu forte, & remuez le tout enſemble avec la main juſqu'à ce que votre ſucre ſoit ſec, vous ſerez ſûr d'avoir d'auſſi beau ſable de cette façon comme des autres.

L'on ſe ſert quelquefois de petites nompareilles pour garnir les parterres.

SAFRAN, eſt une plante qui pouſſe quelques feüilles lon-gues, fort étroites, canelées ; il s'éleve d'entr'elles une tige baſſe, ou plûtôt une pedicule qui ſoutient une ſeule fleur diſpoſée comme celle du lys, mais plus petite, diviſée en ſix parties, de couleur bleu mêlée de rouge, & de purpurin : il naît dans ſon milieu une houpe partagée en trois cordons creux, découpée en crete de cocq d'une belle couleur rouge, d'une odeur agréable.

C'eſt cette houpe que l'on nomme ſafran : on cultive cette plante dans le Languedoc, & dans le Gatinois.

On doit le choiſir nouveau, bien ſeché, mollaſſe & doux au toucher, en longs filets, de très-belle couleur rouge, fort odorant & d'un goût balſamique agréable. On ſe ſert du ſafran pour les con-ſerves, pour les neiges, pour les paſtilles, & pour les couleurs. *Voyez* l'un & l'autre article.

SALADE, eſt un compoſé de differentes plantes potageres qu'on mange pour l'ordinaire crués ou cuites, étant aſſaiſonnées de ſel, de poivre, de vinaigre & d'huile. Ainſi on fait un melange de laituës, ſoit pommées, ſoit non pommées, avec des fournitures, &c. ſoit de bettes-raves, d'anchois, d'oignons, de cornichons confits, &c.

On diviſe les ſalades en crües & cuites. J'ai donné la deſcription de chaque choſe & de chaque plante dont on fait des ſalades crües & cuites, pour avoir plus de facilté de les connoître, & de les avoir.

L'on me dira peut-être que c'est mal-à-propos que je m'étends
sur la maniére de faire les salades, comme étant une chose assez
simple que le monde connoît & peut faire ; cependant n'ayant eu
jusqu'ici d'autre but que celui d'instruire ceux qui desirent d'aprendre
l'Office, il me semble qu'il est nécessaire de leur enseigner la maniére de les faire, & de leur faire entendre l'attention qu'ils y doivent
prêter pour les servir proprement.

Je mets ici toutes sortes de salades, pour les faire souvenir qu'ils
en peuvent faire de plusieurs façons, & que l'on garnit suivant les
volontés des Maîtres, en leur recommandant toujours d'avoir pour
principe de les bien éplucher, de les bien laver, & de les façonner
avec goût & propreté.

S A L A D E de chicorée. Prenez de belle chicorée ; ôtez-en
toutes les feüilles vertes, & la lavez proprement ; observez de ne la
point laisser dans l'eau de peur qu'elle ne durcisse ; secoüez-la bien,
& lui coupez la racine pour la mettre dans un saladier.

Cette salade se peut faire tout le long de l'année ; lorsque votre
salade est ainsi bien lavée, épluchée & rangée, vous la garnirez suivant la saison, soit avec des fournitures, soit avec des bettes-raves,
des anchois, du thon, &c.

S A L A D E de chicorée cuite. Lorsqu'elle sera préparée comme à la maniére précédente, c'est-à-dire bien lavée & bien épluchée,
vous la ferez blanchir dans une eau où vous aurez mis un peu de
sel ; vous la rafraichirez, & la metterez égouter proprement sur une
serviette ; alors, vous lui couperez les racines, & couperez la chicorée par bandes ; dressez-la dans un saladier, & la garnissez de
bettes-raves, de capres, de thon, &c. si vous le jugez à propos.

S A L A D E de petite laituë, est une salade d'Hyver & de Printems ; elle est ordinairement très-difficile à éplucher ; c'est pourquoi
jettez-la dans une terrine pleine d'eau, & la tirez feüille à feüille ; ôtez-
en les racines, & la relavez ; secoüez-la bien dans une serviette, & la
dressez dans un saladier ; garnissez-la de fourniture, ou de ce que
vous jugerez à propos suivant la saison.

## SAL

S A L A D E de laituë pommée & romaine. Ayez de belles lai-tuës ; ôtez-leur toutes les feüilles vertes ; lavez-les proprement, & les fecoüez ; fendez-les en quatre ; vifitez bien les cœurs pour voir s'il n'y a point de vers, fans cependant les trop ouvrir, de peur que vous ne les rendiez difformes ; rangez-les proprement dans vos fala-diers, & les garniffez de fourniture & d'œufs frais durs, fi on le juge à propos.

S A L A D E de mache & de reponfe. Epluchez bien l'un & l'autre, & enlevez la fuperficie de la racine de reponfe ; lavez-les proprement, & les fecoüez ; rangez-les dans des faladiers ; mettez deffus quelques bettes-raves que vous aurez mincé, ou quelques morceaux de thon coupés par tranches, fi vous le jugez à propos : ces falades font des falades d'Hyver.

S A L A D E de celery. Prenez des beaux pieds de celery ; ôtez-leur beaucoup de tiges, jufqu'à ce qu'il n'en refte plus que trois ou quatre ; parez les pieds le plus proprement qu'il vous fera poffible ; lavez-les dans plufieurs eaux, ( ∗ ) & les fecoüez ; fendez-les en deux ou en trois fuivant leur groffeur, & les rangez dans vos faladiers. Vous pourrez encore blanchir votre celery comme la chicorée, la garnir & la fervir de même : le celery eft une falade d'Automne & d'Hyver.

S A L A D E à la Vendôme, eft une falade de Printems pour la manger bonne. Prenez de toutes les fournitures que j'ai marqué à l'article Fourniture ; épluchez-les foigneufement ; lavez-les féparé-ment, & les rangez dans un faladier par compartiment.

S A L A D E de citrons & de bigarrades, font des falades de toutes faifons, aufquelles on a recours lorfqu'il en manque d'autres ; il n'y a pas grand aprêt pour celles-ci ; il ne s'agit que d'en mettre une quantité honnête dans un faladier, ayant foin de les garnir de feüilles d'Orangers.

( ∗ ) La chicorée & le célery durciffent dans l'eau lorfqu'on les y laiffe trop tremper.

SALADE d'olives, eſt une ſalade d'Hyver ; il faut ſeulement les égouter de leur eau, les mettre dans un ſaladier, & y remettre une quantité raiſonnable d'eau fraiche pour les maintenir, de peur qu'elles ne noirciſſent.

SALADE de concombres, eſt une ſalade d'Eté. Parez vos concombres ; coupez-les en deux, & les vuidez de leur graine avec une cuillier ; mincez-les proprement, & les mettez dans une terrine ; ajoutez-y du ſel, & une couple d'oignons entiers, dont vous en piquerez un d'un ſeul cloux de girofle ; mettez-y un peu de vinaigre ſi vous voulez. Maniez vos concombres avec la main pour leur faire jetter leur eau ; laiſſez-les ainſi une heure ou deux ; alors, vous les preſſerez dans une ſerviette, & les étendrez dans un ſaladier avec une fourchette : vous les garnirez légérement de fournitures que vous couperez un peu.

SALADE cuite, eſt un compoſé de tout ce qui eſt cuit ou mariné, ou confit au vinaigre, comme oignons, (a) célery, bettes-raves, cornichons, capres, bled de Turquie, choux-cabus, perce-pierre, anchois, lamproye, thon, &c.

Pour la faire, commencez d'abord de faire des roties que vous imbiberez d'huile fine ; vous mincerez alors des bettes-raves, & les mettrez dans votre ſaladier avec vos roties ; vous les garnirez avec toutes ces eſpèces que j'ai marqué ci-deſſus, ſi vous les avez ; vous formerez avec toutes ces eſpèces des compartimens, pour differencier leur couleur, & ferez votre poſſible pour la travailler le plus proprement que vous pourrez.

L'on peut encore mettre dans ces ſortes de ſalades des œufs durs, du fromage Parmeſan rapé, des blancs de poulardes mincés ; avec toutes ces eſpèces on peut faire des ſalades cuites de differente figure, & de different goût.

SARBOTIE'RE, eſt le nom d'un vaſe qui eſt fait ordinai-

---

(a) Les oignons doivent toujours ſe cuire au four, ou ſous la cloche, parce qu'ils en ont plus de goût.

rement d'étain, ou de fer-blanc, & dans lequel on fait prendre en neige les liqueurs que l'on deftine à être fervies dans des gobelets, ou pour en faire des fruits glacés.

Les farbotiéres doivent avoir chacune leur baquet, qui doit avoir une petite cheville au bas pour écouler l'eau s'il en eft de befoin ; de forte que lorfque la farbotiére eft dans le milieu du baquet, il faut qu'il y ait une diftance entre la farbotiére & le baquet, de la largeur de quatre doigts. *Voyez* fa Fig. Planche 1. Let. D.

S A V O N , eft une compofition qui fe fait avec de l'huile d'olive, de la chaux, & des cendres de l'herbe apellée *Kali*, ou *Soude* : il ne fert que pour frotter le papier que l'on veut découper. *Voyez* PAPIER.

S E C, eft un terme d'Office, qui comprend toutes les confitures féches, & celles que l'on a mifes au tirage, ou tirées à l'étuve.

SEC, fe dit encore des candys, des conferves, des pâtes, des grillages & du blanchiffage, &c.

S E L , eft une matiére piquante fur la langue, & qui fe diffout dans l'eau ; le fel dont on fe fert dans l'Office eft connu de tout le monde : on employe le fel pour faire prendre les glaces, & on le blanchit pour le mettre dans les faliéres.

## *Maniére de blanchir le fel.*

La méthode la plus fimple eft de jetter dans un vaiffeau de terre telle quantité de fel qu'on juge à propos, avec une pinte d'eau pour chaque livre de fel. On laiffe ce fel fe diffoudre pendant quelques jours ; la boüé & les matiéres terreftres fe précipitent peu-à-peu au fond du vafe ; alors, on verfe proprement l'eau dans un autre vaiffeau, fans permettre au fediment de fe mêler. On fait boüillir cette eau jufqu'à évaporation ; le fel imperceptible dont elle étoit remplie fe raproche, tandis que l'eau monte en fumée ; il fe précipite en petites maffes au fond du vafe, & annonce fa netteté par fa blancheur ; il devient encore plus blanc, lorfque vous paffez votre eau à la chauffe. Lorſqu'il eſt ainſi, vous achevez de le ſécher à l'étuve, pi-lez-le enſuite, & le paſſez par un tamis fin.

S E L. Paſſer au ſel, ce terme ſe dit des abricots, des amandes vertes & des cornichons, leſquels on met, dans une ſerviette avec du ſel, pour leur ôter le duvet ou la boure, en ſecoüant la ſerviette par les deux bouts, comme je l'ai enſeigné à l'article des Abricots verds.

S E L. Effet du ſel dans la glace. ( a ) Les ſels ne font geler les liqueurs qu'en faiſant fondre la glace qu'on met tout-au-tour.

S E M E N C E. Quatre ſemences froides, ſont celles de cour-ges, de citroüilles, dé melon & de concombre : elles ne ſont em-ployées que dans la pâte & le ſirop d'orgeat. *Voyez* PASTE & SIROP.

S E R A I N G Ü E, eſt un utenſile d'Office, dans lequel on ſeraingue la pâte de maſſepains pour la friſer, ou lui donner une autre figure.

S E R R E. *Voyez* FRUITERIE.

S E R R E R de glace, terme d'Office, c'eſt de bien enveloper, & de couvrir de glace pilée & ſalée toutes ſortes de moules à glace, dans leſquels on aura mis des neiges, pour les glacer au point qu'on en puiſſe tirer la figure. *Voyez* FRUITS GLACÉS.

( a ) M. Dortous de Mairan, dans ſa Diſſertation ſur la glace, *Part.* II. *Sect.* V. *pag.* 353. s'explique ainſi.

Les ſels par eux-mêmes, & dans les mêmes circonſtances, ne ſont pas plus froids que la glace. Environnés d'air, ou de tel autre corps fluide ou ſolide qui ne les diſſout point, & qui n'en eſt point diſſout, ils prennent, comme la plûpart des autres corps, à-peu-près la tempé-rature, le dégré de chaud ou de froid du milieu, ou du corps qui les environne. Ainſi de la glace briſée, & du ſel briſé mêlés enſemble, ne formeroient point par la ſimple juxtapoſition, ou par le contact mutuel de leurs parties non diſſoûtes, un tout ſenſiblement plus froid que la glace ; & par conſéquent, ce tout, ce mélange de ſel & de glace mis au-tour d'un vaſe rem-pli d'eau, ne la feroit pas plûtôt geler que la glace toute ſeule. Ce n'eſt donc que par la diſſo-lution, par la fuſion réciproque de la glace & des ſels, que les ſels mêlés avec la glace, pro-duiſent ou accelerent la congelation de l'eau.

## SER

**SERVICE.** On entend par service tout ce qui comprend un deſſert, comme les jattes, les carrés ou piéces de glace montés avec des verres découpés, & gobelets garnis de toutes ſortes de confitures, les compotes, les aſſiettes & les glaces.

On en fait de different goût, & de differente grandeur, ſuivant les tables que l'on a à ſervir, comme vous verrez ci-après.

**SERVICE** de jattes. Pour une table de ſix à huit couverts, il faut trois jattes & quatre compotes, ou aſſiettes.

Pour une table de douze, neuf jattes, huit compotes.

Pour une table de dix-huit, quinze jattes, douze compotes.

Pour une table de vingt-quatre, vingt-une jattes, & ſeize compotes.

Pour une table de trente, vingt-ſept jattes, & vingt compotes.

Les neiges & fruits glacés ne doivent point être limités dans ces tables ; on releve les compotes, où quelques-unes ſeulement pour y mettre des glaces ſuivant la ſaiſon.

**SERVICE** de glace. Les ſervices de glaces ſont differens des autres, en ce qu'ils ſe touchent & ſe joignent enſemble, & ſe ſervent par trois filets comme les jattes. *Voyez* leurs Fig. Planche 5.

Pour une table de douze couverts, il faut neuf piéces de glace, huit compotes.

Pour une table de dix-huit couverts, il faut quinze piéces de glace, douze compotes.

Pour une table de vingt-quatre couverts, il faut vingt-une piéces de glace, & ſeize compotes.

Pour une table de trente couverts, il faut vingt-ſept piéces de glace, vingt compotes.

Par la même raiſon, vous pourrez augmenter vos piéces de glace & vos compotes, lorſque vous avez des plus grandes tables.

Si vous avez des grandes tables qui ne ſoient point de figure ordinaire, ayez recours à faire faire des plateaux de bois qui vous ſerviront de dormants, comme je l'enſeigne à l'article Table, où vous en trouverez de plufieurs figures. Obfervez cependant que lorfque vous vous fervirez de plateaux, de laiffer du jeu de deux pieds & demi entre la table & les plateaux, pour que l'on puiffe fervir aifément la cuifine, & tous les autres fervices, comme celui de l'Office, qui doit être compofé de jattes les plus égales que vous pourrez trouver. Vous les monterez à face, & mettrez une compote entre chaque jatte.

Vous pourrez relever toutes les compotes des fervices que j'ai marqué ci-devant, avec des affiettes de neiges & de fruits glacés.

J'ai donné les figures des pilaftres, gobelets, cryftaux & verres découpés de toutes façons, & de toute grandeur ; c'eft à l'Officier de les voir, & de confulter fon goût pour mettre bien un fervice enfemble. J'ai enfeigné la façon de faire des Figures de caramel & de paftillage, & de faire généralement tout ce qu'il faut pour l'enjolivement & la garniture des fervices, pour qu'il puiffe s'en fervir, & former avec telle décoration qu'il lui plaira.

SERVICE de Campagne. Quoique l'on foit à l'Armée, on ne laiffe pas que d'y faire bonne chere ; c'eft pourquoi l'Officier doit faire fa provifion de toutes fortes de confitures féches & liquides, & prendre le moins qu'il pourra d'utenfile, de peur qu'il ne l'embarraffe ; c'eft à lui d'aporter avec lui des plateaux de bois, ou des corbeilles d'ozier mifes en couleur, pour qu'il puiffe dreffer deffus ces confitures féches, en les garniffant de papier découpé ; il peut dreffer fon fruit cru dans ces corbeilles avec des feüilles de vigne, & fervir enfemble ces plateaux & ces corbeilles, moitié cru & moitié fec ; il peut mettre entre deux des compotes & des affiettes de four. Cette façon de fervir eft fort commode, & on ne rifque point de caffer les verres, ni les porcelaines. Quoique cette méthode n'a point le coup d'œil d'un fruit décoré, elle ne laiffe point que de garnir bien une table, & d'avoir fon mérite. *Voyez* fa Fig. Planche 12.

SERVIETTE à caffé, à chocolat, font des efpèces de

## SIR

serviettes qui ne font deftinées que pour cet ufage ; elles font ordinairement de Perfe, de toile fine, ou d'indienne. On les préfente
aux conviez, lorfqu'on leur fert le caffé ou le chocolat.

SIROP, c'eft une compofition à laquelle on donne une confiftence un peu épaiffe, & qui eft faite avec du fucre, du fuc de
fruit, ou de fleurs.

SIROP de fleurs d'orange. Prenez deux livres de fleurs bien
épluchées ; mettez-les dans une marmite d'argent, ou autre vafe
de terre verniffé ; mettez deffus huit livres de fucre que vous aurez
cuit à la petite plume ; bouchez bien votre vafe, & le lutez. Ayez
une poële d'eau boüillante fur le feu ; mettez-y votre vafe, & le
laiffez ainfi toujours boüillir pendant fix heures ; alors, paffez votre
firop par une étamine ; attendez qu'il foit froid pour le mettre en
bouteille.

SIROP d'œillet, fe fait de même que celui de fleurs d'orange.

SIROP de violettes. Prenez une livre de violettes bien épluchées ; pilez-la bien dans un mortier avec un verre d'eau ; faites
cuire quatre livres de fucre à foufflé ; ôtez-le du feu, & le laiffez un
peu repofer ; (a) alors délayez votre fleur dans votre fucre, & le
paffez par une étamine ; attendez qu'il foit froid pour le mettre en
bouteille. Il y en a qui font cuire de la racine d'Iris de Florence avec
de l'eau, & qui moüillent leur fucre avec.

SIROP d'orgeat. Mondez fix livres d'amandes douces, & une
livre d'amères ; pilez-les bien enfemble dans un mortier avec une
livre des quatre femences froides, en y ajoutant un peu d'eau, de
peur qu'elles ne tournent. Lorfqu'elles font bien pilées, broyez-les
encore fur une pierre avec un rouleau de fer ; délayez alors cette
pâte dans une chopine d'eau de fleur d'orange, & deux pintes &

(a) La fleur perdroit fa couleur fi on la mettoit dans un fucre trop chaud ; c'eft pourquoi attendez qu'il foit d'une chaleur modérée.

demie d'eau ; passez le tout par une étamine en le pressant, & le repassez ; faites alors cuire douze livres de sucre à cassé ; jettez-y votre lait d'amandes, & l'ôtez du feu.

Mettez-le sur un fourneau qui soit doux , pour faire fondre le sucre en le remuant toujours, & le faites seulement fremir pour incorporer votre lait d'amandes avec votre sucre ; alors votre sirop est fait ; passez-le par une étamine, & le mettez en bouteille lorsqu'il sera froid.

Vous pourrez avec le reste de vos amandes faire encore de bon orgeat.

SIROP de roses se fait de même que le sirop de violettes ; vous y pourrez mettre une larme de cochenille préparée.

SIROP de groseilles , de framboises, de merises, de meures & d'épines-vinettes ; ces cinq espèces se font de même.

Prenez l'une ou l'autre espèce ; écrasez-les bien dans une terrine, & les laissez fermenter pendant quatre ou cinq jours ; alors, exprimez-en le jus dans une presse ; mettez le jus dans des bouteilles débouchées, & les exposées pendant deux jours au Soleil pour les raréfier ; alors, vous filtrerez votre jus ; pesez votre jus, & prenez pour livre de jus, deux livres de sucre en pain ; mettez le tout dans une poële , & la mettez sur un feu doux pendant quatre heures seulement, pour que le sucre fonde ; alors, vous le ferez un peu fremir ; passez votre sirop par une étamine, & le mettez dans des bouteilles lorsqu'il sera froid.

SIROP de capillaire. Prenez une livre de beau capillaire du Canada ; faites bouillir trois pintes d'eau , & y jettez votre capillaire ; mettez le tout dans une terrine , & le laissez infuser jusqu'au lendemain. Alors, cassez huit à neuf livres de sucre dans une poële ; mettez votre eau de capillaire dessus, avec un blanc d'œuf fouetté comme pour le sucre clarifié. Clarifié votre sucre ; mettez-y de l'eau de fleur d'orange à votre goût, & le cuisez à perlé ; passez-le par une étamine, & le mettez en bouteille lorsqu'il sera froid.

## SIR SOU

**S I R O P** de limons. Prenez du jus de citrons ou de limons, comme je l'ai marqué à l'article Jus. Pesez-le, & sur chaque livre de jus, prenez deux livres & demie de sucre en pain, & le finissez de même que le sirop de groseille.

**S I R O P** de jasmin se fait de même que celui de fleur d'orange.

**S I R O P** de caffé. Prenez deux livres de bon caffé bien torrefié & bien moulu ; faites du caffé avec une livre, & deux pintes d'eau ; laissez-le reposer & éclaircir ; tirez-le au clair, & refaites l'autre livre avec le caffé fait ; laissez-le reposer & éclaircir ; tirez-le au clair. Faites cuire une demie livre de sucre au caramel, & lui donnez même de la couleur un peu brûlée ; jettez-y votre caffé pour faire fondre le sucre ; alors, mettez-le dans un pot vernissé avec une demie livre de sucre en pain ; bouchez soigneusement votre pot, & le mettez fremir sur de la cendre chaude pendant huit à neuf heures ; passez-le alors dans une étamine, & le mettez dans des bouteilles lorsqu'il sera froid ; bouchez-les soigneusement, & ne les mettez point dans un endroit chaud.

Lorsque vous voudrez vous en servir, versez de ce sirop dans une tasse, & de l'eau chaude par-dessus, vous aurez de très-bon caffé : il est fort commode pour les Voyageurs, quoiqu'il soit de grande dépense.

**S I R O P** de vinaigre. Prenez quatre livres de framboises que vous ferez fermenter comme je l'ai marqué à l'article sirop de framboises ; ajoutez-y deux pintes de bon vinaigre, & filtrez le tout ensemble ; vous peserez alors votre jus, & mettrez trois livres de sucre pour une livre de jus : vous le travaillerez & conduirez de même que le sirop de framboises, de groseilles, &c.

**S O U C O U P E**, est une espèce de petite assiette que l'on met sous les tasses.

**S o u c o u p e**, se dit encore de plusieurs plateaux de verre qui ont des pieds sur lesquels on sert des gobelets garnis de neiges ou de mousses.

SOUFFLE'.

**S O U F F L E'.** Cuiſſon du ſucre. *Voyez* Cuisson.

**S P A T U L E** , eſt le nom d'un morceau de bois avec lequel on remuë les marmelades.

**S U C R E** , eſt le ſel eſſentiel d'une eſpèce de roſeau, que l'on nomme Canne de ſucre, ou Cannamelle, (*a*) qui croît abondamment en pluſieurs endroits des Indes, comme au Breſil, & dans les Iſles Antilles. Cette plante pouſſe un Roſeau ou Canne, haute de cinq à ſix pieds, garnie de feüilles longues, étroites, aiguës, tranchantes, vertes ; il s'éleve du milieu à la hauteur de cette Canne, une maniére de flêche qui ſe termine en pointe, une fleur en forme de panache, de couleur argentée , & ſemblable à celle des autres roſeaux.

### Maniére dont ſe fait le Sucre.

Quand ces Cannes ſont meures, on les coupe, on en ſépare les feüilles, qu'on rejette comme inutiles , & on les porte au moulin pour y être preſſées & écraſées entre deux rouleaux garnis de bandes d'acier ; il en ſort un ſuc qu'on fait couler dans des chaudiéres, puis on l'échauffe par un petit feu pour le faire ſeulement fremir ; il pouſſe alors ſon écume la plus groſſiére, qu'on enleve dans des écumoires ; on pouſſe enſuite le feu pour faire boüillir le ſucre à gros boüillons , ayant toujours ſoin de l'écumer ; & afin d'en ſéparer l'écume plus facilement , on y jette de tems-en-tems quelques cuillerées de leſſive forte. Quand il a été bien écumé, on le paſſe par un linge, & on le purifie encore une fois, en le faiſant boüillir, y mêlant des blancs d'œufs foüettés avec de l'eau de chaux, & le paſſant par des chauſſes. On le fait cuire enſuite juſqu'à une conſiſtence convenable ; ce ſucre eſt ce que l'on apelle moſcouade griſe : lorſqu'elle eſt bien purifiée, elle devient caſſonade.

(*a*) Les Cannes à ſucre n'ont pas été inconnuës aux anciens ; pluſieurs en ont parlé, & ont apellé le ſucre ſel d'Inde , qui couloit de lui-même comme une gomme ; les Indiens l'apelloient *Sacanamba* , & les Latins, Cannamelle de *Canna* & de *Mel* , qui étoit le miel , ſuivant Saumaiſe , avec lequel les anciens confiſoient.

## SUC

SUCRE en pain. Le fucre en pain eſt une caſſonade clarifiée par le moyen des blancs d'œufs, & de l'eau de chaux, & paſſée par des chauſſes. On la cuit ſur le feu, & on la verſe dans des moules faits en forme pyramydale, & percés au fond de quelques petits trous que l'on a bouchés, mais qu'on débouche lorſque le fucre eſt preſque froid, afin que le fucre, ou la partie la plus glutineuſe s'en écoule ; plus on réïtere à clarifier le fucre, plus il eſt blanc, juſqu'à ce qu'il devienne fucre-royal.

On choiſit le fucre beau, blanc, fec, difficile à caſſer, cryſtalin en dedans lorſqu'il eſt rompu, ayant un goût doux fort agréable : on envelope ordinairement le beau fucre dans du papier bleu.

### Maniére de clarifier le fucre.

Caſſez cinq ou ſix pains de fucre dans une poële ; prenez un blanc d'œuf, (a) battez-le avec de l'eau, & le jettez ſur votre fucre ; moüillez-le ſuffiſamment avec de l'eau ; mettez-le ſur le feu ; faites-le cuire ; lorſque vous verrez que votre fucre montera, jettez-y un peu d'eau fraiche ; laiſſez-le monter juſqu'à trois fois, & y mettez toutes les fois un peu d'eau fraiche ; retirez un peu votre poële du feu pour ne le faire boüillir que d'un côté, en y ajoutant de temps-en-tems de l'eau fraiche ; écumez-le proprement, & lorſqu'il ne jettera plus d'écume, (b) paſſez-le par une étamine

SUCRE de fleur d'orange, eſt celui qui reſte lorſque l'on praline les fleurs : on s'en ſert dans pluſieurs choſes pour leur donner du goût.

SUCRIER, eſt un meuble dans lequel on met du fucre ; il y en a de deux eſpèces, ſçavoir, les ſucriers pour les cabarets, dans leſquels on met du fucre caſſé par morceaux, & les fucriers d'argent, dans leſquels on met du fucre en poudre.

(a) Le blanc d'œuf, par ſes parties viſqueuſes, accroche les particules groſſiéres & opaques qui demeurent dans le fucre.

(b) Obſervez que le fucre ſe graiſſe lorſque l'on ne l'écume pas bien, & que l'on n'a pas ſoin d'eſſuyer les bords de la poële avec une éponge.

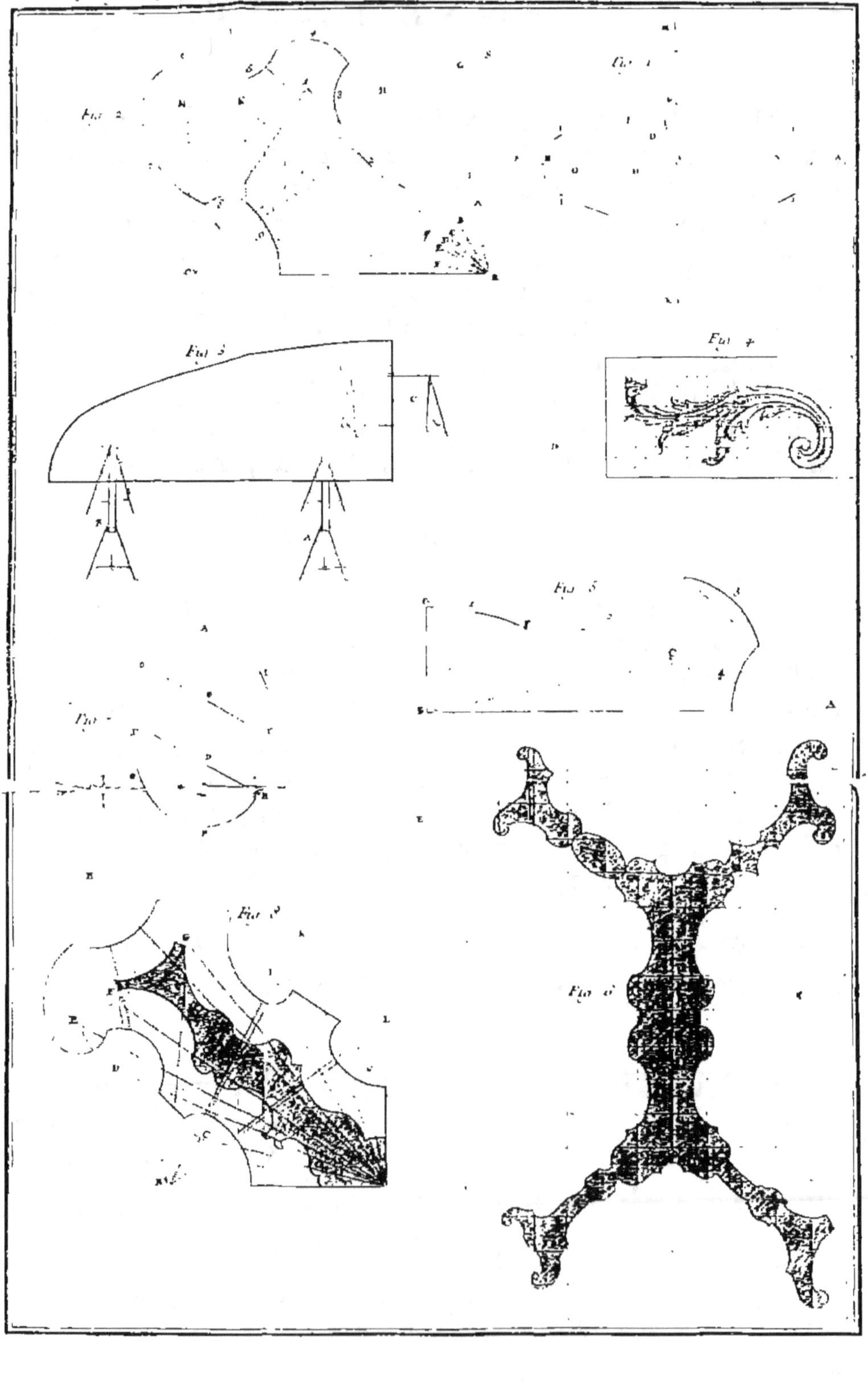

Fig. 1

Fig. 2

Fig. 3

Fig. 4

Fig. 5

Fig. 6

## S U R

Aujourd'hui l'on ne fe fert pas beaucoup de ces derniers fucriers ;
on a des petites jattes en façon de timbale, dans lefquelles on met
du fucre en poudre, & que l'on prend avec une cuillier d'argent,
percée comme les cuilliers à olive.

SURTOUT, eft une machine d'argent que l'on met dans
le milieu d'une table pendant tous les fervices : on la garnit ordinairement d'huiliers, de fucriers, de citrons & de bigarrades. Il y a
d'autres furtouts ou dormants que l'on fait avec des ouvrages d'Office,
& que l'on décore avec du caramel, du paftillage & des fleurs artificielles. *Voyez* leurs Fig. Planch. 11. & 13.

## T A B

TABLE. On entend par table où fe mettent les Conviés pour
manger ; il y a differentes grandeurs & differentes figures de
tables ; c'eft pourquoi je donne ici le plan de quelques-unes, avec
les proportions que l'on doit garder pour les dormants, comme je
l'ai déja marqué à l'article Service.

Comme les tables dépendent toujours du goût des Maîtres-d'Hôtel, c'eft à l'Officier de fe conformer à la figure de la table, & lorfqu'on lui demande des dormants, c'eft à lui de les faire de façon
qu'il y ait toujours deux pieds & demi de jeu de largeur entre la
table & les dormants. Il pourra donc fuivre le plan de mes tables,
ou d'en inventer des plus belles qui prennent d'autres contours, en
fuivant toujours les regles que je donne pour le fruit ; c'eft à lui
d'avoir des jattes montées en fuffifance, pour les mettre d'un pied
de diftance l'une de l'autre. Au refte il ne doit rien épargner pour
embelir & décorer fes dormants, & pour donner le coup d'œil à
la table.

*Des fections & pratiques Géométriques.* Planch. 9. Fig. 1.

La façon de décrire un oval, eft de couper la ligne A. B. en deux
également, & de tirer la droite M. K. Menez G. H. fur la moitié
de la largeur du diamétre ; portez G. C. à C. F. Coupez C. F. en

deux également en D. par le moyen des sections F.E.   F.H.   C.E.
C.H.   Portez C.D. ou D.F. en O. ou en N. c'est ce qui fait le
centre du cercle sphérique de l'oval. Faites une section de H. en I.
De part & d'autre, ouvrez votre compas depuis I. G. I. Faites une
section I. K. & décrivez le grand cercle I. G. I. K. M. U.

*Maniére de trouver la quatriéme partie d'une table en contour*,
Planch 9. Fig. 2. *Pour l'ensemble de la table*, Fig. 3. Planc. 10.

Tirez R.O. Elevez la perpendiculaire R.S. par la premiére Figure Planche 9. A.B.M.K. Ensuite tirez les rayons R.N.   R.M.
R.K. R.L. R.I. R.H.   R.G. Vous transportez ensuite la pointe
de votre compas en O. Vous faites une section en G. & de suite
O.H.  O.I.   O.K.  O.L.   O.M. Toutes ces sections étant faites,
prenez-les pour centre, P. pour centre du cercle I.   G. pour centre du cercle 2. H. pour 3. I. pour 4. L. pour 5. M. pour 6. K.
pour 7. N. pour 8. O. pour 9. C'est le moyen de trouver la quatriéme partie de cette table complette.

*Maniére de désigner telle Figure que l'on voudra, par le moyen
d'une échelle quarrée.* Figure 4. Planche 9.

Sur tel dessein, & de quelle forme elles puissent être, pour les
mettre en grandes, ou plus petites formes, vous vous servirez d'un
nombre de carreaux établis sur leur longueur & largeur également
quarrés par-tout, & si vous voulez désigner une partie d'ornement,
ou de figure beaucoup plus grande, vous compterez le nombre des
carreaux que vous aurez tracé sur leur longeur, & l'autre nombre sur
leur largeur, en les établissant avec la même égalité dans leur grandeur,
& vous verrez combien les parties de cette Figure occuperont de
place sur les carreaux ; vous en compterez les distances, & vous les
poserez dans leur même forme. Cette Figure deviendra proportionnée
à la petite, si l'on suit éxactement cette régle ; comme si l'on vouloit
un dormant de goût, en prenant la quatriéme partie de la Fig. 6.
Planche 9. vous trouverez la même Figure, en observant les mêmes régles.

Fig. 1

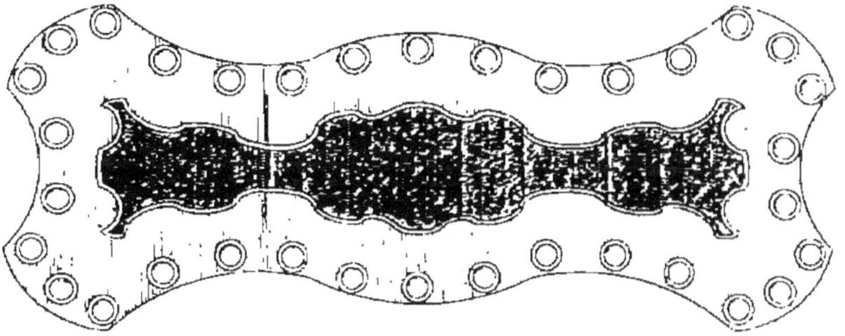

Fig. 2

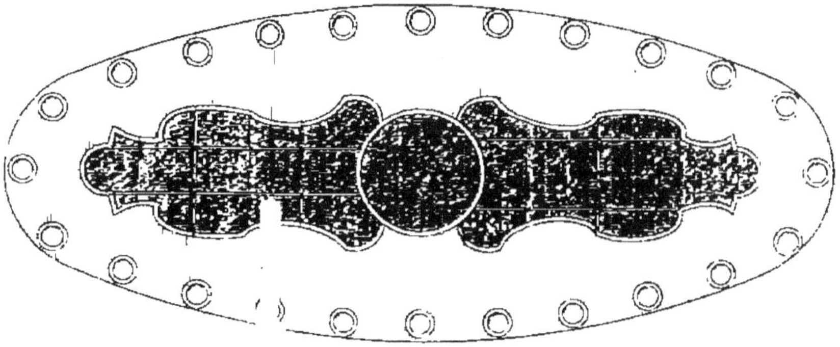

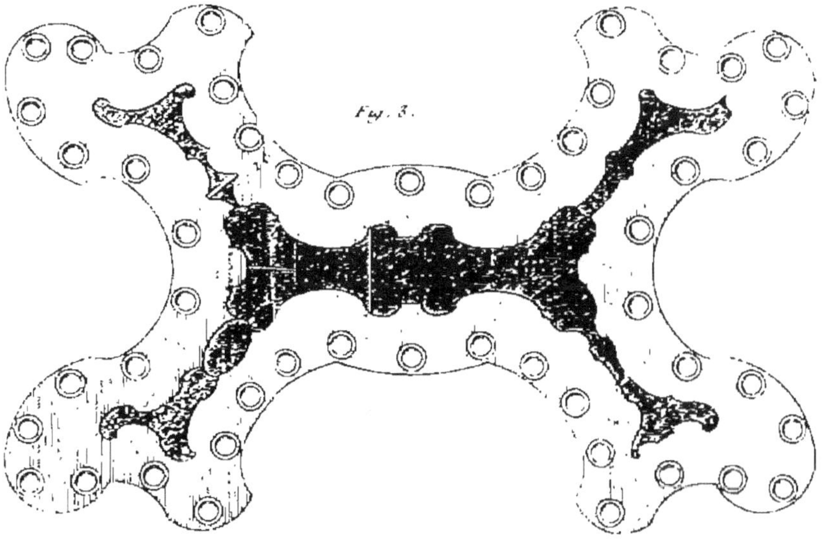

Fig. 3

### *Manière de trouver la quatriéme partie de la table.* Figure 5. Planche 9. & Figure 1. Planche 10.

Tirez A. B. élevez la perpendiculaire B. G. par la premiére Figure ; continuez G. B. jusqu'en E. Décrivez le rayon A. D. A. C. Transportez le compas B. de B. en C. Faites une section B. D. G. E. E. pour le cercle G. I. F. D. pour 2. C. pour 3. A. pour 4. Par ce moyen, vous trouverez la quatriéme partie de la table premiére, Planche 10.

La quatriéme partie de la table ovale, Fig. 3. se fait par les mêmes régles de la Fig. 1. Planche 9. avec leur position sur les traiteaux C. A. B.

### *Manière de décrire un oval en forme de table.* Fig. 7. Plan. 9.

La ligne donnée A. B. & la longueur d'un oval à faire ; divisez A. B. en trois parties égales A. G. D. B. des points G. D. Décrivez les cercles A. O. D. G. H. B. Menez les droites F. G. O. H. D. E. du point E. Décrivez l'arc H. I. & l'arc O. S. du point F.

### *Manière de désigner la Figure* 8. Planche 9.

Si l'on se déterminoit à faire quelque portion de table de goût, & que l'on voulut désigner une quatriéme partie, vous suivrez le trait des contours que vous en aurez donné à la main, en cherchant avec le compas le centre pour la valeur du cercle de chaque contour. Vous commencerez donc alors à tirer une ligne A. B. en élevant la perpendiculaire A. L. Vous chercherez le centre C. le centre B. le centre D. le centre E. le centre F. & les centres H. G. I. K. L. Lorsque vous les aurez trouvé, vous fortifierez chaque trait avec du crayon rouge ou noir ; vous plierez votre papier à la ligne A. B. pour le calquer sur une autre largeur, pour en avoir la moitié, que vous doublerez pour avoir le tout , & pour l'exécution de cet ensemble, vous observerez les mêmes régles de la Figure 4. même Planche, pour la désigner en grand dans les longueur & largeur que vous jugerez à propos , fuivant la grandeur de la Sale que vous aurez.

*Obfervation pour le Plan Géométral.* Figure 1. Planche 11.

Tirez O. A. Elevez la perpendiculaire T. S. par la premiére, Planche 9. Menez les points A. N.   N. U. Y.   U. I, paralelles à M. Y.
Prenez I. M. pour centre, A. I. Q. 2. pour fection , K. 2. & 2. K.
pour fection du centre ; 2. K. pour portion du cercle, A. 3. 1. pour
centre du cercle ; 4. L. pour un autre , en formant un grand cercle
A. L. 4.   A. H. O. 5. pour centre du cercle A. 5. H.   A. 6. F. pour
centre du cercle qui fort de A. S. 7.   A. T. G. pour fection ; 7. & G.
pour centre ; A. P. C. pour fection ; P. C. pour centre ; A. 9. D.
pour fection, D. 9. pour centre.

| | |
|---|---|
| R. Places des chaifes. | 12. Coupe des dormants. |
| 10. Affiettes. | 14. Echelle. |
| 11. Dormants. | |

TACHE, s'attribuë aux fruits crus qui font tachés, & aux
fruits qui ont été mis au tirage ; c'eft lorfqu'il y a du blanc deffus,
& qu'ils ne font point glacés par-tout.

TACHE s'attribue encore aux conferves , lorfqu'elles ont des taches blanches.

TAMIS, eft un utenfile d'Office , dans lequel on paffe du
fucre , du fruit, & toutes autres chofes , ou fur lequel on met des
fruits à mi-fucre pour fecher à l'étuve.

TAMBOUR, eft un utenfile d'Office , reffemblant à un
tambour , dans lequel il y a deux tamis , un de crin & un de foie
pour paffer le fucre en poudre , & le rendre très-fin.

TASSE. On apelle taffe un vafe dans quoi on prend le caffé,
le chocolat & le thé. Elles font ordinairement de porcelaine , mais
celles à chocolat font plus grandes & plus hautes.

TAILLADIN. Le tailladin n'eft autre chofe que l'écorce

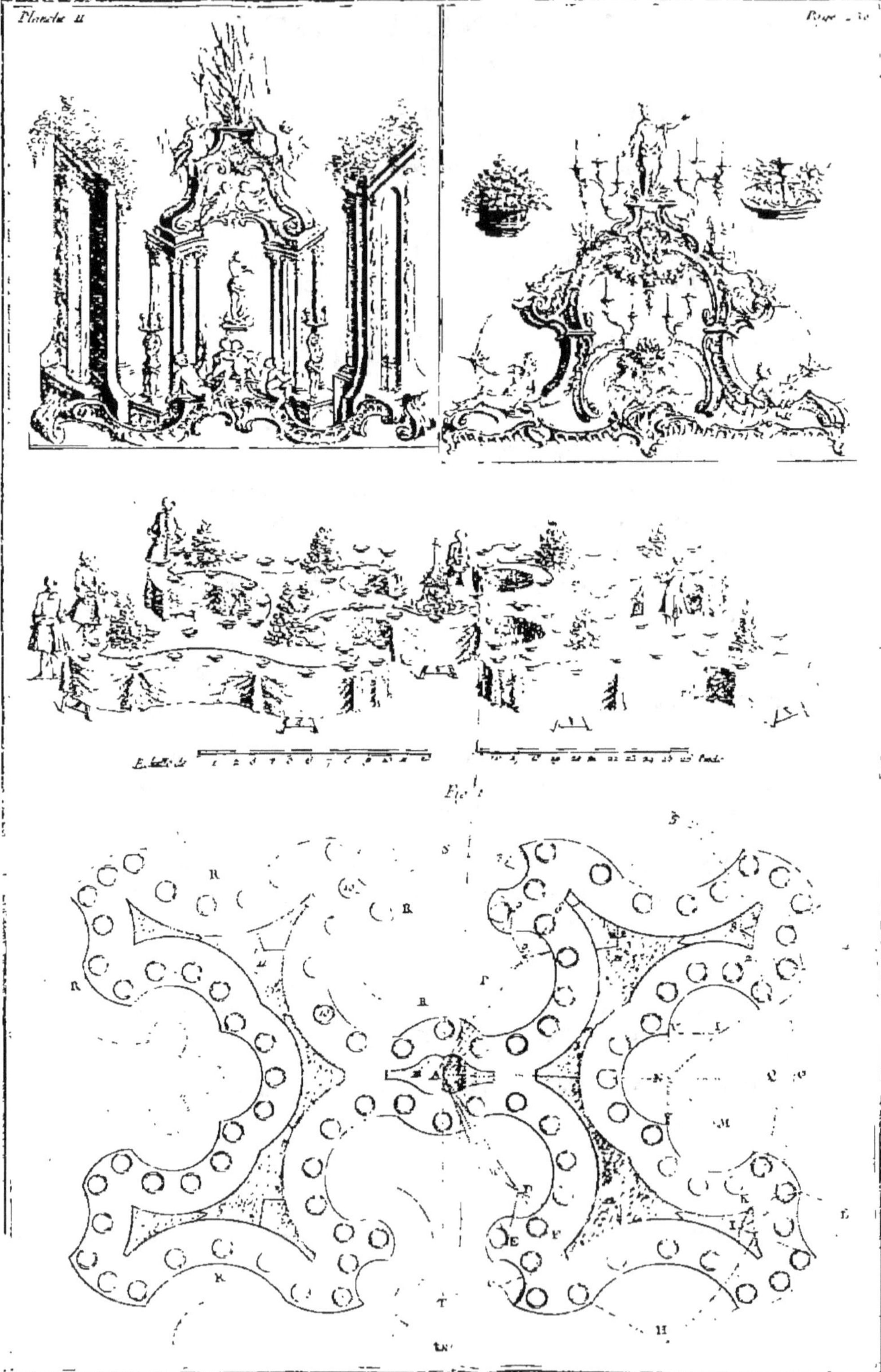

Planche II
Page 30

des fruits d'odeur que l'on enleve , & que l'on coupe comme des lardons. On en fait des compotes. *Voyez* COMPOTES. On en met de citronade dans les noix blanches. *Voyez* NOIX.

T H E' , est une petite feüille qu'on nous aporte séche , & roulée, de la Chine, du Japon & de Siam. Elle croît à un petit Arbrisseau dont on la tire au Printems pendant qu'elle est encore petite & tendre ; sa figure est oblongue, pointuë, mince, un peu dentelée en ses bords, de couleur verte.

Il faut choisir le thé recent en petites feüilles entiéres, vertes, d'une odeur & d'un goût de violette, doux & agréable.

### *Maniére de le faire.*

Mettez infuser chaudement pendant un quart-d'heure deux pincées de thé dans une chopine d'eau boüillante. Le thé se prend avec du sucre en pain, & lorsqu'on le prend avec du sirop de capillaire, on apelle cette boisson, bavaroise.

Quelquefois l'on met infuser avec le thé deux tranches de citron que l'on nomme citronelle. On fait encore du thé au lait de la même maniére.

T I G E , est attribuée à la queuë d'une fleur artificielle, & aux pieds des gobelets qui sont d'une certaine hauteur ; c'est ce qui fait qu'on les nomme gobelets à tige. *Voyez* Fig. Planch. 3. 4.

T I R A G E , est un sucre que l'on cuit à soufflé, pour tirer au sec toutes sortes de fruits qui sont bien en chair , comme tous les fruits d'odeur, les prunes, les noix , l'angelique, &c.

Les marrons glacés se tirent séparément de la même maniére.

### *Maniére de le faire.*

Prenez tels fruits qu'il vous plaira, lorsqu'ils sont confits ; égoutez-les bien de leur sirop, pour ne point perdre le sucre ; jettez-les dans de l'eau chaude pour les laver ; alors, égoutez-les. Faites cuire du fucre clarifié à foufflé ; (*a*) mettez-y vos fruits, & leur donnez un ou deux boüillons couverts ; ôtez la poële du feu, & l'écumez bien. Attendez que votre fucre foit froid de telle maniére que vous puiffiez tenir la main contre les bords de la poële ; ayez des grilles toutes prêtes fur des plats de même grandeur ; travaillez votre fucre avec une cuillier, en le frottant contre le bord de la poële feulement d'un côté ; dès que vous verrez que votre fucre fera un peu blanc, ou louche, tirez vos fruits tout-de-fuite un à un hors de votre fucre avec des fourchettes, en le paffant & le frottant légérement contre le fucre qui eft louche ; mettez-les fait-à-mefure fur vos grilles pour les laiffer égouter & refroidir. Le fucre de tirage fert plufieurs fois pour la même chofe, & lorfqu'il n'eft plus bon pour cela, il peut fervir pour des compotes & des glaces.

T I R E R, terme d'Office, fe dit des fruits que l'on met au caramel.

T I R E R, fe dit encore du caramel qui a pris l'empreinte d'un moule.

T I R E R, fe dit également de la conferve que l'on a coulé dans un moule de plomb pour en avoir l'empreinte. On dit tirer une Figure, c'eft la faire foit de caramel, de conferve, ou de pâte de paftillage.

T I R E R à l'étuve, eft d'égouter des fruits confits, de les ranger fur des feüilles de cuivre, & de les poudrer légérement de fucre avec une poudrette pour les fécher à l'étuve.

### *Maniére de tirer à l'étuve.*

Mettez dans une poële le fruit que vous voulez tirer à l'étuve, avec fon firop ; ajoutez-y un peu d'eau ; donnez un boüillon à votre fruit ; écumez-le bien, & le laiffez tiédir ; égoutez-le alors fur un égoutoire ou grille. Poudrez de fucre des feüilles de cuivre, & le rangez deffus proprement ; poudrez-le légérement de fucre, & le

(*a*) Le tirage eft fujet à fe grainer lorfqu'il eft trop cuit, c'eft-à-dire qu'il paffe le foufflé.

mettez sécher à l'étuve jusqu'à ce qu'il ne poisse plus ; alors, vous le tournerez de l'autre côté, en le mettant sur des tamis pour le sécher également.

TORREFIER, terme d'Office, c'est brûler du caffé pour le torrefier. *Voyez* CAFFE'.

TOURNER, se dit en fait des fruits rouges, &c. qui se gâtent.

TOURNER, se dit des citrons, des oranges, des bergamottes, & d'autres petits fruits d'odeur unis, que l'on tourne avec un couteau.

TOURNER, se dit de la crême, du lait qui se caille lorsqu'on l'employe.

TOURNER, se dit des amandes, pistaches, avelines, lesquelles lorsqu'on les pile, se tournent en huile.

TOURNURE, c'est ce qui s'ôte des citrons, des oranges, des bergamottes, & d'autres petits fruits d'odeur unis, lorsqu'on les tourne.

Ces tournures se confisent de même que leurs fruits : on en met au tirage, que l'on tourne au-tour du doigt en façon d'anneau, que l'on nomme galant. *Voyez* GALANT. On en met au candy. *Voyez* CANDY.

TOURON, est une espèce de four qui se fait de cette manière. Prenez pistaches & amandes coupées, que vous pralinerez au blanc ; faites une glace-royale qui soit forte, & sur une livre de cette glace, mettez-y une livre & plus de pistaches & d'amandes, une poignée de fleur d'orange pralinée ; mêlez le tout ensemble, pour que cela soit en bonne consistence ; dressez-les avec la main sur du papier de la grosseur d'une petite noix, & les faites cuire de belle couleur à un four modéré : pour les lever, laissez-les refroidir.

TRAVAILLER, terme d'Office, se dit d'une conserve,

ſoit pour la ſouffler, ou pour la blanchir ; & du ſucre de tirage,
lorſqu'on les frotte avec une cuillier contre les bords de la poële.

**TRAVAILLER**, ſe dit des neiges. C'eſt lorſqu'on remuë
bien la ſarbotiére, & que l'on détache & mêle bien la neige qui eſt
dans la ſarbotiére, pour empêcher qu'il n'y ait point de glaçons.

**TREYER**, ſe dit du caffé, du cacao, des amandes, des
piſtaches, &c. & des fruits que l'on veut choiſir.

**TRIQUE**-Madame, eſt une eſpèce de petite joubarbe, ou
une plante qui pouſſe pluſieurs petites tiges, graſſes, charnuës, tendres, rampantes, revêtuës de beaucoup de petites feüilles épaiſſes,
oblongues, pointuës, bleuâtres, ou rougeâtres, remplies de ſuc.
On la cultive dans les jardins potagers : elle ſert de fourniture dans les
ſalades.

## VAN

**V**ANETTE, eſt le nom d'un panier à petit rebord, &
qui a la forme d'un carré oval. *Voyez* ſa Fig. Plan. 2. Let. V.

**VANILLE**, eſt une gouſſe longue d'environ un demi pied,
groſſe comme le petit doigt d'un enfant, pointuë par les deux bouts,
de couleur obſcure, d'un goût & d'une odeur balſamique & agréable ; un peu acre, contenant des ſemences fort menuës, noires, lui-
ſantes. Cette gouſſe eſt le fruit d'une plante haute de quatorze ou
quinze pieds, apellée par les Eſpagnols *Campeſche*.

Elle monte en rampant, & s'accroche aux arbres voiſins ; ſa
tige eſt ronde, & diſpoſée en nœud comme la Canne à ſucre. Cette
plante croît au Mexique en Amerique.

On doit choiſir la vanille en gouſſes longues, aſſez groſſes, pe-
ſantes, bien nourries, d'un bon goût, & d'une odeur agréable.

La vanille ſert dans les glaces, en la faiſant infuſer de la même
manière comme je l'ai marqué à l'article Infuſion : on en met en

poudre dans les pastilles de chocolat. On peut encore en faire des conserves, & se met dans le chocolat d'odeur.

VENUE, se dit du caramel, de la conserve, du tirage, de la dragée, des compotes, &c. que l'on réitere plusieurs fois.

VERJUS. C'est le nom qu'on donne au raisin qui n'est point meur. Il y a trois sortes de raisins à qui on donne le nom de verjus ; sçavoir, le gouais, le farineau & le bourdelais : on en fait des pâtes, de la marmelade, & on le confit. *Voyez* l'un & l'autre.

### *Maniére de les confire.*

Prenez deux livres de gros verjus ; fendez-les, & ôtez-en les pepins ; faites boüillir de l'eau dans une poële, & y mettez votre verjus ; donnez-lui un seul boüillon ; ôtez la poële du feu, & la remettez sur de la cendre chaude pendant cinq à six heures ; couvrez-la bien pour faire reverdir votre verjus ; égoutez-le alors sur un tamis. Faites cuire deux livres de sucre à la petite plume ; mettez-y votre verjus, & lui donnez deux ou trois boüillons ; laissez-le ainsi reposer jusqu'au lendemain ; alors, égoutez-le, & faites cuire votre sirop à soufflé ; mettez-y votre verjus, & lui donnez deux boüillons couverts ; écumez-le, & l'empotez. Vous pourrez également le mettre à oreilles comme les cerises. *Voyez* CERISES.

VERNIS pour le pastillage. Prenez trois quarterons de gomme-arabique, que vous ferez fondre dans une chopine d'eau tiéde ; lorsqu'elle sera fonduë, foüettez six blancs d'œufs, que vous jetterez sur un tamis pour en recevoir l'huile ; mêlez-la avec votre gomme-arabique ; alors, faites cuire trois quarterons de sucre-royal à soufflé ; ôtez-le du feu, & y jettez un verre d'esprit-de-vin ; attendez qu'il soit un peu froid pour incorporer le tout ensemble : gardez-le dans une bouteille.

Pour s'en servir, il faut l'étendre proprement sur votre pastillage avec un pinceau neuf, qui soit d'un poil un peu dur, & mettre votre pastillage un moment à l'étuve : il sera sec d'un moment à l'autre. Obfervez que fi votre vernis eft trop épais , il faut le délayer avec de l'efprit-de-vin.

VERRES découpés. Ce font des verres fur lefquels on met les confitures, lorfqu'ils font montés fur les jattes ou carrés de glace: Le coup d'œil d'une jatte dépend fouvent des verres découpés ; c'eft pourquoi je donne plufieurs deffeins pour les fuivre, fi on le juge à propos. *Voyez* Planche 5. Let. B.

VERRES à dormant, font des gobelets de cryftal contournés de differentes figures , qui fe mettent fur les jattes ou plateaux, & qui fervent pour dormant. *Voyez* Planche 2. & 3.

VIDELLE , eft une petite cuillier , avec làquelle on vuide les fruits d'odeur que l'on a tourné, & blanchis. *Voyez* fa Figure, Planche 1. Let. K.

VIN , eft une liqueur qu'on a exprimée des raifins, & qu'on a laiffé fermenter pour la rendre potable. On ne fe fert dans l'Office que de vin fin , que l'on met dans les glaces, dans les compotes & dans les gauffres.

VIN BRULE'. Prenez une bouteille de fin vin de Bourgogne ; mettez-le dans un poëlon ; mettez avec, un morceau de canelle, deux ou trois cloux de girofle, un peu de macis, une poignée de coriandre, & un morceau de fucre ; faites bouïillir le tout enfemble, jufqu'à ce que votre vin étant allumé, ne brûle plus ; paffez-le par une étamine , & le fervez chaudement dans une jatte creufe d'argent, ou de porcelaine, ou dans une caffetiére , avec un cabaret garni.

VINAIGRE, eft une liqueur acide , qui eft ordinairement faite avec du vin foit blanc ou rouge. On doit toujours choifir le meilleur vinaigre blanc pour confire des cornichons, du bled de Turquie , de la crifte-marine , &c. Je donne ci-après la maniére de faire de très-bon vinaigre de plufieurs maniéres.

### *Pour faire du vinaigre portatif.*

Prenez des meures qui viennent dans les champs sur les ronces, mais n'attendez pas qu'elles ayent leur maturité ; vous les ferez sécher pour les mettre en poudre ; puis avec un peu de bon vinaigre, vous en ferez de petites pelotes que vous sécherez au Soleil, & les garderez ainsi pour le besoin.

Quand vous voudrez faire du vinaigre, il n'y aura qu'à prendre du vin, & le faire chauffer ; vous y mettrez ensuite de cette composition qui le fera aussi-tôt tourner en vinaigre, comme il a été expérimenté.

On peut faire une pareille composition pour du vinaigre avec des cerises sauvages, du gland & des fruits de cornoüilliers, le tout pris avant que d'être meurs.

Il s'en fait aussi avec du verjus en grain ; & par ce moyen l'on peut dire que l'on a un vinaigre portatif en tout lieu, & avec toute la facilité qu'on peut souhaiter.

### *Pour faire du vinaigre rosat.*

Pour faire du vinaigre rosat, on prend de bon vinaigre blanc, & l'on y met des roses séches ou fraiches, les y laissant l'espace de quarante jours, au bout desquels vous ôtez les roses, & vous gardez le vinaigre qui en a attiré toute l'odeur, & le filtrez si vous voulez. Il faut le tenir en lieu froid pour le conserver plus long-tems dans sa force & sa bonté. Le vinaigre d'estragon, & celui de fleur d'orange se font de même.

VIOLETTE, est une plante qui pousse de sa racine des feüilles vertes, rondes, dentelées sur les bords, larges comme celles de mauve, & attachées à de longues queuës. Ses fleurs sont composées chacune de cinq feüilles, & d'une maniére de chaperon ; elles sont petites, mais agréables à la vuë, d'une couleur purpurine tirant sur le noir ; leur odeur est douce & réjoüissante. Cette plante croît dans les bois & dans les jardins. On en fait du sirop, des conserves des marmelades, des candys. *Voyez* l'un & l'autre.

ZES ZWE

ZESTE, est la superficie de la chair des fruits d'odeur, dans laquelle est renfermée toute leur odeur, & que l'on leve d'un bout à l'autre du fruit. Ils se confisent comme leurs fruits : lorsqu'ils sont confits, on les met au tirage, ou on les tire à l'étuve en forme de petits rochers.

ZESTE, se dit encore lorsqu'on les leve par petits zestes, comme pour la limonade. Ce qui s'apelle zester un citron, &c. pour faire des boissons.


ZWEIBACH. *Voyez* BISCUIT A L'ALLEMANDE.


FIN.

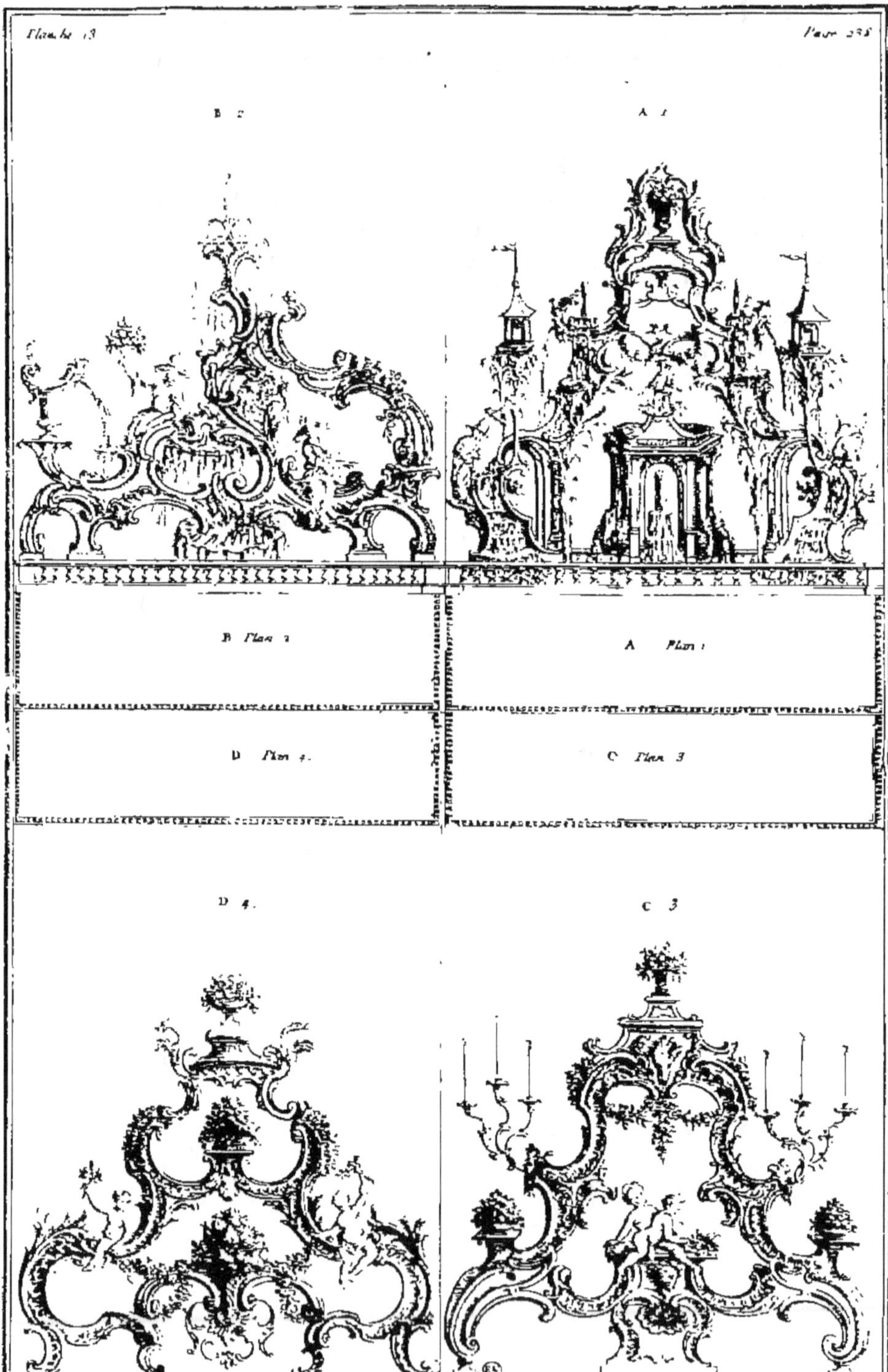
B 2
A 1
B Plan 2
A Plan 1
D Plan 4.
C Plan 3
D 4.
C 3

# TABLE

Des Matiéres contenuës dans ce Volume.

## A.

*Compotes*

*Fin de la Table.*